JN492781

수질오염 개론

김 좌 관 지음

도서출판 동화기술

머리말
Preface

이 책은 물을 생각하고 공부하고자 하는 초보자를 위하여 만들었습니다. 물과 오염현상에 대한 기초적이고 체계적인 책을 만들고자 시작하였으나, 많은 부분이 미흡할 뿐입니다. 향후 좀 더 나은 책을 만들겠다는 다짐으로 이 책의 발간인사를 대신할까 합니다.

이 책의 특성은 수질에 관한 전반적인 고찰과 수질을 관리하기 위한 기초적인 개념을 언급한 것입니다.

제 1 장에서는 물의 특성과 분포현황 등에 대한 내용을 서술하였습니다.

제 2 장에서는 물의 기초화학과 수질의 개념을 서술하였습니다.

제 3 장에서는 생태계에 관한 기초와 생태적 관점에서 본 수질오염 문제를 서술하였습니다.

제 4 장에서는 하천과 자정작용에 대해 서술하였습니다.

제 5 장에서는 호수의 수질에 대하여 서술하였습니다.

제 6 장에서는 토양오염에 대하여 서술하였습니다.

제 7 장에서는 해양오염에 대하여 서술하였습니다.

마지막으로 제 8 장에서는 물을 깨끗이 하기 위한 수처리 기술을 약간 다루었습니다.

향후 이 책의 내용이 보다 더 충실해질 것을 다짐하며 물을 처음 공부하는 사람들에게 작은 도움이 되길 바랍니다.

더불어 기꺼이 출판을 맡아주신 도서출판 동화기술 정우용 회장님께도 감사를 드립니다.

김좌관

차 례
Contents

chapter 04 하천의 자정작용

chapter 05 호수의 수질관리

chapter 06 토양의 구성

chapter 07 해양오염

chapter 08 수질오염방지기술

Chapter 01

물의 특성

물은 지구상에서 가장 풍부한 물질로서 해양이 지구표면의 71%를 차지하고 있으며 인체 내에서도 약 70%가 물이다. 그 외 남·북극의 빙하와 강·호수의 형태로 존재하며 지하수나 대기중 수증기로도 다양하게 존재하고 있다. 물의 형태는 고체, 기체, 액체의 3가지 형태로 존재하며, 고체인 얼음이 밀도가 작아 액체인 물 위에 뜨고, 물의 높은 열용량 때문에 다른 물질에 비해 많은 양의 열에너지를 저장할 수 있다. 또한 수많은 종류의 물질을 녹일 수 있는 훌륭한 용매역할을 담당하는 특이한 성질을 지니고 있는 것이다.

따라서 이와 같은 제반적 특성이 지구의 생물계(Biosphere)에 영향을 미치고 물의 고체, 액체, 기체상의 변화과정에서 에너지의 변환이 발생하는 특성을 갖게 된다.

본 장에서는 이와 같은 물의 다양한 특성을 살펴보고 이에 따라 물이 갖는 수자원적 특성을 고찰해 보고자 한다.

1.1 물의 일반적 특성

1.1.1 물의 물리적 성질

가. 물의 밀도

물은 거의 일정한 체적을 가지고 있으나 온도, 불순물의 농도 및 압력 등에 의하여 다소 팽창수축하며, 일정기압 하에서 순수한 물의 무게는 3.98℃(약 4℃)에서 최대의 밀도를 가지고 이보다 온도가 상승하거나 하강하면 그 체적은 증대하여 일정체적당 무게는 감소하는 특성을 지닌다. 물의 밀도와 온도와의 관계는 다음 표 1.1과 같다.

표 1.1 ➻ 물의 밀도(g/cm^3 = kg/L = ton/m^3)

온도[℃]	밀도[g/cm^3]	온도[℃]	밀도[g/cm^3]
−13	0.99693	20	0.99823
−10	0.99794	30	0.99568
−5	0.99918	40	0.99225
0	0.99987	50	0.98807
2	0.99993	60	0.98324
4	1.00000	70	0.97781
6	0.99997	80	0.97183
8	0.99988	90	0.96534
10	0.99973	100	0.95858

$$\rho = \frac{m}{V} \quad (g/cm^3\ ;\ \text{C.G.S 단위}) \tag{1.1}$$

여기서, m: 질량

V: 부피

따라서, 물의 밀도는 3.98℃에서 최대값 ‘1’을 가지며, 0℃ 물의 경우 0.99987 (0℃ 얼음은 0.9167)로서 물보다 낮은 값을 지니는 특성이 있다.

어떤 물체의 **비중**(specific gravity)은 그 물체의 무게와 이와 동일한 체적의 4℃ 순수한 물의 무게의 비를 말하는 것으로 무차원량이며, 물의 비중은 밀도자체가 비중값이 되는 셈이다.

이상과 같이 물의 밀도는 온도, 불순물의 정도, 기타 여러 조건에 따라 변화하나 그 양이 극히 적어 수질오염농도를 계산할 때는 보통 다음 값을 사용한다.

$$\text{담수}\ \rho = 1\ g/cm^3 = 1\ kg/L = 1\ ton/m^3 = 62.4\ lb/cuft \tag{1.2}$$

$$\text{해수}\ \rho = 1.025\ g/cm^3 = 1.025\ kg/L = 1.025\ ton/m^3 = 64\ lb/cuft \tag{1.3}$$

4℃에 최대의 밀도를 갖는 특이성은 수중생태계가 유지될 수 있는 조건을 마련한다. 만약 물이 다른 물질처럼 온도가 낮아질수록 밀도가 커지는 특성을 가졌다면 지구생태계는 지탱될 수 없을 것이다. 왜냐하면 큰 압력을 받고 있는 바다의 깊은 곳은 밀도가 큰 얼음이 형성되어 생물이 죽게 될 수밖에 없고, 또 호수나 강들도 겨울이 되면 밀도가 큰 얼음이 밑바닥에서부터 차지하여 얼기 시작할 것이므로 모든 수체내의 생태계는 지탱할 수 없게 된다.

나. 물의 점성과 표면장력

고체에 장력 또는 전단력이 작용하켠 여기에 저항하는 힘이 그 내부에서 일어나는데, 물일 때에도 마찬가지이다. 물분자 간을 분리시키는 장력에 대하여 저항하는 힘을 **응집력**(Cohesion)이라 하고 전단력에 대하여는 **내부마찰**(Internal friction) 또는 **점성**(Viscosity)이 작용한다.

그림 1.1 물의 점성

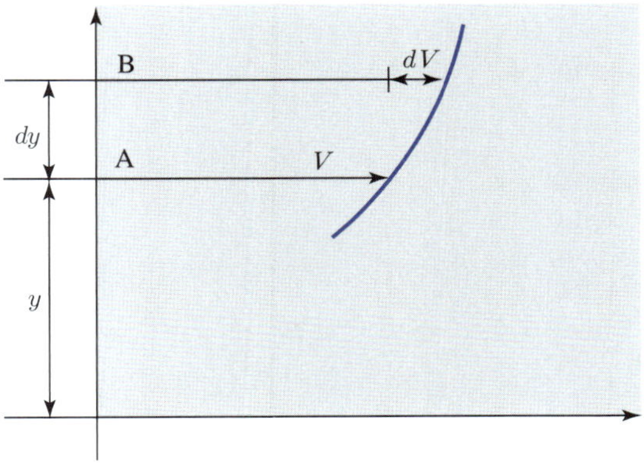

그림과 같이 A와 B면이 물의 유속이 다른 두 개의 층이라 하고 그 유속을 각각 V, $V+dV$라 하면 A, B 두 층간의 상대속도는 dV이다. 이때 두 층의 마찰저항력 τ는 상대속도 dV에 비례하고 거리 dy에 반비례하는데, 다음 식으로 표시할 수 있다.

$$\tau \propto \frac{dV}{dy}$$

$$\therefore \tau = -\mu \frac{dV}{dy} \qquad (1.4)$$

여기서, μ를 **점성계수**(Coefficient of Viscosity)라 하며 g/cm·sec 또는 **포아즈**(poise) 라는 단위를 사용한다. 공학계산시에는 μ대신 μ를 밀도(ρ)로 나눈 값인 동점성계수(Kinematic Coefficient of Viscosity ; ν)를 사용할 때가 많다. μ와 ν값을 온도와 밀도가 변함에 따라 변화된다(표 1.2 참조).

$$\nu = \frac{\mu}{\rho} = \frac{\mu g}{\gamma} \quad \text{(단위 ; cm}^2\text{/sec, stokes)} \qquad (1.5)$$

여기서, γ : ρg (비중량)

표 1.2 ➾ 물의 점성계수

온도[℃]	μ[P]	ν[St]
0	0.01789	0.01789
10	0.01306	0.01307
20	0.01005	0.01006
25	0.00894	0.00897
50	0.00549	0.00556
100	0.00282	0.00294

1 poise[P] = 1 g·cm^{-1}·sec^{-1}

10^{-2} poise[P] = 1 centipoise

1 stoke = 1 cm^2/sec

10^{-2} stoke = 1 centistoke

따라서 물의 점성은 분자상호간의 인력 때문에 생기며 층간의 전단응력으로 점성도를 나타내게 된다. 점성도는 수온과 불순물농도에 따라 달라지는데 수온이 25℃에서 0℃로 감소하면 점성도는 배로 증가한다. 물이 갖는 점성도는 대기에 비해 대략 100배의 마찰저항력을 제공하게 되는데, 이에 따라 수생생물은 점성도 변화에 적응하기 위해 많은 에너지를 소모하게 된다. 폐수처리에서는 폐수의 점성도가 오염입자의 침전에 영향을 미치게 되는데, 해당폐수의 점성도가 크면 클수록 침전시간은 길어지고 침전효율은 떨어지게 된다. 동점성계수(ν)는 소하천이나 호소에서 $10 \sim 10^2$ cm^2/sec의 값을, 대하천이나 급류에서는 $10^3 \sim 10^4$ cm^2/sec의 값을 가져 수체내 물질의 확산능력을 표시하게 된다. 물이 갖는 또 하나의 큰 특성은 대기와 접하고 있는 수표면이 가지는 높은 **표면장력**(Surface Tension)이다.

그림 1.2와 같이 물분자에 작용하는 힘은 물속에서는 좌우 및 상하로 힘의 균형이 이루어지나 수표면에서는 물분자가 전후좌우 및 아래에 인접하는 분자들이 당길 뿐, 위에서 당기는 힘이 없다. 따라서 표면의 물분자들은 끊임없이 아래쪽으로부터 당기는 힘을 받게 되며, 이에 대항하여 표면액체의 전후좌우 인접한 물분자만의 결합력이 힘의 균형을 유지하게 된다. 이렇게 아래에서 당기는 힘과 균형을 이루려는 작용은 물의 표면적이 작을수록 용이하게 이루어지며 이때 액체표면에 작용하는 분자간의 힘을 표면장력이라고 한다. 이 표면장력은 모든 종류의 액체표면에서 나타나는데, 특히 물의 경우는 물분자 사이의 수소결합 탓으로 매우 큰 표면장력을 갖는다. 표면장력은 수온이 증가하고, 불순물농도가 높을수록 감소하며, 물 위에 사는 소금쟁이나 장구벌레 등

이 서식할 수 있는 생활공간을 제공하는 이유이기도 하다.

그림 1.2 물 분자 사이의 힘의 균형

a. 표면분자
–힘의 불균형

b. 물 속의 보통분자
–힘의 균형

1.1.2 물의 생물 및 화학적 특성

가. 물의 용해성

물이 생명체를 지탱하는 기본요소의 역할을 할 수 있는 이유는 물분자의 구조 특이성 때문이라고 볼 수 있다. 물의 분자는 산소 원자 하나에 수소 원자들이 결합하고 있는데, 두 개의 수소원자가 대칭을 이루고 있는 것이 아니라 104°32′의 각을 이루고 있다. 이 결합에서 전자를 주는 쪽인 수소는 양(+)전기를 띠게 되고 반대로 전자를 받는 산소는 음(–)전기를 띠게 되어 여기서 이중극이 형성된다. 따라서 물분자는 전기적인 인력에 의하여 서로 결합할 수 있게 된다(그림 1.4 참조).

그림 1.3 물의 분자구조

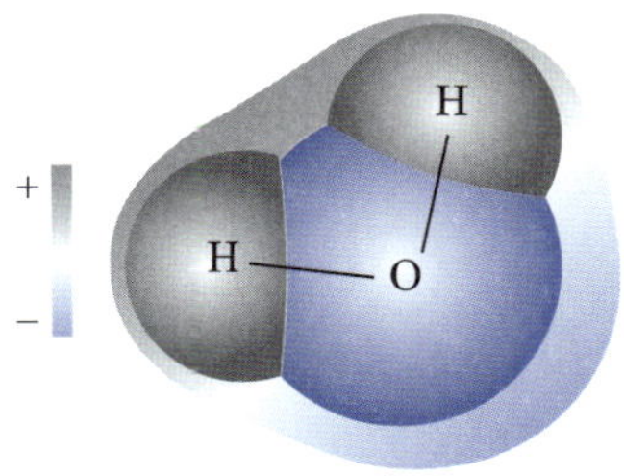

그림 1.4 물의 수소결합 모습

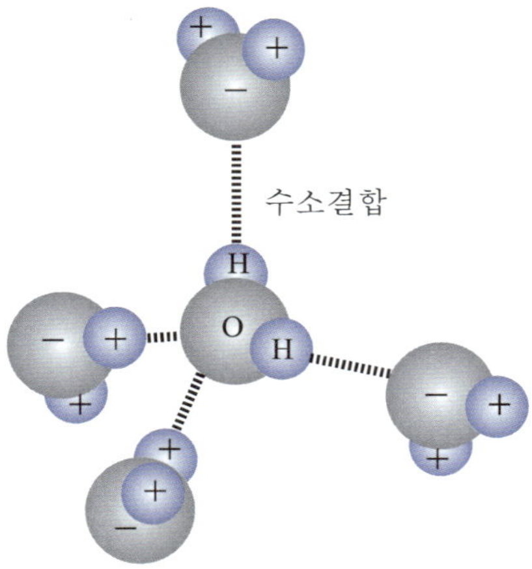

물분자의 크기는 약 3.3Å인데 물분자끼리 결합한 액체상태에서 한 분자가 차지하는 용적은 29.7Å^{3}이다. 즉, 액체상태의 물은 약 36.7%가 빈 공간이란 뜻이다. 이러한 빈 공간내 각종 무기이온들은 물에서 자유로이 이동하게 된다. 격자상의 결정구조를 지닌 어떤 물질이 물속에 들어오면 그 구조내 양이온이 물분자중 (−)전기를 띤 산소로 이동하고, 음이온을 띤 물질은 물분자중 (+)전기를 띤 수소로 이동하여 둘러싸면서 전기적 중화작용이 이루어져 무기결정구조물질이 용해된다. 즉, 물에 녹는다. 따라서 거의 모든 물질은 위와 같은 물의 용해성에 의해 많든 적든 간에 녹게 되며, 물이 모든 생화학적 반응을 담당하는 능력을 갖게 된다. 태초 지구에 생명활동이 가능했던 것은 바로 물 때문이었으며, 물이 존재한다는 것은 생명이 존재 가능하다는 것을 반증한다.

Henry-Dalton의 법칙에 의하면 일정한 온도 하에 있어서 모든 액체는 그 표면에 접촉하고 있는 기체를 각기 일정한 체적만큼 흡수한다. 따라서 물은 일정한 온도 하에서 항상 일정한 체적의 공기를 함유하고 있으며 대기압·실온에서 물은 그 용적의 약 2%의 공기를 용해하여 함유하고 있다. 이 공기량은 온도의 상승과 압력의 감소에 따라 감소하며, 1기압 하에서 공기의 포화용적은 표 1.3과 같다.

표 1.3 ➛ 수온과 공기 용해량과의 관계

온도 ℃ (℉)	0 (32)	4.4 (40)	15.6 (60)	32.2 (90)	48.9 (120)	65.6 (150)
공기용해량(%)	2.88	2.56	2.10	1.78	1.62	1.49

표 1.4 ➼ 물질의 열특성

구 분	녹는점(℃)	용융열(cal/g)	끓는점(℃)	증발열(cal/g)	비열(cal/g·℃)
물	0	79.71	100	539.55	1.007(0℃)
아세톤	−95	23.4	56.5	124.5	0.506(0℃)
벤 젠	5.51	30.3	80.09	94.3	0.389(5℃)
수 은	−38.87	2.82	356.58	70.6	0.03346(0℃)
황 산	−10.48	24.0	330	122.1	0.27(0℃)

나. 물의 비열(Specific Heat)과 잠열(Latent Heat)

구리나 철 따위의 금속을 가열하면 금방 뜨거워지나 물은 그렇지 않다. 이렇게 물질에 따라 가열되는 정도가 다르며 이런 특성을 나타내기 위하여 비열(Specific heat)이라는 개념을 사용한다. 사실 물의 열용량은 다른 모든 물질들의 열용량을 측정하는 기준으로 사용되며 비열이란 1g의 물을 14.5℃에서 15.5℃까지 1℃를 높이는 데 필요한 열량을 의미한다. 따라서 물의 비열은 1.0 cal/g℃이고 금속은 0.1 이하 정도이다.

위의 표 1.4에서 보는 바와 같이 물의 높은 비열과 밀접한 관련이 있는 것은 높은 용융열과 증발열이다. 즉, 고체(얼음)가 액체(물)로 되는 단계와 액체상태의 물이 기화되는 단계에서 많은 열량을 흡수하며 이를 잠열(Latent heat)이라고 부른다. 따라서 어떤 물질보다도 원자와 분자의 운동이 적으면서 더 많은 열에너지를 저장할 수 있으며, 반대로 수증기가 물로 응결될 때나 물이 얼음으로 변할 때에는 많은 양의 잠열을 내놓게 된다.

물이나 수증기가 에너지를 받는다고 하여 금방 뜨거워지지 않고 에너지를 방출한다고 하여 금방 식지 않는다. 따라서 거대한 바다와 공기중의 수증기는 지구 밤낮의 기온 차가 극심하지 않도록 조절해준다. 수증기가 없는 사막에서 일교차가 큰 것은 사막의 대기중에 수증기가 없기 때문이다. 지구의 평균기온이 생물이 살기에 알맞은 까닭은 이와 같이 물의 높은 열용량 때문이다.

1.2 물의 분포와 순환

1.2.1 물의 분포

지구가 가진 총 물의 양은 약 1.36×10^9 km^3, 무게로는 1.39×10^{18} ton 정도이다. 이는 지구의 무게 5.98×10^{21} ton에 비하면 작은 양이지만 지구표면을 편평하게 만든다면 지구 전체가 약 2.7 km의 수위를 가질 수 있는 엄청난 양이다. 물의 부피로 따져서 97.5%가 해양이고, 빙하나 만년설이 1.76%이며 나머지 0.77%가 지표수, 지하수 혹은 대기에 수증기나 구름으로 존재하는 담수이다. 그러나 담수중 빙설(빙하, 만년설, 영구동토)이 69.55%, 지하수 30.06%, 나머지 하천 및 호수로 0.39%로 존재한다. 따라서 우리가 수자원으로 이용하는 지표수는 전체 물량의 약 0.0086%에 지나지 않는다.

1.2.2 물의 순환

위에서 살펴본 바대로 지구상의 물의 분포를 살펴보면 세 가지 특성이 있다. 첫째, 물의 대부분이 해양에 저장되어 변함없이 존재하는 듯 하고 둘째, 많은 물이 강수, 눈, 구름 이동, 강의 흐름처럼 이동하고 있다는 것이며 셋째, 정글과 사막지역에서 구분되듯이 물의 분포가 불균등하다는 점이다. 따라서 이와 같은 물의 분포 특성은 물의 순환을 일으키는 **증발**(Evaporation), **유출**(Runoff), **강수**(Precipitation) 등으로 빚어진 결과이다.

지표면에 떨어지는 강수량의 많은 부분은 증발, 증산 및 **승화현상**(Sublimation)에 의해 대기중으로 되돌아가게 되며 세 가지 현상이 태양에너지에 의해 발생하게 된다. 지구에 도달하는 태양에너지는 대기에서 일부가 흡수되거나 반사되고 약 45%가 지표면

표 1.5 ➸ 지구상의 수자원 분포

구분	부피(백만km^3)	비율(%)	비고	
총량	1,386	100		
염수	1,351	97.5	지하염수, 염수호수 포함	
담수	35	2.5	담수 중 상대적인 비율(%)	100
·빙설(빙하, 빙산, 영구동토)	24	1.76		69.59
·지하수	11	0.76		30.07
·호수, 하천 등	0.1	0.0086		0.34

에 도달하는데 이중 거의 절반인 22%가 물을 수증기로 증발시키는 데 쓰인다. 따라서 이 에너지가 원동력이 되어 물은 바다와 대기와 흙과 생물 사이를 순환하게 된다.

가. 증발(Evaporation)과 증산(Transpiration)

증발현상(Evaporation)은 수표면 혹은 습한 토양표면의 물분자가 태양에너지로 말미암아 액체상태로 변환하는 과정을 말하며, 물 1 g의 증발에 약 600 ca1의 열량이 요구된다. 한편 **승화현상**(Sublimation)은 증발현상과 비슷하나 물분자들이 눈 혹은 얼음과 같은 고체상태에서 바로 기화한다는 점이 다르다. 또한 물은 동물뿐만 아니라 식물이 광합성작용을 하는데 필요불가결한 요소로서 식물의 잎면을 통하여 땅속의 물이 수증기 형태로 대기중으로 방출되며 이 현상을 **증산**(Transpiration)이라 하는데, 물이 수증기가 되는 증발과 증산을 합쳐 **증발산**(Evapotranspiration)이라고도 한다.

물의 **증발율**(Evaporation)은 수표면을 뚫고 대기중으로 빠져나가는 물분자의 수에 의존하며 빠져나간 물분자들은 공기분자와 섞여 혼합체가 된다. 이 혼합체는 Dalton의 법칙에 따라 수면에 건조공기의 압력과 수증기가 갖는 압력의 합인 **증기압**(Vapor pressure)을 나타내는데, 공기중에 수증기가 포화상태에 있을 때 증기압은 최대가 되고 이때의 압력을 **포화증기압**(Saturation vapor pressure)이라 부른다. 이 포화수증기압은 기온이 높을수록, 풍속이 클수록, 상대습도가 낮을수록, 대기압이 낮을수록, 물속 불순물농도가 높을수록 높아지는 특성을 갖는다.

연간 수증기로 증발하는 양은 약 519경 ton에 이르는데, 이중 86%인 447경 ton은 바다에서, 나머지 14%에 해당하는 72경 ton은 육지에서 증발한다. 육지의 지표수가 전체 물량의 0.01%에 지나지 않으면서 수증기 증발량이 14%나 되는 것은 육지 면적의 l/3, 즉 전 지구의 10% 정도를 덮고 있는 삼림에서의 증산작용이 많기 때문이다. 바다에서 증발한 447경 ton중 409경 ton은 바다에 비로 떨어지고, 38경 ton은 육지로 넘어가 육지에서 증발산한 72경 ton과 더불어 110경 ton이 육지에 강수한다(그림 1.5 참조).

즉, 육지에서 내리는 비의 대부분은 삼림에서 증산한 수증기가 상승기류를 타고 내리는 것이지 바다에서 증발한 수증기가 육지의 비로 내리는 것이 아니다. 그러므로 사막은 기후가 원래 사막기후이기 때문에 비가 안 오는 것이 아니라 삼림지역이 사막화되면 증산작용이 없어 공기중에 수분이 없고 비가 내리지 않아 사막기후가 되는 것이다. 일례로 문명의 발생지인 중동이 현재 인구의 증가와 도시의 개발 등으로 많은 지역이 사막화되었으며, 성경에서도 산림이 울창하다고 언급된 지역들이 지금은 완전한 사막지역과 비가 내리지 못하는 사막기후가 되어버린 곳이 많다.

그림 1.5 지구상의 물의 분포

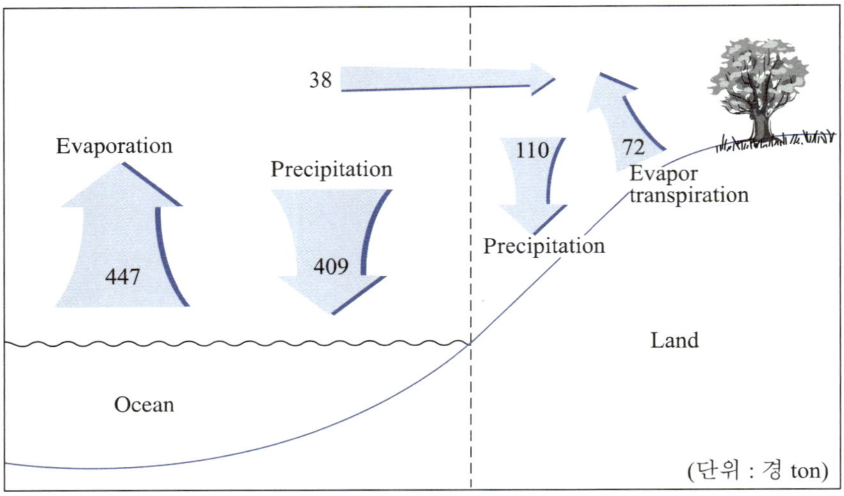

나. 강수(Precipitation)

다양한 기상조건에 따라 여러 종류의 강수가 발생하게 되는데 눈, 비, 우박, 이슬, 서리 등이 있다. 증발산현상으로 대기중에 유입된 수증기는 찬 고공으로 올라가든지 밤이 되어 기온이 이슬점 이하로 떨어지면 포화수증기압 이상의 수증기가 대기중에 머무르지 못하고 구름, 안개, 이슬, 서리 등으로 바뀐다. 이중 비가 내리기 위해서는 몇 가지 기상조건이 구비되어야 하는 것으로 알려져 있다. 첫째로 공기를 **이슬점**(Dewpoint)까지 냉각시킬 수 있어야 하고, 둘째로 수분입자를 형성시킬 수 있는 응결핵이 존재해야 하며 응결된 작은 수분입자를 점점 크게 하여 충분한 강도의 수분을 집적할 수 있어야 한다. 응결핵은 바닷물의 증발에 의한 해염입자, 화산분출물, 토양입자 및 대기오염물질 등으로 도시의 높은 대기오염물질이 응결핵작용을 하여 인근 시골에 비해 많은 비가 내리는 경향이 있으며 산성비의 원인이 되기도 한다.

우리나라의 강수량은 연평균 1,245 mm 정도이나(1974~2003년 평균치) 심한 계절적 편차를 보여 6~8월 사이에 연강수량의 2/3가 집중되는 강수분포를 나타내고 있다. 따라서 가용 수자원확보면에서는 불리한 강수여건을 갖고 있으며 이로 인하여 저수량 확보를 위한 댐의 건설이 불가피한 실정이다.

강수의 지역적 차이도 큰 데 제주와 섬진강 유역, 한강과 임진강 유역 등이 비교적 다른 지역에 비해 비가 많이 내린다. 그 까닭은 여름의 남동계절풍이 따뜻하고 다습한 공기를 우리나라에 밀어올리고 산맥은 동서로 가로놓여 산을 타고 상승한 고온다습한 공기덩어리가 구름을 형성, 비를 쏟기 때문인 것으로 보인다.

다. 유출(Runoff)

물의 순환과정에서 인간생활에 가장 밀접한 영향을 주는 것이 유출과정이며 강수로 인한 물이 증발산, 침투, 침루, 지하수 등의 과정을 거치면서 결국 하천유량의 형태로 흐르게 되는 것이다. 유출현상은 그 생성형태에 따라 **지표면 유출**(Surface runoff), **지표하 유출** 혹은 **중간 유출**(Subsurface runoff or Interflow) 및 **지하수 유출**(Ground water runoff)로 나눌 수 있다.

지표면 유출은 지표면 및 지상의 각종 수로를 통해 흘러가는 것으로서 그중 하천수로를 통하여 흐르는 유출을 **하천 유출**(Stream flow)이라 부른다. 지표하유출수는 토양속에 침투하여 지표에 가까운 상부토양층을 통해 하천을 향해 횡적으로 흐르는 강수의 한 부분으로서 지하수위보다는 높은 층으로 흐르는 물을 말한다. 지하유출수는 지표면을 통해 침투한 물이 더 깊이 침루(浸漏)하여 지하수를 형성하며 비교적 장기간 동안 존재하여 중력에 의해 결국에는 바다로 흘러 들어가게 된다. 유출해석시에는 하천수로를 통한 총유출을 보통 **직접 유출**(Direct runoff)과 **기저 유출**(Base flow)로 구분한다. 직접유출은 강우 후 비교적 짧은 시간 내에 하천으로 흘러들어가는 부분을 가리

그림 1.6 유출의 구성

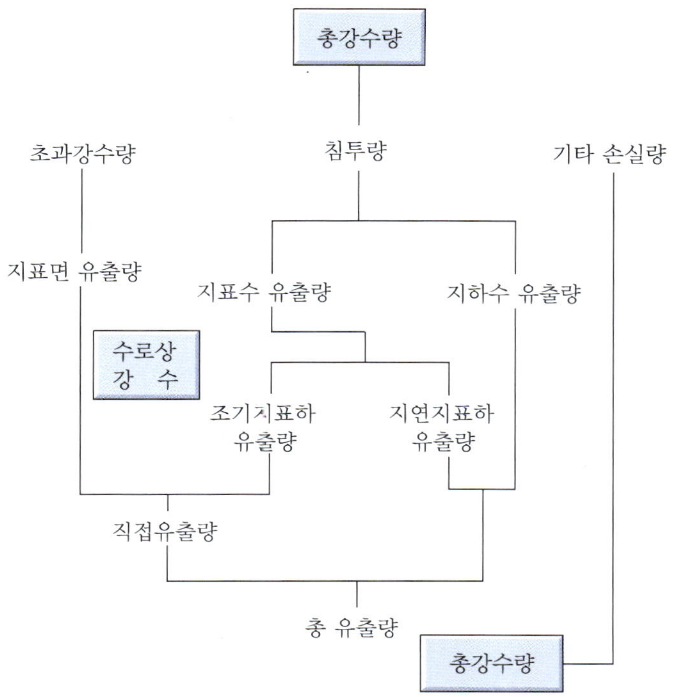

표 1.6 ➻ 주요하천의 하상계수

하 천 명	국 명	하 상 계 수	하 천 명	국 명	하 상 계 수
한 강	한 국	1 : 90	메콩강	월 남	1 : 35
낙동강	한 국	1 : 260	나일강	이집트	1 : 30
금 강	한 국	1 : 190	세느강	프랑스	1 : 34
섬진강	한 국	1 : 270	라인강	독 일	1 : 18
영산강	한 국	1 : 130	템즈강	영 국	1 : 8
양자강	중 국	1 : 22	콩고강	콩 고	1 : 4

그림 1.7 각 나라별 하상계수(유량변동계수)

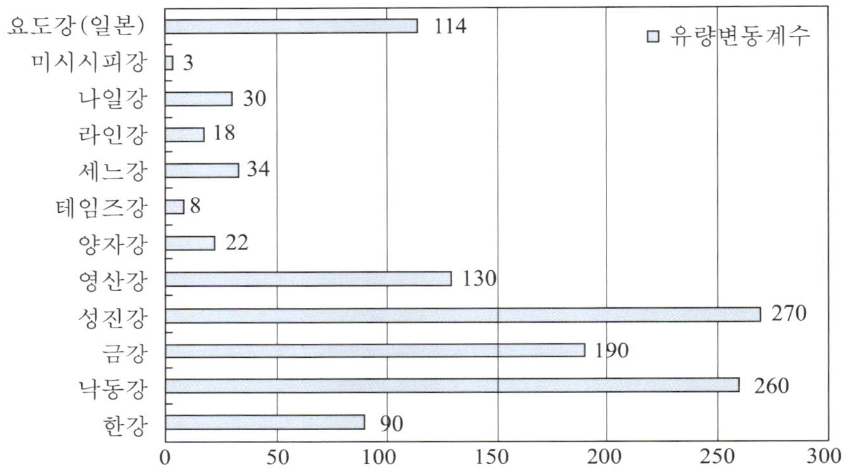

키며, 단기간 내에 하천으로 유출되는 지표하유출수 및 하천 혹은 호수 등의 수표면에 직접 떨어지는 **수로상 강수**(Channel precipitation)로 구성된다. 기저유출은 비가 오기 전의 **건조 기후시 유출**(Dry-weather flow)을 말하며 지하수 유출과 시간적으로 지연된 지표하 유출에 의해 형성된다(그림 1.7 참조).

우리나라 하천의 유출량은 2/3가 하절기인 6~8월 사이에 집중되고 있으며 하천유량이 전적으로 강우에 의하여 크게 좌우되고 있다. 표 1.6에서 보는 바와 같이 최소유량을 1로 하고 최대유량 과의 비를 나타내는 **하상계수**(河狀係數 : Discharge Coefficient)는 한강의 경우 1 : 393, 낙동강 1 : 372 등으로 외국 하천과 비교하여 매우 큰 차이를 보이고 있다. 따라서 하천의 오염이 하천유량의 변화에 크게 좌우된다고 볼 때 오염물질의 부하량이 연중 일정하게 하천에 유입된다고 가정한다면 여름의 풍수기보다는 갈수기 계절에 더욱 수질이 악화되는 수질 특성을 갖게 된다.

1.3 우리나라의 수자원 부존량과 이용현황

우리나라 연평균 강수량(1,245 mm/yr)은 세계평균 880 mm/yr보다 많은 편이나 인구 밀도가 높아 인구 1인당 강수량은 2,591톤/yr로 세계평균 19,635톤/yr보다 훨씬 낮은 가용수자원을 갖고 있는 편이다. 이에 국제인구행동(Population Action International)은 국가별 수자원평가를 물 기근국가, 물 부족국가, 물 풍요국가로 나누고 우리나라를 물 부족국가로 분류하고 있다.*

연평균 수자원 총량 1,297억m^3 중 42%에 해당되는 544억m^3가 증발, 침투 등에 의하여 손실되며 나머지 58%인 753m^3가 하천을 통하여 유출된다. 하천유출량 753억m^3 중 32%에 해당되는 420억m^3는 홍수시 유출로 바다에 흘러가 버리고 하천수 8%, 댐이용 15%, 지하수 이용 3%를 이용함으로써 총부존량 1,297억m^3의 333억m^3(26%)을 이용하고 있다.

물이용량은 1965년 51억m^3에서 2003년 337억m^3로 약 30년 동안 6배 이상 증가(인구는 2,870만명에서 4,780만명으로 1.7배 증가)하였다. 인구증가 및 경제성장 등 수요의 증가와 함께 댐 및 광역상수도 건설 등 용수공급시설의 확충이 그 원인으로 판단된다. 그러나 1990년대 후반 이후 물수요관리 강화, 인구 및 경제성장 둔화 등의 영향으로 물이용 증가추세가 크게 둔화되고 있다(물이용량 : 1990년 213억m^3 → 1994년 237억m^3 → 1998년 260억m^3 → 2003년 262억m^3 → 2007년 255억m^3).

표 1.7 ➽ 세계의 강수량 특성

구분	한국	일본	미국	영국	중국	캐나다	세계평균
연평균 강수량 (mm/년)	1,245	1,718	736	1,220	627	537	880
1인당 강수량 (m^3/년)	2,591	5,107	25,022	4,969	4,693	174,016	19,635

* 우리나라는 2005년 기준 1인당 재생가능 수자원 양이 1,488m^3로 국제인구활동연구소(PAI) 기준인 1,700m^3에 미달하여 물 부족국가군에 속함.
물 기근국가 : 1,000m^3 이하, 물 부족(압박)국가 : 1,000~1,700m^3, 물 풍요국가 : 1,700m^3 이상

그림 1.8 우리나라 수자원이용현황(수자원장기종합계획, 2011~2020)

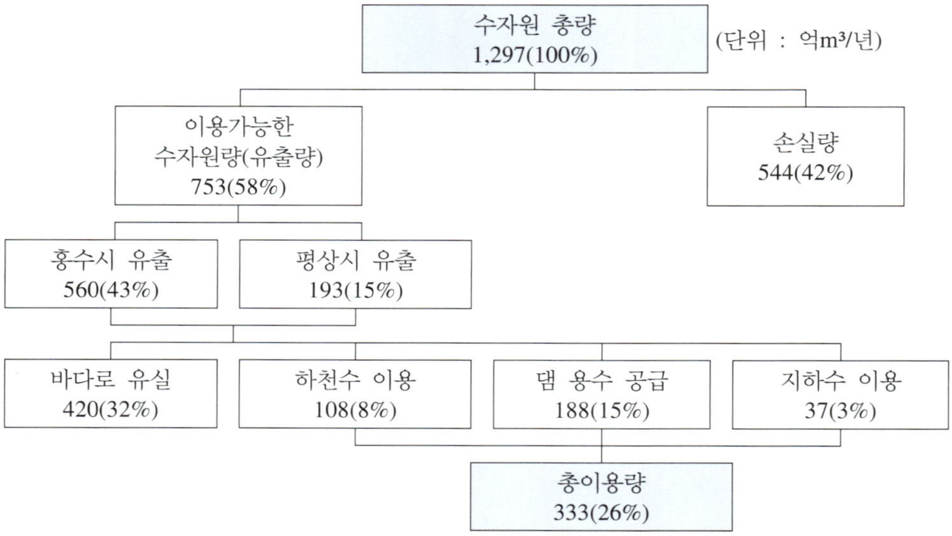

※ 수자원총량은 연평균강수량×국토면적이며, 북한지역에서의 유입량 23억 m^3/년이 포함된 수량임.

※ 이용가능한 수자원량은 강수량을 이용하여 산정한 유출량이며, 손실량은 수자원총량에서 이용가능한 수자원량을 뺀 값으로 증발산 등의 손실을 간접적으로 나타낸다고 할 수 있음.

※ 홍수시 유출량은 6~9월의 유출이고, 나머지 기간이 평상시 유출량임

※ 댐용수는 댐의 계획공급량, 지하수는 연간 지하수이용량(지하수조사연보기준), 하천수는 농업용수, 생활용수의 재이용량 등이 포함되어 정량적 산정이 어려우므로 생활용수, 공업용수, 농업용수, 유지용수 이용량의 합에서 댐용수와 지하수이용량의 차로 산정

※ 바다로 유실은 이용가능한 수자원량에서 총이용량을 뺀 값으로 간접적으로 산정

※ 총이용량 333억 m^3/년은 생활·공업·농업용수 이용량과 하천유지용수 이용량을 합산한 수치이나, 하천유지용수는 하천에서 인위적으로 취수하지 않는 하천에 흘러가는 비소모성 이용량

표 1.8 ›› 우리나라 수자원 현황

		1965년	1980년	1994년	1998년	2003년	2011년	2016년
수자원 총량(억m^3/yr)		1,100	1,140	1,267	1,276	1,240	1,297	1,323
이용 현황	총 이용량	51.2	153.0	301.0	331.0	337.0	333.0	372.0
	생활용수	2.3	19.0	62.0	73.0	76.0	75.0	76.0
	공업용수	4.1	7.0	26.0	29.0	26.0	21.0	23.0
	농업용수	44.8	102.0	149.0	158.0	160.0	159.0	152.0
	유지용수	–	25.0	64.0	71.0	75.0	78.0	121.0
참고 : 당해 연도 강수량 mm/yr		1,171	1,367	923	1,630	1,756	1,380	1,300

표 1.8에서 보는 바와 같이 용수공급량 절대량이 증가추세이며, 그중 생활용수 공급이 가장 증대되어 왔다. 최근 들어서 농업용수와 공업용수 이용량이 다소 줄어들고 있으며 유지용수량이 점차 증가하고 있는 상황이다. 하천유지용수는 하천생태계 유지, 수질오염물질 희석효과, 하천변 양·취수장 공급량 유지 등을 위해 꼭 필요한 용수량이다. 우리나라 수자원의 전반적인 양적증가추세는 인구증가와 생활수준의 향상 및 도시화와 공업화 등에 의한 것이며, 유역별로는 수자원 부존량의 큰 차이가 있어서 용수공급 능력에 유역간 불균형이 내재되고 있는 실정이다.

수자원의 양적문제는 이수(利水)와 치수(治水)의 문제로 연결되며 이수는 양적부족을 극복해야 하는 측면이고 치수는 홍수나 범람과 같은 양적과다를 치유하는 측면이라 할 수 있다.

이수문제의 해결은 적지에 다목적댐과 하구둑 등을 최대한 개발함으로써 용수공급능력을 향상시키고 유역간의 유로변경과 같은 방안으로 용수공급체계를 보다 광역화함으로써 가능할 것이다.

또한 이수를 위한 또 다른 대책으로는 지하수의 적극개발과 대체수 자원개발을 위한 새로운 기술의 개발이다. 우리나라의 지하수자원 총량은 약 2,320억 m^3로 측정하고 있으나 지하대수층이 얇고 기술적 및 경제적 타당성이 희박하기 때문에 현재로서는 대규모의 지하수 개발이 지표수 개발보다 경제성이 낮은 것은 사실이다. 그러나 향후 지표수의 개발비용이 상승할 것임을 고려한다면 지하수의 개발이나 해수의 담수화, 인공강우와 같은 대안 등의 기술개선에 따른 경제성이 확보되는 날이 올 것임을 대비하여 지속적으로 기술개발을 도모해야 할 것이다.

그러나 최근 제주도의 관광객의 증가추세에 따른 대단위 지하수 개발이 해수의 침류를 일으켜 염분농도의 증가를 유발하는 문제점과 지하수개발에 따른 지반침하 등도 충분히 고려되어야 할 것이다. 도시내 지하수도 무분별하게 개발되어 대장균, 질산성질소(NO_3^--N), 유해물질 등의 검출이 빈번하여 지하수의 철저한 관리가 필요한 실정이다.

하천의 기능

그림 1.9 생태하천 복원 전후의 모습

(a) 안양 학의천

(b) 청주 무심천

이수문제는 댐설치에 따른 홍수조절기능, 하천정비 및 개수작업, 홍수예보시설의 확충이 필요하다. 그러나 댐 및 하구둑의 건설이 홍수 피해를 줄일 수 있는 치수기능이 확보된다 하더라도 체류시간 증대로 인한 수질악화, 하구의 생태적 사막화 현상, 하상퇴적물 증대로 인한 홍수와 범람 가능성, 안개다발현상으로 인한 인체 및 작물성장 피해, 정착주민의 이주 등 다양한 부정적 요소를 발생시키므로 댐 및 하구둑 건설에 신중을 기해야 한다.

이와 같이 수자원의 확보를 위하여 치수와 이수면에서 많은 어려움이 존재하고 있으며, 특히 수질의 문제에서는 수량확보를 위한 댐이 하천의 흐름을 정체시킴으로써 물의 오염현상을 가중화시키고 있고, 1980년 후반부터는 인공댐호의 "**부영양화**(Eutrophication)"라는 수자원의 질적 저하현상이 유발되고 있는 실정이다. 최근 들어서는 이수와 치수기능 외에도 환경기능을 강조하고 있다. 수생태계 복원, 친수공간 확보, 수변경관 창출 등으로 수체의 친환경적변환을 유도함으로써 수체와 인간, 그리고 생태계간의 교류와 조화기능을 중요시하고 있다. 1990년대 이후 우리나라에서도 하천의 경관성 창출, 심미적 기능 강화, 친환경적 생태복원기법도입 등이 활성화되고 있다.

1.4 수자원 특성

우리 지구는 '물의 혹성'이라고 불릴 만큼 다른 혹성에 비해 물이 풍부한데 인류문명의 태동이 물가에서 시작되었고 우리 인간의 탄생이 모태의 양수에서 시작되었음을 생각할 때 물은 우리 생명을 유지시키는 그 자체라고 할 수 있다.

이처럼 물은 생명을 잉태시키는 근원이라 할 수 있으며, 우리 인체 내에는 약 70%가 물이고 지구 전체표면 중 70%가 바다임을 고려할 때 물은 인간생활에 필요한 중요한 자원이다. 이 수자원을 크게 구분할 경우 빗물, 지표수, 지하수, 해수로 구분 가능하며 그 존재 상태에 따라 모든 물리화학적 특성이 다르며 동일 수원이라도 지역별, 시간별로 수질과 수량의 차이가 큰 특성을 가진다.

1.4.1 빗물(Rain water)

빗방울을 만드는 구름의 형성조건은 첫째, 대기중에 충분한 수증기가 존재해야 하고, 둘째, 수증기가 작은 물방울로 응결될 수 있는 냉각현상이 필요하며, 셋째, 응결이 일어나는 것을 가능하게 해주는 응결핵이라는 것이 존재해야 한다는 것이다.

구름은 실제 작은 물방울이나 미세한 얼음덩어리(빙정)로 만들어져 있으며 공기의 저항으로 대기중에 떠 있을 수 있다.

이처럼 증발산으로 인하여 대기중으로 올라간 수증기는 평균 약 10일의 체류시간을 가지며 대기중의 작은 먼지나 해무가 핵으로 작용하여 소위 응결세정(Rain out)과정을 거쳐 비로소 낙하하게 되며 1개의 빗방울은 거의 10만개 이상의 구름방울로 이루어져 있다.

특히 빗물은 바닷물의 주성분인 Ca^{2+}, Mg^{2+}, SO_4^{2-}, Cl^-, Na^+, K^+ 등이 함유되어 있으며 낙하하면서 대기중의 CO_2를 포화상태로 녹여 순수한 빗물의 pH는 약 5.6이다. 일반적으로 빗물은 지하수나 하천수와는 달리 용해성분이 적기 때문에 연수(Soft water)이며 완충작용이 미약하다. 수자원으로서 빗물은 부정기적인 강우패턴과 집수·저장방법이 쉽지 않아 수자원으로서의 가치는 크지 않은 편이다. 그러나 최근 들어 수자원 부족현상이 심화되고 있어 강수를 직접 활용할 다양한 방안들이 강구되고 있다. 그중 다음 그림 1.10은 여러 종류의 투수관을 이용하여 토양내 함수능력 증대와 도심내 건천화된 하천의 유지용수공급으로 빗물을 활용하고 있는 사례이다.

대기가 오염되어 있으면 아황산가스(SO_2)나 이산화질소(NO_2)같은 기체가 빗물에 녹

그림 1.10 토양의 함수능력 증대방안

빗물받이를 통해 내려온 빗물은

- ①번 집수관에서 토사가 제거되고
- 자갈이 깔린 ②, ③번 투수관을 통과해
- ④번 우수관에 저장된 뒤
- 투수관으로 배출된다.

⑤번은 지하 깊은 곳에서 빗물을 유출시킬 수 있는 투수정

아 황산(H_2SO_4)과 질산(HNO_3)이 되기 때문에 빗물의 pH가 더욱 떨어지게 되는데 빗물의 pH가 5.6 이하로 떨어질 때 이를 산성비(Acid rain)라고 한다.

산성비의 원인 물질에 대해 살펴보면 자연상태의 대기중에 존재하는 CO_2에 의한 빗물의 pH저하, 화석연료 연소시에 배출되는 황산화물과 질소산화물이 대기중의 수증기와 합쳐서 산성비로 된 부분, 그리고 산업공정과 해염입자에 의해서 대기중에 배출된 염소산화물이 주원인이라고 할 수 있다. 이들 각 성분이 산성비에 미치는 영향은 SO_2가 60~70% 정도를 차지하며 질소산화물에 의한 것이 30~35%이며 나머지는 HCl에 의한 것으로 알려져 있다.

최근에는 산성비 외에 산성눈(Acid snow), 산성안개(Acid fog), 산성이슬(Acid dew)로 인한 피해도 빈번히 조사 보고되고 있다.

1.4.2 지표수(Surface water)

지표수는 하천, 강, 호수 및 저수지로서 존재하는 물로 육상의 물이 바다로 흘러가는 가장 중요한 경로중의 하나이며 수자원으로서의 가장 큰 역할을 담당하고 있다.

가. 하천(Stream)

하천수는 지하수와 더불어 생물이 살아가는 데 필요한 음용수나 생활용수의 중요한 자원일 뿐 아니라 운반수단, 관개수, 또는 수력 발전의 주기능을 담당한다. 또한 강우로 인한 침식작용으로 하천으로 흘러들어온 토사를 운반하여 하구에 삼각주를 형성시키기도 하며 토사에 포함된 영양원소(질소, 인 등)는 바다의 생산성을 유지시켜주는 큰 역할을 갖는다. 즉, 바다의 생물자원은 이처럼 육지에서 하천을 통해 유입된 영양원소 때문에 식물성 플랑크톤의 광합성이 가능하며, 바다의 주생산활동이 육지와 가까운 연안지역임을 미루어 볼 때 육지의 영양소가 바다의 생태계를 유지시키는 요인임을 짐작할 수 있다.

하천수의 수질은 지역의 지질특성에 따라 틀린데, 일반적으로 물이 흘러감에 따라 규토(SiO_2), 칼슘(Ca), 나트륨(Na), 마그네슘(Mg), 칼륨(K), 철(Fe) 등의 광물질과 중탄산염(HCO_3^-), 황산염(SO_4^{2-}), 염화물(Cl^-), 질산염(NO_3^-) 등의 염을 대체로 나열된 순서로 녹인다. 그러나 지하수에 비하면 그 함유량이 낮은 편이다. 또한 수온의 계절변화가 크고 유량의 분포에 따라 수질의 변화 폭이 큰 편이다. 우리나라의 하천은 크고 작은 것을 합하여 101개에 달하고 있다.

우리나라는 하천을 구간별로 관리하고 있으며 하천법상 직할 하천, 지방 하천, 준용 하천으로 나누어 관리하고 있으며, 직할 하천과 지방 하천은 법으로 지정된 지정 하천에 해당한다. 하천법상의 하천이 아닌 소하천은 1994년 소하천정비법이 제정된 이후로 별도로 행정자치부에서 관리되고 있다. 직할 하천은 건설교통부장관이, 지방 및 준용하천은 관할 시·도지사가 관리하게 되는데, 우리나라 하천의 몇 가지 특성을 살펴보면 다음과 같다.

첫째, 한반도의 줄기인 태백산맥을 분수령으로 하여 대부분의 하천이 동에서 서로, 또는 북에서 남으로 흐른다. 결과적으로 동해안은 상대적으로 오염된 하천의 영향을

표 1.9 ➸ 국내 10대 주요 하천의 특성

이름	유역 면적 (km^2)	유로 연장 (km)	연평균 유출량 (억m^3)	연평균 강수량 (mm)	하천 개수 (개)
한강	25,954(35,770)*	494	160	1,208	703
낙동강	23,384	506	157	1,178	785
금강	9,912	395	70	1,227	486
섬진강	4,912	224	41	1,433	284
영산강	3,468	138	28	1,336	170
안성천	1,656	76	11	1,189	103
삽교천	1,649	64	11	1,194	100
만경강	1,504	81	12	1,255	82
형산강	1,133	63	7	1,133	30
동진강	1,124	51	9	1,224	88

* 북한지역 유역면적 포함시 유역면적

남해나 서해보다 적게 받는 편이며 더불어 영양염류의 공급도 적어 깊은 수심을 가진 동해안은 빈영양수역의 특성을 가지고 있다.

둘째, 하천의 구배가 크고 길이가 비교적 짧은 편이다. 하천의 구배가 크다는 것은 하천의 발원지와 하구사이의 경사가 급하다고 볼 수 있고 이에 따라 빠른 유속으로 인한 DO공급능력의 증가로 자정작용이 크다고 볼 수 있다. 그러나 하천의 길이가 짧아 오염물질이 유입될 경우 하천의 유로 방향으로 충분한 자정작용을 갖지 못하고 바다로 유입될 가능성이 높다고 볼 수 있다.

셋째, 여름철 집중강우로 인한 결과로 홍수시와 갈수기의 유량 변동폭이 외국하천에 비해 대단히 크다는 점이다. 이는 수자원 확보면에서 비교적 불리하며 수질면에서는 특히 갈수기에 최악의 수질오염을 보여 연중 큰 수질변화를 나타내는 특성을 갖는다.

우리나라 10개 주요 하천을 살펴보면 표 1.9와 같다. 북한을 제외한 우리나라에서 유역면적과 연평균유출량을 기준으로 보면 한강이, 유로연장을 기준으로 보면 낙동강이 가장 큰 하천이며, 10대 하천중 유역 내 강수량이 가장 많은 곳은 섬진강유역으로 1,433 mm/yr를 나타내고 있고, 유역별 하천 수는 낙동강이 785개로 가장 많은 편이다.

나. 호수(Lake)

호수는 하천수와 지하수의 유입으로 이루어지며 하천과는 달리 유속이 거의 없는 정체된 수역공간이다. 따라서 하천수와는 다른 수질특성을 보인다. 호수는 일반적으로 하천수에 비해 체류시간이 길고 수심이 깊은 편이다. 따라서 호수물은 긴 체류시간으로 말미암아 많은 광량을 받게 되며 이것이 호수에서 식물성 플랑크톤이 자랄 수 있는 중요 환경요인이 된다.

적절한 영양원소와 광량이 존재하고 약 2주 이상의 체류시간만 주어진다면 호수는 식물성 플랑크톤의 성장이 활발히 일어나고 이에 따라 포식－피식의 생태적 환경요인이 발달하게 된다. 이처럼 호수는 흐름이 강한 하천에 비해 생태적 연결고리가 비교적 튼튼하며 유기물질의 오염에 따른 BOD－DO의 정량화는 2차적인 문제라고 볼 수 있다.

우리나라의 호수는 서구의 많은 호수처럼 빙하기가 물러가면서 자연적으로 조성된 호수는 거의 없으며, 하천의 흐름을 막아 조성된 인공호수가 거의 대부분이다. 따라서 국내호수의 형태적 특성은 외국의 호수와는 다르며 이에 따른 여러 환경인자간에 차이가 큰 편이다. 이처럼 우리나라 지질은 화강암이 발달함으로써 자연호수가 없는 대신 수자원 확보를 위하여 약 179개의 호소수를 조성하였으며, 만수면적 10 km^2인 호수가 소양호, 충주호, 대청호 등의 21개소가 있으며 1~10 km² 만수면적을 가진 호수는 장성호, 나주호, 회동호 등 25개소가 있다. 그 나머지는 관계용수 확보를 위한 소규모 저수지가 대부분이다.

1.4.3 지하수(Ground water)

지하수는 비나 눈 등이 지층을 통과하여 대수층(Aquifer)에 저장되어 있는 물을 말하며, 땅속으로 스며든 물은 중력에 의해 토양, 모래, 자갈 사이를 지나 지하수로 가득 찬 지하수포화대까지 내려가게 되고 이 지하수포화대의 가장 윗부분을 지하수면이라고 칭한다. pH 5.6을 가진 빗물의 약산성의 강수가 땅속의 알칼리성 광물질을 녹여서 pH는 중성에 가까워지며 이때 물에 녹은 광물질들은 생태계 내 필요한 영양소로 활용이 되므로 약한 산성의 비는 생태계를 유지시키는 데 오히려 필요한 현상인 것이다. 따라서 지하수는 황산염, 탄산염, 규산염 및 염화물의 용해 탓으로 지표수보다도 비교적 경도가 높은 수질 특성을 갖고 있으며 다음과 같은 수질특성을 갖는다.

① 토양수 내 유기물질 분해에 따른 CO_2의 발생과 약산성의 빗물로 인하여 광물질이 용해되어 경도가 높다.

② 지하수는 기온의 영향이 없어 연중 수온의 변동이 적고 토양의 여과작용으로 미생물이 거의 없으며 탁도가 낮다.

③ 하천수에 비해 흐름이 완만하여 한 번 오염된 후에는 회복되는 데 오랜 시간이 걸리며 자정작용이 느리다.

그림 1.11 지하수의 단면도

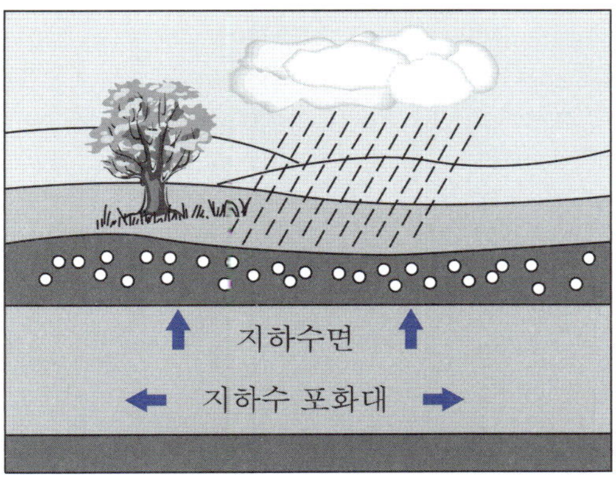

표 1.10 ➸ 지하수 수질기준(단위 : mg/L)

항 목 (이용목적별)		생활용수	농업용수·어업용수	공업용수
일반 오염 물질 (5개)	수소이온농도(pH)	5.8~8.5	6.0~8.5	5.0~9.0
	대장균군수	5,000 이하(MPN/100mL)	-	-
	질산성질소	20 이하	20 이하	40 이하
	염소이온	250 이하	250 이하	500 이하
	일반세균	1mL중 100CFU 이하	-	-
특정 유해 물질 (15개)	카 드 뮴	0.01 이하	0.01 이하	0.02 이하
	비 소	0.05 이하	0.05 이하	0.1 이하
	시 안	불검출	불검출	0.2 이하
	수 은	불검출	불검출	불검출
	유 기 인	불검출	불검출	불검출
	페 놀	0.005 이하	0.005 이하	0.01 이하
	납	0.1 이하	0.1 이하	0.2 이하
	6가크롬	0.05 이하	0.05 이하	0.1 이하
특정 유해 물질 (15개)	트리클로로에틸렌	0.03 이하	0.03 이하	0.06 이하
	테트라클로로에틸렌	0.01 이하	0.01 이하	0.02 이하
	1.1.1-트리클로로에탄	0.15 이하	0.3 이하	0.5 이하
	벤 젠	0.015 이하	-	-
	톨 루 엔	1 이하	-	-
	에틸벤젠	0.45 이하	-	-
	크 실 렌	0.75 이하	-	-

1. 생활용수 : 가정용 및 가정용에 준하는 목적으로 이용되는 경우로서 음용수·농업용수·어업용수·공업용수 이외의 모든 용수를 포함한다.
2. 농업용수·어업용수 : 농업·농촌기본법시행령 제2조의 규정에 의한 농업 및 농어촌발전특별조치법 시행령 제2조제3호의 규정에 의한 어업의 목적으로 이용되는 경우를 말한다.
3. 공업용수 : 수질환경보전법 제2조제5호의 규정에 의한 폐수배출시설을 설치한 사업장에서 사업활동 목적으로 이용되는 경우를 말한다.
4. 어업용수 및 지하수의 이용 목적상 염소이온의 농도가 인체에 해가 되지 아니하는 것으로 환경부장관이 인정하는 용도로 지하수를 이용하는 경우 염소이온의 기준을 적용하지 아니한다.

※ 공통사항 : 농업용수·어업용수·공업용수일지라도 생활용수의 목적으로도 함께 이용되는 경우에는 생활용수의 수질기준을 적용한다.

유럽의 경우 상수원수 용수확보를 위해 평균 65% 인구가 지하수를 활용하는 반면 우리나라는 전체 용수중 약 11%를 지하수로 활용하고 있어 지하수 이용면에서 차이가 큰 편이다. 이는 지하 대수층의 발달정도와 연관이 깊다. 우리나라 연간 지하수 개발가능량은 117억m^3으로, 이중 29.9%인 35억m^3를 이용하고 있으며, 지하수 이용시설

수는 1,194,698개소로서 지하수 이용시설당 일일 평균 이용량은 약 8.0m³이다(건교부 지하수조사연보, 2003). 용도별로는 생활용수(47.1%), 농업용수(45.6%)가 대부분이고, 지하수 이용전망은 2002년 35억m³에서 2016년 37억m³로 증가가 예상된다(건교부 수자원장기종합계획, 2001).

전국적인 지하수 오염실태 파악을 위해 오염우려지역(환경부), 일반지역(시·도)에 대해 연 2회 실시하고 있으며, 이들 측정지점에 대한 지하수수질기준 초과율은 3.6~7.9% 정도이나 공단지역은 TCE 및 PCE가, 농촌지역은 NO_3-N(질산성질소)이 초과 검출율이 높은 편이다. 지하수를 음용수로 이용하는 경우는 먹는물관리법 제5조의 규정에 의한 먹는물의 수질기준을 적용하고, 지하수를 생활용수, 농업용수, 어업용수, 공업용수로 이용하는 경우 지하수법에 따른 다음과 같은 지하수 수질기준을 적용한다.

특히 2003년부터 꾸준히 발생하고 있는 AI, 구제역 등 가축매몰지로 인한 지하수 오염이 문제되고 있으며, 2011년 전국적인 구제역 발병으로 4,799개소 가축매몰지가 인근 지하수 오염문제를 야기할 가능성이 높아 매몰지 환경관리 및 먹는물안전대책 수립이 크게 요구되고 있는 실정이다.

참고문헌

1. 최영박 외 1명, "최신수리학", 형설출판사, 1974
2. 김원명, "물", 아카데미서적, 1991
3. 김영길 외 26인, "자연과학", 생능, 1992
4. 김정욱, "지구생태계에 있어서의 물의 역할", 水道 제3호, 1987
5. 윤용남, "공업수문학", 청문각, 1998
6. 환경처, "환경백서", 2008
7. 양상현, "수질공학", 동화기술, 1990
8. 이두호 외 6명, "인간환경론", 나남, 1993
9. 박봉규 외 4명, "인간과 환경" 동성사, 1991
10. 김정현 외 3명, "환경과학", 동화기술, 1992
11. Veornon L. Snoeyink, David Jenkins, "Water Chemistry", John Wiey & Sons, 1980
12. 合田健, "水質工學", 丸善株式會社(日本), 1975

연습문제

1. 물이 갖고 있는 용매적 특성을 설명하라.

2. 지구상의 물의 분포특성을 설명하라.

3. 지구상의 물순환을 일으키는 각 요인을 언급하고 순환메커니즘을 설명하라.

4. 우리나라의 수자원 현황과 이용특성을 분석하고 향후 전망을 논하라.

5. 수자원 중 빗물의 수질특성을 설명하라.

6. 우리나라 하천의 특성을 고찰하고 수질과 수질확보면에서 상호관계를 논하라.

7. 호수와 하천수 및 지하수의 수질특성을 각기 고찰하라.

Chapter 02

수질오염과 기초

2.1 수질오염의 정의

깨끗한 자연수가 오염되는 과정은 여러 가지 용어로 정의될 수 있으나 일반적으로 정의되는 **수질오염**(Water pollution)현상은 오염물질이 물의 자연자정능력을 초과하여 자연수체내로 배출될 때 해당 수체가 이용목적에 적합하지 않게 된 상태라고 말할 수 있다. 자연계의 물은 그 스스로가 유입된 오염물질을 물리화학적 및 생물학적 작용에 의해 정화할 수 있는 능력을 갖고 있으며 이러한 현상을 물의 자정작용(Self-purification)이라고 한다. 따라서 수질오염현상은 해당 수체가 갖고 있는 자정능력 이상의 오염물질이 유입될 때 발생하는 것으로 옛날에는 인축의 배설물속에 존재하는 병원성미생물 또는 기생충에 의해 발생하는 수인성 전염병이 심각한 수질오염현상이었으나, 최근에는 과다한 부패성 유기물질의 유입과 유독한 중금속으로 인한 수질오염현상이 상대적으로 심각한 실정이다. 그러나 1980년대 이후의 우리나라는 특히 호수에서 무기물질의 과다유입으로 인한 생산성의 과대현상이 큰 수질문제로 대두되고 있는 실정이다. 따라서 수질오염현상은 다음과 같이 크게 네 가지로 나누어 구분할 수 있다.

첫째, 물속에 산소가 없어지는 현상이다. 이 세상에 많은 생물들이 산소 없이는 살아갈 수 없는데 대기중에는 21%(부피비)가, 물속(20℃, 1기압)에서는 9.17 ppm을 차지하고 있어 물속은 산소가 쉽게 고갈되기 쉬운 환경이다. 물속에 산소가 없어지게 되는 이유는 물속에 들어온 유기물질(단백질, 탄수화물, 지방 등)이 미생물에 의해 분해될 때 먹이로서 유기물이 섭취되면서 이에 따른 산소 소비가 일어나 발생하는 것이다. 따라서 많은 양의 유기물질이 물속에 들어올 경우 많은 양의 산소 소비가 더불어 일어나게 되는데, 실제 적은 양의 산소만 존재하는 물속에서는 쉽게 산소가 고갈되는 이른바

'**혐기성 상태**'가 되기 쉽다. 물속이 혐기성 상태가 되면 우선 부패한 가스가 많이 발생되고 악취가 나며 물 색깔이 검게 변하여, 소위 죽은 물이 되는 오염현상이 발생한다.

둘째, 중금속에 의한 오염으로 가정하수보다도 주로 공장폐수에서 기인된다고 볼 수 있다. 중금속의 특징은 우리 몸속에 들어왔을 때, 배출이 쉽지 않으며 주로 간, 지방, 뼛속에 농축되어 급·만성 피해를 일으키게 된다. 따라서 인체나 생물체에 미치는 영향으로는 유기물이 높은 농도의 물보다도 중금속이 높은 물의 영향이 더 크다고 생각할 수 있다. 특히 중금속은 먹이연쇄과정을 타고 올라가면서 계속 축적되어 높은 영양단계에 있는 소비자 생물에게 만성적 피해현상을 유발하는 요인이 되고 있다.

셋째, 질소나 인과 같은 무기물이 물속으로 다량 들어왔을 경우로서 이는 주로 호수나 저수지 등과 같이 정체된 수체에서 발생하는 오염현상으로 이른바 '**부영양화**(Eutrophication)' 현상이다. 이는 물속에서 비교적 낮은 농도로 존재하는 질소나 인이 다량 들어옴으로써 식물성 플랑크톤의 과도 성장을 일으켜 발생하는데, 물의 색깔을 녹색으로 만들고, 다량의 식물성 플랑크톤이 호수 밑바닥에 쌓이고 썩음으로써 호수바닥 근처의 물을 산소가 없는 죽은 물로 만드는 오염현상이다. 또한 이 물을 정수하여 수돗물을 만들 때 여러 가지 정수공정에 문제점을 야기하며 물맛을 나쁘게 할 뿐만 아니라 THM과 같은 발암물질을 형성하기도 한다.

넷째, 전염성 세균에 의한 오염 현상이다. 이러한 세균들은 감염된 동물과 사람의 배설물이 물에 유입되고 이 물을 처리하지 않은 채 여러 경로를 통하여 사람에게 들어올 때 발생하게 된다. 이러한 수인성 전염병은 이질, 장티푸스, 파라티푸스, 콜레라 등을 일으키며 지금도 세계 인구의 약 35%가 피해와 고통을 받고 있는 실정이다.

2.2 수질오염원

공공수역에 유입되는 수질오염물질의 발생원은 크게 점오염원(Point source)과 비점오염원(Nonpoint source ; Area source)으로 구분할 수 있다. 점오염원은 주로 가정하수와 공장폐수로 구성되며, 비교적 일정한 지점에서 일정한 양이 지속적으로 발생되어 강우시나 비강우시 배출량에 큰 변동이 없는 특성을 갖는다. 반면, 비점오염원은 도시·농지·산지 등에서 불특정하게 오염물질을 발생시키는 장소 또는 지역을 의미하며, 비점오염물질 발생도 강수·바람 등을 통해 지표유출수를 통해 유출되거나 직접 수계에 유입되는 특성을 갖는다. 주요 원인물질로는 농지에 살포된 비료 및 농약, 토양침식물, 축사유출물, 교통오염물질, 도시지역의 먼지와 쓰레기, 자연동·식물의 잔여물, 대기오염물질의 강하물 등이 있다. 비점오염물질은 특히 강우시에만 주로 유출되기 때문에 일간·계절간 배출량 변화가 크고 예측과 정량화가 어려운 편이며, 우리나라에서는 여름철 강우기에 집중되는 특성을 지니고 있다. 따라서 수질오염부하량을 평가할 때 비점오염원은 도시·농지·산지 등 넓은 면적에서 부하되는 특성을 가지고 있는 반면, 대기의 비점오염원(개별 가정난방시의 오염물질 발생량 추정 등) 배출특성과는 다소 다른 면을 가지고 있다.

그림 2.1 오염원의 구분

그림 2.2 비점오염원 발생모식도(산림, 도시, 교외, 농경지, 신규개발지 등에서 발생하는 오염물질이 강우시 인근 하천으로 유입됨)

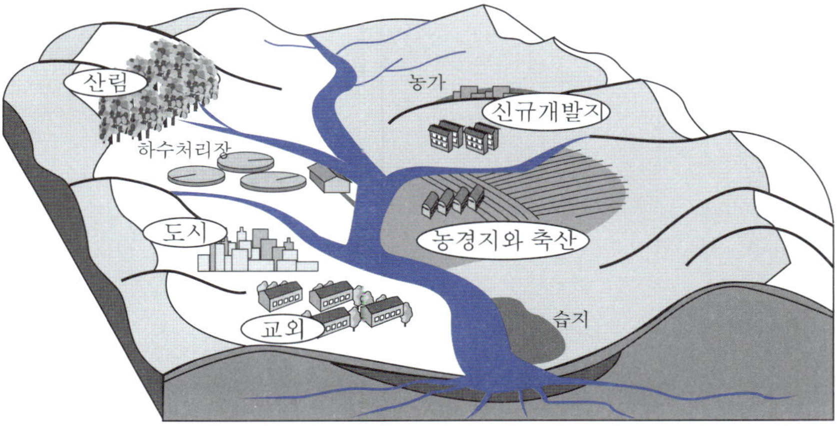

표 2.1 ➽ 연도별 상수도 보급현황

구분	단위	2008	2009	2010	2011	2012	2013	2014	2015	2016	2017
총인구	천명	50,394	50,644	51,435	51,717	51,881	52,127	52,419	52,672	52,858	52,950
급수인구	천명	48,789	49,302	50,264	50,638	50,905	51,325	51,712	52,045	52,259	52,468
시설용량	천 m^3/일	28,332	28,885	28,908	28,780	27,648	27,168	27,141	26,824	27,022	27,663
보급률	%	96.8	97.4	97.7	97.9	98.1	98.5	98.6	98.8	98.9	99.1
1인1일 급수량	L	337	332	333	335	332	335	335	335	339	341
1인1일 물사용량	L	275	274	277	279	278	282	280	282	287	289

표 2.2 ➽ 연도별 상수도 총급수량 현황

구분	단위	2008	2009	2010	2011	2012	2013	2014	2015	2016	2017
유수율	%	81.7	82.6	83.2	83.5	84.0	84.2	83.7	84.3	84.8	85.2
누수율	%	12.2	11.4	10.8	10.4	10.4	10.7	11.1	10.9	10.6	10.5
생산원가	원/m^3	730.7	761.6	777.2	813.4	814.7	849.3	876.5	881.7	868	898
평균 수도요금	원/m^3	609.3	609.9	610.2	619.3	649.1	660.4	666.9	683.4	703	723

그림 2.3 상수도 공급 체계도

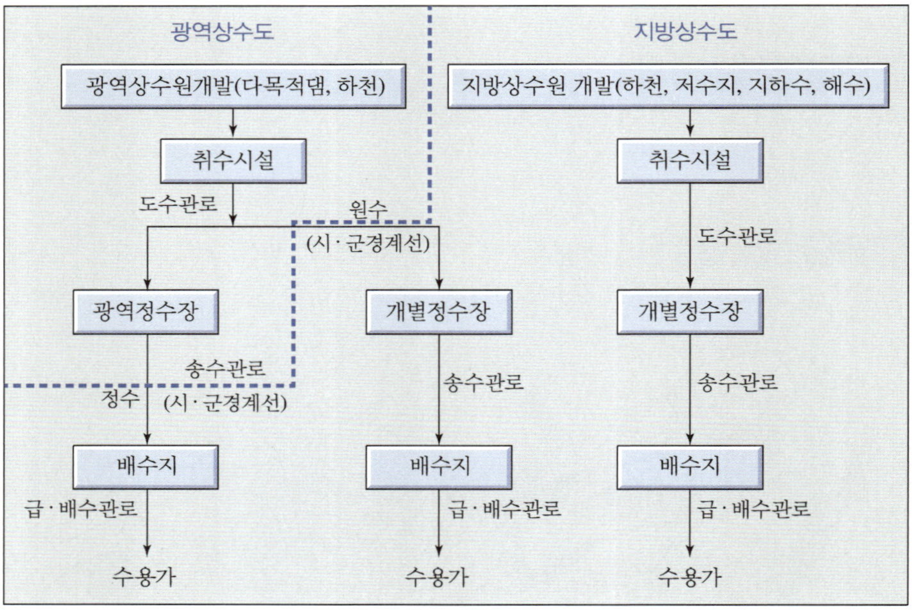

2.2.1 가정하수(Municipal wastewater)

가정하수는 도시하수, 생활하수 등으로 표현되고 있으며 주거지역과 상업용 및 공공시설에서 배출되는 폐수를 말한다. 배출량 추정은 현장에서 직접 측정하거나 상수소비량의 분석 또는 비슷한 지역사회에서의 1인당 배출량을 감안하여 구해야 한다. 상수사용량을 고려할 때에는 공급되는 물의 양과 실제 사용량 사이에 차이가 있으므로 주의해야 하며 두 값의 차는 배수계통에서 유실되는 탓으로 전국평균누수율이 약 10% 내외인 것으로 추산되고 있다.

일반적으로 못쓰게 되어버린 물은 그 표현방식이 '상수(上水)'를 쓰고 나면 '하수(下

水)'가 되고(가정용), '용수(用水)'를 쓰고 나면 "폐수(廢水)'가 되는 셈이다(산업용), 하수도법상 "하수"라 함은 사람의 생활이나 경제활동으로 인하여 액체성 또는 고체성의 물질이 섞이어 오염된 물(이하 "오수"라 함)과 건물도로 그 밖의 시설물의 부지로부터 하수도로 유입되는 빗물·지하수를 말한다.

다음 표 2.3에서 보는 바와 같이 생활하수량은 86.7%를 차지하고 있어 가장 많은 양을 배출하고 있고 축산폐수가 가장 적은 양을 발생하고 있다.

표 2.3 ➸ 오염원별 오·폐수 발생현황

오 염 원	배출량(천톤/일)	배출량(%)	
생활하수	26,123	86.7	2018년 기준
공장폐수	3,818	12.7	2017년 기준
축산폐수	185	0.6	2018년 기준

하수도는 크게 공공하수도와 개인하수도로 구분할 수 있다. 2018년 말 기준 하수도 보급률이 94%를 상회하고 있어 개인하수도의 비중은 지속적으로 약화되고 있는 실정이다. 2018년도의 경우 도시지역의 하수도보급률은 96.0%이나 농어촌지역의 하수도보급률은 71.8%에 불과한 실정이다.

표 2.4 ➸ 연도별 보급률 추이

구분	2012	2013	2014	2015	2016	2017	2018
총인구(천명)	51,881	52,127	52,419	52,672	52,858	52,950	52,073
처리인구(천명)	47,538	48,016	48,506	48,925	49,275	49,546	49,834
처리시설(개소)	546 (3,067)	569 (3,130)	597 (3,160)	625 (3,282)	649 (3,314)	660 (3,412)	671 (3,442)
보급률(%)	91.6	92.1	92.5	92.9	93.2	93.6	93.6
시설용량(천톤/일)	25,297	25,330	24,999	25,398	25,671	26,107	26,124

※ (　)는 500톤/일 미만 시설수임

농어촌지역 등 오염원이 산재되어 있는 지역에서 발생하는 생활오수의 경우, 하수관거 설치비가 과다하게 소요되는 등의 사유로 공공하수도가 보급되지 못한 지역에 대해서는 개인하수처리시설을 설치하여 처리하고 있다.

하수도정비기본계획상 하수관거 설치계획은 191,025 km(2018년 기준)인데 현재 118,329 km가 설치되어 계획대비 관거보급률이 81.8%를 나타내고 있다. 광역자치단체를 기준으로 할 때 서울시의 하수관거보급률은 100%인 반면, 농어촌지역인 전라남도의 경우 76.5%에 불과하여 지역별 차이가 매우 큰 실정으로 이에 대한 보완 대책 추진이 필요하다.

그림 2.4 생활오수·분뇨처리체계

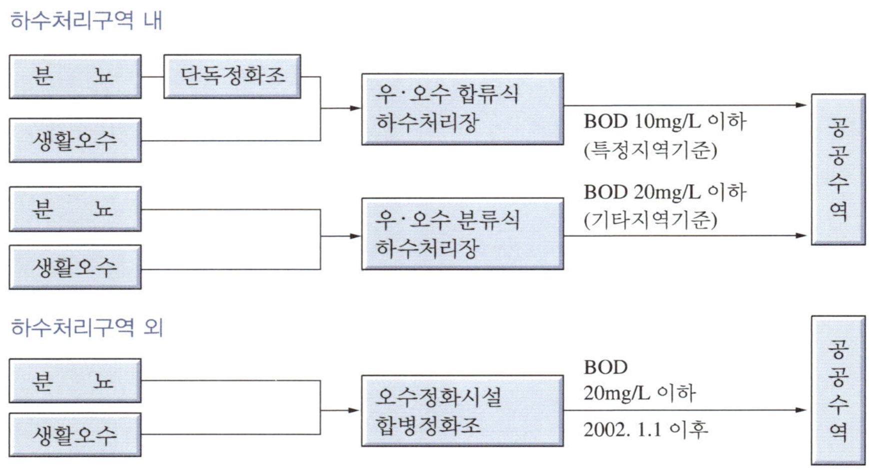

또한, 2010년 광화문 침수사고와 2011년 강남·서초구의 침수 등 기후변화에 기인하여 기상재해가 빈번히 발생함에 따라 공공하수도의 빗물관리기능 강화의 필요성이 대두되고 있다.

표 2.5와 같이 하수관거체계는 오수와 빗물을 함께 수송하는 합류식 하수관거와 오수 및 빗물을 별도의 관로로 수송하는 분류식 하수관거 방식이 있다. 비점오염원의 입장에서 볼 때도 합류식 하수관거 방식이 강우시에 발생하는 과잉의 유량이 하수 관로를 월류하여 인근 하천으로 직접 유입됨으로써 물고기 폐사나 강우후 하천오염문제를 지속적으로 야기하는 실정이다. 그림 2.5는 서울시 일정구간에 설치된 합류식 하수관로의 보완체계인데, 평상시 발생 하수량의 3배 정도를 감당할 수 있는 별도의 관로를 구축함으로써 초기 강우시 발생하는 대부분의 오염된 유량을 차집해서 운송할 수 있는 방안이다.

표 2.5 ➸ 연도별 하수관로 보급현황 (단위 : km)

구분		2012	2013	2014	2015	2016	2017	2018
계획연장		162,633	165,479	170,472	171,803	178,951	184,770	191,025
시설 연장	총계	123,309	126,606	132,680	137,193	143,168	149,030	156,257
	합류식	45,683	45,415	44,601	44,228	43,738	43,210	43,826
	분류식	77,627	81,191	88,079	92,966	99,430	105,820	112,431
하수관거보급률(%)		75.8	76.5	77.8	79.9	80.0	80.7	81.8

한편, 기후변화에 기인한 집중호우 빈도가 증가하는 등 기상재해가 빈번히 발생하여 공공하수도의 빗물관리기능 강화 필요성이 대두됨에 따라, 공공하수도의 빗물관리기능을 강화한 '도시침수예방 하수도정비 종합대책'('12.5)을 수립하였다. 종합대책에 따라 시설설치 및 정비에 연도별로 국고를 지원하고 있으며, 하수저류시설 및 대심도 하수저류터널 설치 등 시설의 확충, 빗물 배제를 위한 첨단 설계·운영기법의 도입, 침수예방을 위한 제도개선 방안 마련, 하수도정비 중점관리지역 지정제도 도입(하수도법 개정, '12.2) 등 하수관거의 우수 관리 기능을 강화하고 있다.

그림 2.5 합류식 하수관로의 보완(초기 강우시 발생 유량의 차집)

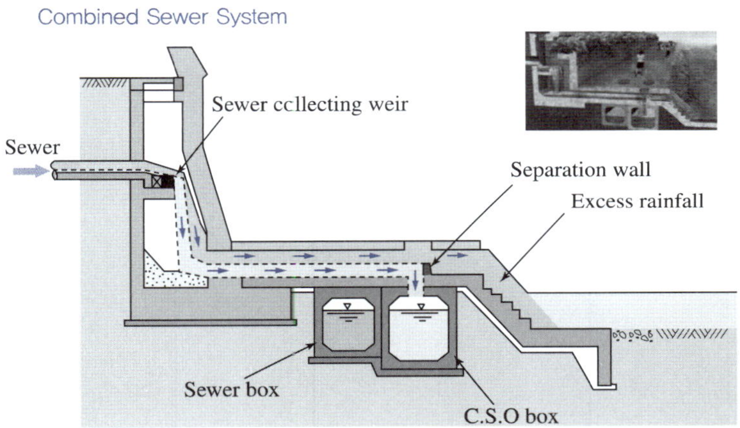

2.2.2 산업폐수(Industrial wastewater)

산업폐수는 각종 산업공정에서 생성되는 공장폐수로 수질오염에 중요한 문제를 야기시키고 생활하수와는 달리 고농도이며 각종 유해물질을 많이 함유하고 있다. 따라서 폐수량과 농도를 같이 고려할 경우, 중금속을 비롯한 유독성물질의 배출은 생활오수에 비해 공장폐수가 훨씬 높은 기여율을 나타낼 것이다.

폐수배출시설의 종류 및 규모는 「물환경보전법」에서 정하여 관리하고 있다. 폐수배출시설의 규모는 1일 폐수배출량을 기준으로 1~5종으로 구분하여 관리하고 있으며, 1종은 2,000 m^3/일 이상, 2종은 700~2,000 m^3/일, 3종은 200~700 m^3/일, 4종은 50~200 m^3/일, 5종은 50 m^3/일 미만이다.

그림 2.6 폐수배출업소 현황 변화추이

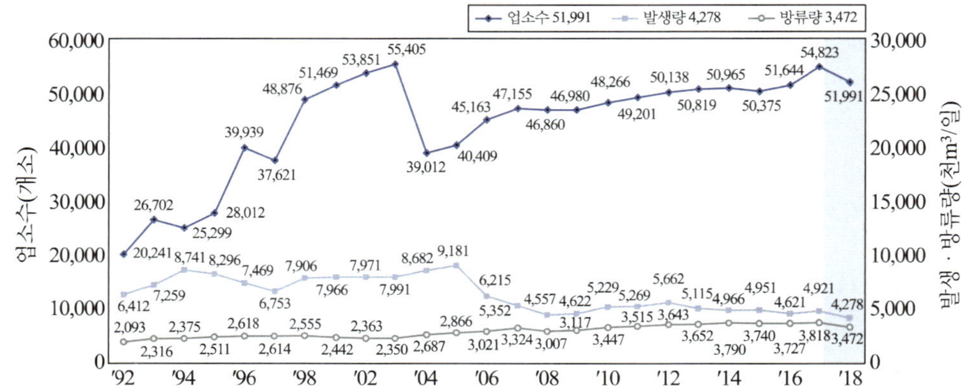

그림 2.7 폐수배출업소 현황(2012년 기준)

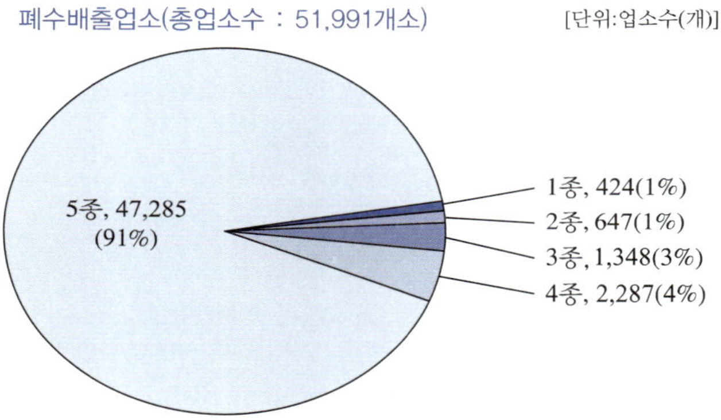

2019년 초 기준 폐수발생량은 4,278천 톤/일이고 배출업소수는 51,991개소이다. 1종 사업장은 업소수로는 424개소(1%)이지만 발생량은 2,924천 톤/일로서 57%를 차지하고 있어 수질관리 측면에서 수질오염의 주요 발생원인 1종업체로부터 철저히 관리하는 것이 효율적인 대안수립의 첩경이 될 수 있다.

2.2.3 비점오염원(Nonpoint source)

자연적인 것이든 인위적인 것이든 수질오염을 야기하는 오염원을 두 가지로 크게 분류하면 점오염원과 비점오염원으로 나눌 수 있다. 점오염원은 도시하수나 공장폐수와 같이 오염물질이 이동하는 경로와 수량을 비교적 쉽게 측정 또는 추정할 수 있는 것이며, 비점오염원은 농경지, 산림지역, 광산지역, 도시지역과 같이 오염물질이 넓은 지역에 걸쳐 분산되어 있는 것을 의미하며 주로 강우시에 발생한다.

비점오염물질의 발생이 많은 산업단지·택지 개발로 인한 불투수층의 증대, 농경지 및 산지(임도, 산불지역), 폐광산 지역, 도로 및 주차장 건설 등 각종 개발사업이 비점오염에 대한 인식과 고려없이 추진됨에 따라 비점오염원의 영향은 지속적으로 증가하고 있는 실정이다.

그동안 수질보전정책은 도시지역 하수처리장 설치 및 산업폐수 처리의무 부과 등 점오염원 위주로 추진해왔다. 그러나 수질오염에 미치는 영향이 큰 비점오염원에 대한 관리 없이는 4대강 상수원의 수질개선목표 달성에 한계가 있다. 특히 이번 정부의 4대강 사업의 일환으로 5천억 예산으로 총인처리시설을 하폐수처리장에 추가 건설하였으나, 4대강이 유속이 느린 호소형으로 바뀐 지금에 비점오염원으로 다량 유출되는 총인 농도를 통제하지 않고는 조류의 대발생 현상을 제어하기 어려운 실정에 있다.

그림 2.8 **다양한 비점오염원 유출현장**

(a) 경사진 밭에서의 토사유출

(b) 임도에서 발생된 침식사면

(c) 교량 초기우수 하천직유입

(d) 공사현장의 토사유출

그림 2.9 비점오염원 저감시기 모식도

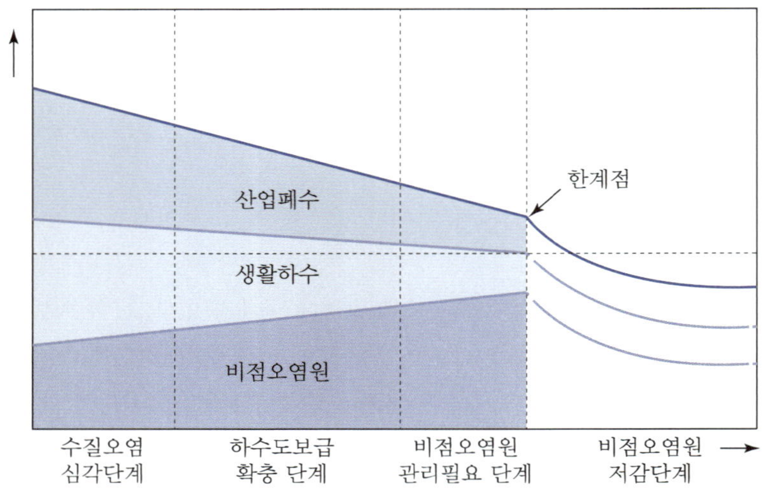

2.3 기초화학

2.3.1 화학농도단위

가. %(percent) 농도

(1) 백분율농도

용액(용액+용질)의 질량에 대한 용질의 질량비를 백분율로 나타내 사용한다.

$$\% \text{ 농도} = \frac{\text{용질질량}}{\text{용액(용매}+\text{용질)질량}} \times 100 \qquad (2.1)$$

(2) W/V%(weight/volume)농도

용액 100 mL중의 성분무게(g)수 또는 가스 100 mL중의 성분무게(g)수를 말하며, 보통 용액의 농도를 %로만 표시할 때는 W/V%농도를 말한다.

(3) V/V%농도 (용량백분율)

용액 100 mL중의 성분용량(mL)을 나타내는 농도이다.

(4) V/W%농도

용액 100 g중의 성분용량(mL)을 나타내는 농도이다.

(5) W/W%농도 (중량백분율)

용액 100 g중의 성분무게(g)를 나타내는 농도이다.

나. 몰농도(M ; mole/L)

보통 수중의 용존물질의 농도를 M (mole)농도로 표시하며, 이것은 용액 1 L중에 존재하는 gram분자량의 수를 말한다. g분자량은 해당화합물의 분자량에 g을 붙여 나타낸다. 따라서 1 M용액은 1그램분자량을 물에 녹인 다음 그 부피를 1 L로 만든 용액으로서 M농도가 같은 용액은 단위질량당 용존물질의 분자수가 같게 된다.

다. 노르말농도(N ; g당량/L)

규정농도(規定濃度)라고도 하며 용액 1 L중에 녹아있는 용질의 g당량수를 말하며 'N'으로 표시한다. 산-염기반응의 경우 H^+ 이온과 OH^- 이온수로 나눈 값이며 산화-환원반응에서는 주고 받는 전자수로 분자량을 나눈 값을 말한다.

따라서 황산의 경우 49 g/L이 1 N농도가 되며 $CaCO_3$는 50 g/L이 1 N농도가 되는 것이다. g당량과 관련된 양으로서 이것의 1 / 1,000이 되는 **milli당량**(milliequivalent)는 meq/L 또는 me/L로 표현되며 수질분석시에는 이처럼 낮은 농도를 주로 사용한다.

$$\text{epm (milliequivalent per liter)} = \text{me/L}$$

① 원자 및 이온의 당량 $= \dfrac{\text{원자량}}{\text{원자가}}$

Ca^{2+}의 당량 $= \dfrac{40}{2} = 20$, Na^+의 당량 $= \dfrac{23}{1} = 23$

② 분자(화합물)의 당량 $= \dfrac{\text{분자량}}{\text{양이온의 가수}}$

$CaCO_3$의 당량 $= \dfrac{100}{2} = 50$, NaCl의 당량 $= \dfrac{58.5}{1} = 58.5$

③ 산의 당량

H_2SO_4의 당량 $= \dfrac{98}{2} = 49$, HCl의 당량 $= \dfrac{36.5}{1} = 36.5$

④ 알칼리의 당량

$Ca(OH)_2$의 당량 $= \frac{74}{2} = 37$, NaOH의 당량 $= \frac{40}{1} = 40$

⑤ 산화제 및 환원제의 당량 $= \frac{\text{분자량}}{\text{주고 받는 전자수}}$

$KMnO_4$의 당량 $= \frac{158}{5} = 31.6$, $K_2Cr_2O_7$의 당량 $= \frac{294}{6} = 49$

$Na_2S_2O_3$의 당량 $= \frac{158}{1} = 158$, KIO_3의 당량 $= \frac{214}{6} = 35.7$

라. ppm(parts per million)

백만분의 1단위의 농도를 말하는데, 1 ppm이란 용질 1 mg이 용액 1 kg에 녹아 있는 상태를 의미한다. 수질에서 오염을 나타내는 농도로 M농도나 N농도보다 훨씬 빈번히 쓰이고 있으며 수질에서 1 ppm은 1 mg/kg을 나타내므로 1 mg/L와는 차이가 있다. 그러나 물의 밀도가 1 g/mL인 순수한 4℃일 때는 같은 의미를 갖게 된다. 또한 용매가 물이고 용질량이 별로 많지 않을 경우에도 ppm은 mg/L와 거의 동일하게 사용해도 무리가 없다. 그러나 엄격하게는 mg/L나 ppm을 다음과 같이 구분하여야만 한다.

$$ppm = \frac{(mg/L)}{\rho_{sol}} \tag{2.2}$$

ρ_{sol} : 용액의 밀도

몰농도의 경우 ppm으로 환산가능한데 그 관계식은 다음과 같다.

$$ppm = \frac{M\text{농도} \times g\text{분자량} \times 10^3}{\text{용액의 밀도}} \tag{2.3}$$

$$mg/L = M\text{농도}(mole/L) \times g\text{분자량}(g/mole) \times 10^3 \tag{2.4}$$

중금속과 농약 등의 미량의 오염물질농도를 표시하기 위하여 ppm의 $1/10^3$단위인 ppb (parts per billion ; $1/10^9$) 단위를 많이 쓴다.

예제

2.1 400 ppm은 몇 %인가?

풀이 1% = 10,000 ppm

400 × 1/10,000 = 0.04%

2.2 0.01 M농도의 NaOH를 ppm으로 나타내면?

풀이 NaOH 1 M = 40 g/L

0.01 M = 0.4 g/L = 400 mg/L = 400 ppm

2.3 어떤 용액내 「H^+」가 0.05 mole/L 들어있을 때 이는 몇 ppm에 해당하는가? (용액의 비중은 1이다)

풀이 0.05 mole/L × 10^3 mg/mole = 40 mg/L = 40 ppm

2.4 순수한 물의 농도는? (단, 물의 밀도는 1 g/cm^3)

풀이 물 1 L의 무게는 1,000 g

물 1 mole은 18 g

$$1{,}000\ \text{g/L} \times \frac{1\ \text{mole}}{18\ \text{g}} = 55.6\ \text{mole/L} = 55.6\ \text{M}$$

2.5 실험실에서 사용하는 H_2SO_4 비중이 1.84이며 농도는 96중량%이다. 이 시약의 몰농도와 N농도를 구하라.

풀이 황산용액 1 L의 무게 = 1.84 g/mL × 1,000 mL/L = 1,840 g/L

96중량%의 황산용액 중 황산량 = 1,840 g/L × 0.96 = 1,766.4 g/L

$$\therefore\ \text{M농도} = 1{,}766.4\ \text{g/L} \times \frac{1\ \text{mole}}{98\ \text{g}} = 18.0\ \text{mole/L}$$

$$\therefore\ \text{N농도} = 1{,}766.4\ \text{g/L} \times \frac{1\ \text{g당량}}{49\ \text{g}} = 36.05\ \text{g당량/L (N)}$$

2.3.2 용액(Solution)과 용해도(Solubility)

가. 용액(solution)

용액은 두 가지 이상의 분자·원자·이온이 분산되어 있는 혼합물을 말하며, 용액은 물질의 세 가지 상태, 즉 고체, 기체, 액체 중 어떤 한 가지로 구성되었다. 이때 용질(solute)을 녹이는 성분을 **용매**(solvent)라 하며, 용매에 녹는 물질을 **용질**이라고 한다.

특히 용매로 물을 사용한 용액을 **수용액**(aqueous solution)이라 말하고, 용질이 용매의 양에 비하여 아주 적은 양을 포함한 용액을 **묽은 용액**(dilute solution)이라 말하며, 용질의 양이 많은 용액을 **진한 용액**(concentrated solution)이라 한다.

나. 용해도

모든 고체는 그것이 아무리 불용성인 것이라도 어느 정도 녹는데 화합물의 결정속에 질서 있게 배열된 표면이온들이 물로 이동하게 된다. 고체표면은 부분적으로 이온과 평형상태까지 녹게 되며, 포화용액에서는 이온이 표면을 떠나는 속도와 용액속에서 침전으로 가라앉는 속도가 같아지는데, 이를 다음과 같이 표현할 수 있다.

$$AgCl \rightleftarrows Ag^{+} + Cl^{-} \tag{2.5}$$

$$\frac{[Ag^{+}][Cl^{-}]}{[AgCl]} = K \ (K\text{는 평형상수})$$

앞의 식에서 [AgCl]은 고체상태로 농도를 상수로 처리가능하며, 다음 식으로 표현된다.

$$[Ag^{+}] \cdot [Cl^{-}] = K_{sp} \tag{2.6}$$

여기서, K_{sp} : **용해도적**(Solubility product)

$$Ca_3(PO_4)_2 \leftrightarrows 3Ca^{2+} + 2PO_4^{3-} \tag{2.7}$$

$$K_{sp} = [Ca^{2+}]^3 \cdot [PO_4^{3-}]^2$$

단순히 K_{sp}값만 비교하여 화합물들의 상대적인 용해도를 예측하려는 것은 불가능하다. 식 (2.7)에서 보는 바와 같이 한 개의 분자로부터 2개 이상의 이온이 생성되어 계산식속에 2승, 3승 값이 포함되기 때문이다. 다음 표 2.6은 환경공학에서 중요한 용해도곱상수들이다. 수질오염물질의 침전과 용해현상을 설명하는데 용해도곱의 원리와 관련지으면 다음과 같다.

$$A_m B_n \leftrightarrows m[A] + n[B] \tag{2.8}$$

① $[A]_m[B]_n = K_{sp}$: 포화상태

② $[A]_m[B]_n > K_{sp}$: 과포화상태로 침전생성

③ $[A]_m[B]_n < K_{sp}$: 불포화상태로 침전물질 용해

표 2.6 ➸ 대표적인 용해도곱 상수들

평 형 반 응 식			K_{sp} 25℃에서	환경공학에서의 중요성
$MgCO_3$	↔	$Mg^{2+} + CO_3^{2-}$	4×10^{-5}	경도제거, 물때 생성방지
$Mg(OH)_2$	↔	$Mg^{2+} + 2OH^-$	9×10^{-12}	경도제거, 물때 생성방지
$CaCO_3$	↔	$Ca^{2+} + CO_3^{2-}$	5×10^{-9}	경도제거, 물때 생성방지
$Ca(OH)_2$	↔	$Ca^{2+} + 2OH^-$	8×10^{-6}	경도제거
$CaSO_4$	↔	$Ca^{2+} + SO_4^{2-}$	2×10^{-5}	연소가스의 탈황
$Cu(OH)_2$	↔	$Cu^{2+} + 2OH^-$	2×10^{-9}	중금속제거
$Zn(OH)_2$	↔	$Zn^{2+} + 2OH^-$	3×10^{-17}	중금속제거
$Ni(OH)_2$	↔	$Ni^{2+} + 2OH^-$	2×10^{-16}	중금속제거
$Cr(OH)_3$	↔	$Cr^{3+} + 3OH^-$	6×10^{-31}	중금속제거
$Al(OH)_3$	↔	$Al^{3+} + 3OH^-$	1×10^{-32}	응집
$Fe(OH)_3$	↔	$Fe^{3+} + 3OH^-$	6×10^{-38}	응집, 철의 제거, 부식방지
$Fe(OH)_2$	↔	$Fe^{2+} + 2OH^-$	5×10^{-5}	응집, 철의 제거, 부식방지
$Mn(OH)_3$	↔	$Mn^{3+} + 3OH^-$	1×10^{-36}	망간의 제거
$Mn(OH)_2$	↔	$Mn^{2+} + 2OH^-$	8×10^{-14}	망간의 제거
$Ca_3(PO_4)_2$	↔	$3Ca^{2+} + 2PO_4^{3-}$	1×10^{-27}	인산염제거
$CaHPO_4$	↔	$Ca^{2+} + HPO_4^{2-}$	3×10^{-7}	인산염제거
CaF_2	↔	$Ca^{2+} + 2F^-$	3×10^{-11}	플루오르제거
$AgCl$	↔	$Ag^+ + Cl^-$	3×10^{-10}	염화물분석
$BaSO_4$	↔	$Ba^{2+} + SO_4^{2-}$	1×10^{-10}	황산염분석

폐수처리에서 용해된 오염물질을 블용성으로 형성 침전시킬 때는 그 물질의 K_{sp}값이 적을수록 해당오염물질의 침전에 유리하다. 즉, K_{sp}값이 적다는 것은 그 오염물질의 용해도가 낮아 용존상태로는 적게 존재하고 대부분이 물에 녹지 않는 불용성고형물로 존재한다는 의미이다.

예제

2.6 $[Cl^-]$가 6×10^{-3} mol/L인 용액에서 AgCl이 침전하려면 $[Ag^+]$가 얼마가 되면 되겠는가? (단, AgCl의 용해도 곱은 1.2×10^{-10}이다)

풀이 AgCl이 침전하려면 [Ag]·[Cl]이 용해도곱보다 커야 한다.

그런데 $[Cl^-]$가 6×10^{-3} mol/L이기 때문에,

$[Ag^+] \cdot 6 \times 10^{-3} = 1.2 \times 10^{-10}$

$\therefore\ [Ag^+] = 2 \times 10^{-8}$ (mole/L)

2.3.3 산(Acid)과 염기(Base)

가. 산(酸)과 염기(鹽基)

모든 산은 물에 녹았을 때 예외 없이 네 가지 기본특성을 나타낸다. 즉, 맛이 시고 푸른 리트머스종이를 붉게 하고, 염기를 중화하며, 활성을 띤 금속과 반응하여 원소상태의 수소를 내어놓는다. 잘 알려진 산들은 구조상으로 모두 수소를 포함하고 있으며 산의 용액을 전기분해하면 음극에서 분자상태의 수소가스가 나온다. 염기는 그 수용액이 미끈미끈하며, 맛이 쓰거나 떫으며 붉은 리트머스종이를 푸르게 하고, 산을 중화하는 화합물이라고 정의할 수 있다. 염기는 음이온으로서 수산화이온(OH^-)을 내놓으며 용액에서 내놓는 정도로서 염기의 세기가 정해진다.

많은 화합물이 물에 녹지 않고 산이나 염기에서 녹는다. 산에서 녹는 화합물은 염기성을 띠고 염기에서 녹는 화합물은 산성을 띤다. 대부분의 금속은 염기성 산화물로서 산에 녹거나 염기성 용액을 형성하며, 대부분의 비금속은 산성산화물로서 염기에 녹거나 산성용액을 형성한다. 다음 표 2.7은 산과 염기를 정의한 내용이다.

표 2.7 ➻ 산과 염기의 정의

개념의 종류	구 분	
Arrhenius	산	수용액에서 양성자(H^+)를 내어놓는 것
	염기	수용액에서 수산화이온(OH^-)을 내어놓는 것
Brönsted-Lowry	산	양성자를 내어주는 물질
	염기	양성자를 받는 분자나 이온
Lewis	산	전자쌍을 받는 화학종
	염기	전자쌍을 주는 화학종

일반적으로 산-염기반응은 거의 물의 존재하에 일어나며 물속 [H^+] 농도가 주입된 산의 농도와 항상 같은 농도를 갖지 않는다. 만일 사람의 위속에 염산(HCl)이 0.1 M 농도로 존재하면 이때 pH는 1이다. 염산이 완전하게 이온화되기 때문이며 이를 강산이라 칭한다.

그러나 초산(acetic acid : CH_3COOH)의 경우 물속에서 단지 1%만 해리되어 초산분자의 1%만이 자유수소 이온으로 존재한다.

$$HCl \rightarrow H^+ + Cl^- \quad \text{(강산)}$$

$$CH_3COOH \rightleftarrows CH_3COO^- + H^+ \quad \text{(약산)}$$

만일 물속에 초산의 농도가 0.1 M이라면 $[H^+]$ 농도는 1×10^{-3} M이 되며 pH는 3이 된다. 따라서 완전하게 이온화되지 않는 산이나 염기를 약산, 약염기라 한다. 자연적으로 발생하는 산염기의 대부분은 약산 또는 약염기로서 수용액에서 부분적으로만 이온화되기 때문에 pH범위는 상대적으로 좁다. 산과 염기가 서로 만나면 중화반응이 발생한다. 산의 수용액에 염기의 수용액을 가하면 혼합용액 내에서는 $[H^+]\cdot[OH^-] = 10^{-14}$을 만족할 때까지 H^+ 또는 OH^-이 반응하면서 중화반응이 일어난다.

$$HCl + NaOH \leftrightarrows NaCl + H_2O \tag{2.9}$$

HCl에 NaOH가 부족하게 들어가면 혼합용액에는 HCl이 남아 산성이 될 것이고 꼭 당량이 들어가면 중성(NaCl액성)이 되며, 당량을 넘어 NaOH가 더 들어가면 알칼리성이 될 것이다.

지금 HCl 수용액의 노르말 농도를 N_1, 그 수용액의 부피를 V_1이라 하고 NaOH의 그것들을 각각 N_2, V_2라 하면 다음 관계식이 성립된다.

$$N_1 \cdot V_1 = N_2 \cdot V_2 \tag{2.10}$$

따라서 HCl 수용액 또는 NaOH 수용액의 표준농도와 부피를 알고 반응시료의 부피만 알 수 있다면 그 반응시료의 농도를 구할 수 있다.

$$N_1 = \frac{N_2 \cdot V_2}{V_1}, \quad N_2 = \frac{N_1 \cdot V_1}{V_2} \tag{2.11}$$

이것을 원리로 하여 산 또는 염기의 농도를 알아내는 방법을 산·염기 적정(Acid-base titration)이라 부른다. 중화반응에서는 센산과 센염기와의 중화, 약한산과 센염기와의 중화, 약한염기와 센산의 중화만을 보통 따지게 된다.

예제

2.7 $H^+ = 10^{-5}$ mole/L를 함유한 폐수를 KOH(85%순도)를 이용하여 중화시키고자 한다. 이때 필요한 KOH의 농도는 몇 mg/L인가? (KOH분자량 = 56)

풀이 $[H^+] = 10^{-5}$ mole/L이므로 $[OH^-]$도 10^{-5} mole/L가 필요하다.

필요한 KOH양 = 10^{-5} mole/L × 56 × 10^3 mg/L × 1/0.85 = 0.66 mg/L

2.3.4 산화와 환원반응

수질에서 대단히 중요한 화학반응중의 하나는 산화-환원반응이다. 산화-환원반응은 산소와의 화합, 산소의 이탈 및 수소의 이탈 및 화합 등으로 우선 설명할 수 있다.

$$\left.\begin{array}{l} 2Cu + O_2 \rightarrow 2CuO \\ 2SO_2 + O_2 \rightarrow 2SO_3 \end{array}\right\} \text{산화}$$

$$\left.\begin{array}{l} CuO + H_2 \rightarrow Cu + H_2O \\ 2SO_3 + C \rightarrow 2SO_2 + CO_2 \end{array}\right\} \text{환원}$$

그러나 오늘날 원자구조론에 따라 원자가의 증감을 가지고 설명할 수 있으며 전자의 증감으로 설명할 수 있다.

$Cu + S \rightarrow CuS$; Cu가 0 → +2 증가 **(산화)**

$Zn \rightarrow Zn^{2+} + 2e^-$; **산화**

$CuO + H_2 \rightarrow Cu + H_2O$; Cu가 +2 → 0 감소 **(환원)**

$Cl_2 + 2e^- \rightarrow 2Cl^-$; **환원**

산화되는 동안 어느 원자가 전자를 잃게 되면 이 전자는 다른 원자에 의해 취해진다. 이때 전자를 준 쪽은 산화(oxidized)된 것이고, 전자를 얻은 쪽은 환원(reduced)된 것이며, 화학양론적으로 산화환원반응은 동시에 일어난다.

$2Cu + O_2 \rightarrow 2CuO$

$2Cu \rightarrow 2Cu^{2+} + 4e^-$ (산화)

$O_2 + 4e^- \rightarrow 2O^{2-}$ (환원)

상대방을 산화시키고 자신은 환원되는 물질, 즉 산화시키는 능력을 가진 물질을 산화제(Oxidizing agent)라 하며 흔히 취급되는 산화제는 다음과 같다.

HNO_3, $KMnO_4$, $K_2Cr_2O_7$, 할로겐류(Cl_2수, Br_2수, I_2의 KI용액)

예) $MnO_4^- + 8H^+ + 5e^- \rightarrow Mn^{2+} + 4H_2O$ (산성 용액)

$MnO_4^- + 2H_2O + 3e^- \rightarrow MnO_2 + 4OH^-$ (염기성 용액)

상대방을 환원시키고 자신은 산화되는 능력을 가진 물질을 **환원제**(reducing agent)라고 하며 흔히 취급되는 환원제는 다음과 같다.

H_2S, H_2SO_4와 그 염, $SnCl_2$, $H_2Cr_2O_4$와 그 염

Zn, Fe, Al, Sn, Hg의 금속에 산, 염기를 넣어 활성수소를 발생시킬 경우

예) $Zn + H_2SO_4 \rightarrow ZnSO_4 + H_2$

$2FeCl_3 + Zn + H_2SO_4 \rightarrow 2FeCl_2 + ZnSO_4 + 2HCl$

다시 말해서 산화환원 반응은 전자를 받는 물질(산화제 : Oxidizing agent)과 전자를 주는 물질(환원제 : Reducing agent)이 있을 때 일어난다. 전자를 잡아당기는 힘이 더 클수록 더 강한 산화제이며 그만큼 산화환원반응은 더 잘 일어난다. 마찬가지로 전자를 주는 힘이 더 클수록 더 강한 환원제가 된다.

수질에서 산화반응은 수중의 오염물질을 분해·무해화 시키는데 중요한 역할을 담당하고 있는데 예를 들면 유해한 유기물질을 완전산화시키면 이산화탄소, 질소가스, 물 등과 같은 무해물질로 변화되고 Fe^{2+}, Mn^{2+}와 같은 수용성 금속이온들은 산화되어 불용성의 수산화물로 제거할 수 있는 것이다. 환원반응은 산화와는 달리 제한된 범위에서 이용되는데 유해한 중금속인 Cr^{6+}를 Cr^{3+}로 처리하는 방법 등이 있다.

표 2.8 ➻ 중요한 환원제와 그 작용

이산화황 SO_2	$SO_2+H_2O+(O) \rightarrow H_2SO_4$ $SO_2+2H_2O \rightarrow H_2SO_4+2(H)$ $SO_2+2H_2O \rightarrow SO_4^{2-}+4H^++2e^-$
황화수소 H_2S	$H_2S+(O) \rightarrow H_2O+S$ $H_2S \rightarrow S+2(H)$ $S^{2-} \rightarrow S+2e^-$
염화주석(II) $SnCl_2$ (염산산성 용액)	$SnCl_2+2HCl+(O) \rightarrow SnCl_4+H_2O$ $SnCl_2+2HCl \rightarrow SnCl_4+2(H)$ $Sn^{2+} \rightarrow Sn^{4+}+2e^-$
황산철(II) $FeSO_4$ (황산산성 용액)	$2FeSO_4+H_2SO_4+(O) \rightarrow Fe_2(SO_4)_3+H_2O$ $2FeSO_4+H_2SO_4 \rightarrow Fe_2(SO_4)_3+2H$ $2Fe^{2+} \rightarrow 2Fe^{3+}+e^-$
과산화수소 H_2O_2	$H_2O_2+(O) \rightarrow H_2O+O_2$ $H_2O_2 \rightarrow O_2+2(H)$ $H_2O_2 \rightarrow O_2+2H^++2e^-$
수소 H_2	$H_2+(O) \rightarrow H_2O$ $H_2 \rightarrow (2H)$ $H_2 \rightarrow 2H^+-2e^-$

수산 $(COOH)_2$	$(COOH)_2 + (O) \rightarrow 2CO_2 + H_2O$ $(COOH)_2 \rightarrow 2CO_2 + 2(H)$ $(COO)_2^{2-} \rightarrow 2CO_2 + 2e^-$

2.4 수질오염의 지표

2.4.1 pH (Hydrogen ion exponent)

가. pH의 정의

순수한 물은 해리하여 수소이온과 수산화이온으로 해리하여 10^{-7}mole/L의 농도를 각각 가지게 된다.

$$H_2O \leftrightarrow H^+ + OH^- \tag{2.12}$$

$$\frac{[H^+] \cdot [OH^-]}{[H_2O]} = K$$

따라서 물의 농도 $[H_2O]$는 대단히 커서 미소한 이온화에 의해서는 거의 줄어들지 않으므로 일정하다고 생각할 수 있다.

$$[H^+] \cdot [OH^-] = K_w = 10^{-7} \times 10^{-7} = 10^{-14}(mol/L) \tag{2.13}$$

이것을 물의 **이온곱**(Ion product) 또는 물의 **이온화상수**(Ionization constant)라고 한다.

수소이온농도를 몰농도로 나타내는 일은 다소 불편한 일이다. 이러한 난점을 극복하기 위하여 Sorenson(1909)은 이 값들을 음의 로그로 취하여 나타내어 pH로 표시하였으며 나중에 간단히 pH로 바뀌게 되었다.

$$pH = -\log[H^+] \text{ 또는 } pH = \log\frac{1}{[H^+]} \tag{2.14}$$

pH눈금은 보통 0에서 14까지로 나타내져 있으며 pH 7이 중성을 나타낸다. 산성은 pH값이 감소함에 따라 증가하고 알칼리성은 pH가 증가함에 따라 증가한다.

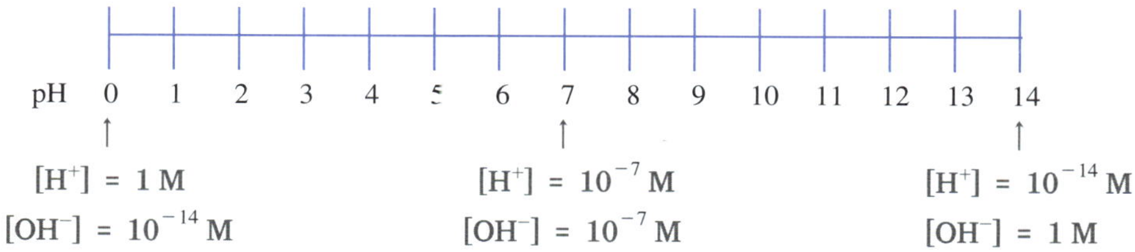

나. pH의 계산

수산화이온농도에 −log를 취하여 pOH로 나타낼 수 있는데 pH와 pOH의 관계는 다음과 같다.

$$pH + pOH = 14 \tag{2.15}$$

$pH = 14 - pOH$

$pH = 14 - (-\log[OH^-])$

$pH = 14 + \log[OH^-]$

만일 산이 물에 가해지면 물속에서 이온화하여 수소이온농도가 증가한다. 결과적으로 $[OH^-]$ 농도는 이온화상수(K_w)에 맞추어 감소되지 않으면 안 된다. 예를 들어, 산이 가해져 $[H^+]$ 농도가 10^{-1}로 증가했다면 $[OH^-]$는 10^{-13}으로 감소되어야 하고 염기가 물에 가해져 $[OH^-]$가 10^{-3}으로 증가하였다면 $[H^+]$는 10^{-11}으로 감소한다. 따라서 용액이 아무리 산성이나 알칼리성일지라도 $[OH^-]$나 $[H^+]$는 결코 0으로까지 감소되지는 않는다.

예제

2.8 어떤 용액(비중 1.1)의 수소이온농도가 50 ppm이다. 이 용액의 pH를 구하라.

풀이 $[H^+] = 50\ ppm = 50 \times 10^{-6} g/g \times 1.1\ g/mL = 55 \times 10^{-6} g/mL$

$= 55 \times 10^{-3} g/L$

$$M농도 = \frac{55 \times 10^{-3} g/L}{1 g/mole} = 0.055\,M\,(mole/L)$$

$pH = -\log 0.055 = 1.26$

2.9 $Ca(OH)_2$ 200 mg/L 용액의 pH를 계산하라. 단 $Ca(OH)_2$는 완전해리하는 것으로 한다.

풀이 [$Ca(OH)_2$ 분자량 = 74]

$$Ca(OH)_2\ M농도 = 200\ mg/L \div 74\ g/mole \times \frac{1g}{1000mg} = 2.7 \times 10^{-3}\ M$$

$$Ca(OH)_2 \leftrightarrows Ca^{2+} + 2OH^-$$

즉, 1 mole $Ca(OH)_2$는 2 mole의 OH^-를 해리하므로

$$[OH^-] = (2.7 \times 10^{-3}) \times 2 = 5.4 \times 10^{-3}\ M$$

$$pOH = -\log(5.4 \times 10^{-3}) = 2.27$$

$$\therefore\ pH = 14 - 2.27 = 11.73$$

물의 pH는 수질측정시 반드시 필요한 기본항목으로 보통 담수일 경우 pH=7의 중성을, 해수는 8.2를, 빗물의 경우(순수) 대기중 CO_2로 인하여 pH = 5.6을 띤다. pH 단위를 평가하는 측면에서 pH 1차이가 10배, pH 2차이는 100배, pH 3차이는 1000배의 수소이온농도차를 나타내는 것이므로 pH가 급격하게 변할 경우 수체내 사는 대부분의 생물들은 큰 영향을 받게 된다.

자연수의 pH변화는 도시하수나 공장폐수의 유입으로 발생하기 쉽고 하폐수처리시에는 침전, 중화, 산화, 환원 등의 작용에 pH가 큰 지배인자가 된다. 또 상수관이나 구조물의 부식현상과 Cu, Fe, Zn 등의 산화환원현상에도 깊은 관계가 있다.

2.4.2 용존산소(Dissolved Oxygen)

산소는 대기나 수중에 존재하는 화학적으로 극히 활발한 물질로서 대기중에는 약 21%(V/V)의 산소를 차지하고 있다. 이와 같은 대기중의 산소는 생물이 살기에 적합한 구성비율로서 이보다 낮을 경우에는 산소결핍으로 인한 제반의 부작용이 발생하고 이보다 높을 경우에는 발화가능성이 커진다.

대기중의 산소는 물에 녹게 되는데 질소보다 용해율이 크다. 담수에 대한 산소의 용해도는 1기압 0℃에서 14.6 mg/L, 35℃에서 7 mg/L씩 녹는다. 이처럼 산소는 물에 녹는 양이 작고 생물의 호흡작용에 따라 쉽게 소모되어 버리기 쉬우며, 수온과 압력, 물속의 불순물의 양 등의 환경요인에 따라 녹는 산소량이 달라진다.

DO (Dissolved Oxygen)는 수질을 평가하는 하나의 지표로서 물에 녹아있는 유리산소량(O_2)을 말한다. 따라서 수중의 DO량을 아는 것은 수중의 생물학적 화학적반응을 추정하는 데 대단히 중요하다.

수중 DO농도는 대기중 산소의 자연적 용해, 조류나 수생생물의 광합성 작용에 의하여 증가하고, 수중 불순물의 환원작용, 동식물의 호흡작용, 미생물에 의한 유기물의 분해작용 때문에 감소한다.

표 2.9 ➻ 온도 변화에 따른 해수중의 용존산소농도(DO 포화농도)

온도(℃)	염화물농도(mg/L)					온도(℃)	염화물농도(mg/L)				
	0	5,000	10,000	15,000	20,000		0	5,000	10,000	15,000	20,000
0	14.62	13.79	12.97	12.14	11.32	16	9.95	9.46	8.96	8.47	7.99
1	14.23	13.41	12.61	11.82	11.03	17	9.74	9.26	8.78	8.30	7.84
2	13.84	13.05	12.28	11.52	10.76	18	9.54	9.07	8.62	8.15	7.70
3	13.48	12.72	11.98	11.24	10.50	19	9.35	8.89	8.45	8.00	7.56
4	13.13	12.41	11.69	10.97	10.25	20	9.17	8.73	8.30	7.86	7.42
5	212.80	12.09	11.39	10.70	10.01	21	8.99	8.57	8.14	7.71	7.28
6	12.48	11.79	11.12	10.45	9.78	22	8.83	8.42	7.99	7.57	7.14
7	12.17	11.51	10.85	10.21	9.57	23	8.68	8.27	7.85	7.43	7.00
8	11.87	11.24	10.61	9.98	9.36	24	8.53	7.12	7.71	7.30	6.87
9	11.59	10.97	10.36	9.76	9.17	25	8.38	7.96	7.56	7.15	6.74
10	11.33	10.73	10.13	9.55	8.98	26	8.22	7.81	7.42	7.02	6.61
11	11.08	10.49	9.92	9.35	8.80	27	8.07	7.67	7.28	6.88	6.49
12	10.83	10.28	9.72	9.17	8.62	28	7.92	7.53	7.14	6.75	6.37
13	10.60	10.05	9.52	8.98	8.46	29	7.77	7.39	7.00	6.62	6.25
14	10.37	9.85	9.32	8.80	8.30	30	7.63	7.25	6.86	6.49	6.13
15	10.15	9.65	9.14	8.63	8.14						

가. 산소전달의 환경인자

우선 수중의 산소전달에 미치는 환경요인을 살펴보면 다음과 같다.

① 수온이 높을수록 기체(산소)의 용해율은 감소한다.
따라서 수온의 경우만 본다면 여름철이 겨울보다 물속의 DO량이 부족되기 쉬우며, 산소결핍으로 인한 생물(고기 등)의 죽음이 여름철에 실제 많이 발생한다.

② 압력이 높을수록 산소의 용해율이 높다.
이는 물속의 산소농도는 대기중의 산소가 갖는 분압에 의존하는 고로 지표면의 공기보다 상대적으로 적은 산소량을 가진 높은 고도지역에서는 물속 산소용해량은 줄어든다.

③ 염(분)의 농도가 높을수록 산소용해율은 감소한다.
수중 DO농도는 소위 불순물의 농도가 높을수록 산소용해율은 감소하게 되는데 담수에 비해 정상적인 해수는 20% 정도 감소된다(표 2.9).

④ 물의 흐름이 **난류**(turbulent flow)일 때 산소용해율은 높다.
조용한 수면에는 얇은 수막이 형성되어 있어 산소의 전달을 막게 되는데 난류가 형성될 때는 이 막이 수 없이 깨어져 산소와 물이 접촉하는 횟수가 빈번해지기 때문에 **층류**(laminar flow)에 비해 많은 양의 산소가 녹아들게 된다. 따라서 폭포수

와 호수면을 비교할 경우 산소전달율(재포기율)은 호수 수면이 낮을 수밖에 없다.

⑤ 현존의 수중 DO농도가 낮을수록 산소전달율은 높아진다.

순수한 물(증류수)에서는

$$\frac{dO_2}{dt} = K_{La}(C_s - C) \cdot \theta^{\tau-20} \tag{2.16}$$

그 외의 수체(하천, 호소수, 하폐수 등)에서는

$$\frac{dO_2}{dt} = \alpha\, K_{La}\,(\beta \cdot C_s - C) \cdot \theta^{\tau-20} \tag{2.17}$$

여기서, K_{La} : 산소전달계수(mg/L·hr)

C_s : 어떤 온도에서의 산소포화농도(mg/L)

C : 현재의 DO농도(mg/L)

θ : 온도보정계수(1.024)

T : 수온(0℃)

α : 대상물과 증류수의 K_{La} 비율(0.8～0.85)

β : 대상물과 증류수의 C_s 비율(0.99～1)

위의 식중의 $C_s - C$ 값이 크면 클수록 산소용해율이 크다고 볼 수 있으며 C(현재 DO농도)가 작을수록 $C_s - C$ 값이 커지므로 dO_2/dt(단위시간당 산소용해율)이 커짐을 알 수 있다.

나. 수중 DO에 미치는 환경인자

수중에서 존재하는 산소는 여러 가지 반응에 의해 증가되고 감소되는 데 이에 영향을 미치는 요인을 살펴보면 다음과 같다.

(1) 수체내 DO 증가요인

① 식물성플랑크톤 및 수생식물의 광합성작용

광합성을 하는 수중생물들은 산소를 생산해내므로 특히 호수에서 높은 농도의 조류가 존재할 경우 표수층에서 DO의 과포화현상이 일어난다.

② 재포기 작용

재포기 작용은 대기중의 산소가 수중으로 용해해 들어가는 현상으로 하천의 DO를 유지시키는 중요한 인자이며 물속 유기물질의 분해로 감소된 DO를 보충하여 호기성 상태를 유지하게 하는 하천의 주된 자정작용이다.

(2) 수체내 DO 감소요인

① 미생물에 의한 유기물의 산화작용

물속에 존재하는 유기물질은 수중에 DO가 존재할 시 호기성 미생물에 의해 호기성 분해가 일어나므로 이때 DO가 감소하게 된다. 물속 유기물질의 양이 많으면 많을수록 절대적으로 작은 양을 가진 물속 DO는 쉽게 고갈된다. 따라서 물속의 호기성상태는 혐기성상태가 되어 혐기성미생물이나 통기성(임의성) 미생물에 의하여 유기물질이 계속 분해된다.

② 무기화합물의 산화작용

수중 DO가 존재시에는 환원성물질을 산화시켜 DO농도를 감소시키게 되며 그 예는 다음과 같다. 그러나 혐기성상태에서는 환원작용이 발생하여 호기성일 때 불용성이었던 철이온 등을 용출하게 된다.

$$\text{산화}\begin{cases} Fe^{2+} + 1/4O_2 + 1/2H_2O \rightarrow Fe^{3+} + OH^- \\ Fe^{3+} + 3OH^- \rightarrow Fe(OH)_3 \end{cases}$$

$$\text{산화}\begin{cases} S^{2-} + 1/2O_2 + 2H^+ \rightarrow H_2O + S \\ 2S + 3O_2 + 2H_2O \rightarrow 2H_2SO_4 \end{cases}$$

$$\text{산화}\begin{cases} 2NH_3 + 3O_2 \rightarrow 2NO_2^- + 2H^+ + 2H_2O \\ 2NO_2^- + O_2 \rightarrow 2NO_3^- \end{cases}$$

$$\text{환원} : Fe^{3+} \rightarrow Fe^{2+},\ NO_3^- \rightarrow NO_2^-,\ SO_4^{2-} \rightarrow S^{2-}\ (\text{혐기성상태})$$

③ 수중동식물의 호흡작용

수중 생물의 호흡작용에 의해 DO소모가 발생하는 데 특히 광합성생물의 경우 호흡으로 인한 산소소모량은 광합성으로 발생시킨 산소량의 평균 10%정도만 감소시키므로 광합성생물에 의한 절대적 DO감소작용은 없다.

다. 수질에서 DO의 의의

물속에서 DO농도를 파악하는 일은 해당 수체의 수질의 좋고 나쁨을 판단하는 가장 중요한 지표중의 하나이다. 물속에 DO가 존재할 시에는 호기성미생물에 의하여 DO가 소모되어서 수생생물에게 무해한 최종생성물이 형성되는데 비해, 물속에 DO가 없는 혐기성상태일 때는 황산염(SO_4^{2-})이나 질산염(NO_3^-) 등과 같이 특정한 무기염의 환원을 통해 미생물이 산소를 취하게 된다. 이에 따라 최종적으로 발생하는 산물은 H_2S, CH_4, CO_2, N_2 등으로 생물에 유해한 물질이 생성되어 문제를 일으키게 된다. 또한 혐기성일 때는 호기성인 모든 생물체가 사멸하게 된다. 따라서 수중의 DO의 측정은 대상 수체가 호기성생물에게 살 수 있는 환경인가를 판별하는 중요한 수질항목이 되는 것이다.

2.4.3 BOD (Biochemical Oxygen Demand)

가. BOD의 정의

BOD는 폐수나 물의 유기물량을 표시하기 위하여 가장 많이 사용되는 지표로서, 이것은 어떠한 유기물을 미생물에 의해서 호기성 상태에서 분해·안정화시키는 데 요구되는 산소량을 나타낸 것이다. 실제 물속에는 유기물질의 종류가 대단히 많아 일일이 그 농도를 측정하는 일은 대단히 큰 작업이다. 따라서 이들이 물속에 들어와서 갖는 공통적 특성, 즉 호기성미생물에 의해 산소가 소모된다는 점에 착안하여 많은 종류의 유기물질을 일일이 분석하지 않더라도 호기성미생물에 의해 사라지는 산소량만 측정하여 간접적으로 유기물의 양을 측정하는 방법이다.

이때 미생물은 유기물을 분해 섭취하여 세포를 합성하게 되며 없어진 유기물 질량만큼 산소가 소모된다고 하겠다. 따라서 BOD농도가 높다함은 수중에 유기물질이 다량 함유되어 미생물이 이것을 분해·안정화하는 데 많은 양의 산소를 소모했다는 것이다. 따라서 이런 물에서는 DO가 낮아지거나 혹은 혐기성상태가 유발된다. 반대로 BOD농도가 낮다는 것은 수중에 유기물질 함유량이 적어 적은 양의 산소가 소모했다는 것이다. BOD농도는 수중의 DO의 상태를 파악할 수 있는 간접적 지표로서 유입된 유기물의 양이나 종류보다는 오히려 용존산소를 결핍시키는 잠재능력의 평가항목으로 이용되고 있다. 보통 BOD는 관습적으로 20℃에서 5일 간 해당시료를 배양했을 때 소모된 산소량을 측정하는데 BOD_5라고 하며 통상 BOD라고도 한다.

나. BOD의 반응의 특성

용해성 유기물질이 호기성미생물에 의해 분해되는 반응은 비교적 순조로운 1차 반응식 곡선을 나타낸다. 즉, 미생물이 분해한 양은 어떤 시간에 존재하는 분해가능 유기물질량에 비례하여 존재함을 말하는 것으로 반응속도를 의미하게 된다.

그림 2.10

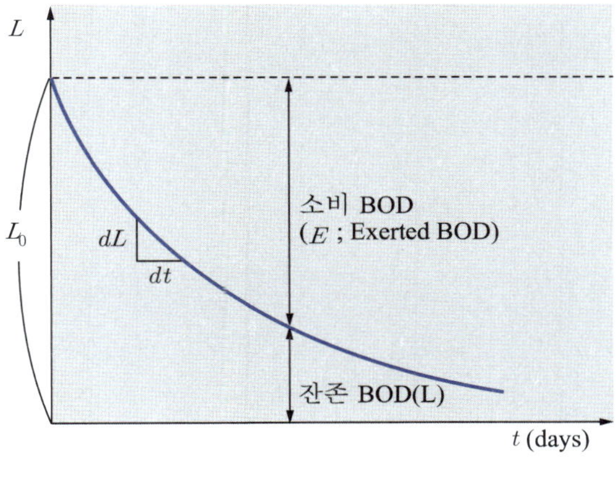

시간의 변화에 따른 유기물질(L)의 농도변화가 유기물질농도자체에 비례하여 감소하며, 남은 유기물질의 양에 관한 다음 식이 성립가능하다.

$$-\frac{dL}{dt} \propto L$$

$$\frac{dL}{dt} = -kL$$

$$\frac{1}{L}\,dL = -k\,dt$$

$$\int_{L_0}^{L_t}\frac{1}{L}\,dL = -k\int_0^t dt$$

$$\ln\frac{L_t}{L_0} = -kt$$

$$L_t = L_0\,e^{-kt}$$

$$L_t = L_0\,10^{-k_1 t}$$

여기서, L_t : t일 후에 남아있는 BOD

L_0 : 최초의 전체 BOD = 최종BOD (BODu ; Ultimate BOD ; UOD)

k_1 : 0.4343 k

L_t : t일 후 남아있는 BOD

t : 분해시간(days, $\frac{x(\text{거리, m})}{u(\text{유속, m/day})}$)

그림 2.10에서 보다시피 소비 BOD(E)는 총 BOD(L_0)에서 잔존 BOD(L)를 뺀 값으로 나타낼 수 있다.

$$E = L_0 - L = L_0 - L_0\,10^{-k_1\cdot t} = L_0(1-10^{-k_1\cdot t}) \qquad (2.18)$$

위의 식에서 k_1의 값은 20℃일 대이며 수온이 달라지면 호기성미생물의 활성도가 달라지므로 보정을 다음과 같이 해야 하며 k_1의 값은 보통 표 2.10과 같다.

$$k_1 = k_{1(20℃)} \times \theta^{T-20} \ (\theta = 1.047)$$

여기서, θ : 온도보정계수 (1.03~1.05)

k_1 : 탈산소계수

표 2.10 ➻ k_1의 값의 종류

구 분	단 위	값
미처리 폐수[1]	1/day	0.35
처리된 폐수[1]	1/day	0.20
낙 동 강[2]	1/day	0.11~0.43

1) Robert V. Thomann, John A. Mueller, "Principle of Surface Water Quality Modeling and Control" HARPER & ROW Publishers, 1987, p.273

2) 안욱성, "낙동강 수계의 용존산소분포에 관한 모델링", 부산수산대학교 환경공학과 석사학위 논문, 1992

예제

2.10 탈산소계수가 0.1/day인 어느 유기물질의 BOD_5가 200 ppm이었다. 2일 후에 남아있는 BOD는 얼마인가?

풀이 $L = L_0(1-10^{-k_1 \cdot t})$에서 $BOD_5 = 200 mg/L$, $t = 5$ days 이므로

$200 = L_0(1-10^{-0.5})$

$L_0 = 292.5 \ mg/L$

$L_t = L_0 \cdot 10^{-k_1 \cdot t}$

$L_2 = 292.5 \times 10^{-0.1\times2} = 184.6 \ mg/L$

2.11 20℃에서 k_1이 0.16 day^{-1}(base 10)이라 하면, 10℃에 대한 BOD_5/BOO_U 비는 얼마인가? 단, $\theta = 1.047$이다.

풀이 $k_{1(10℃)} = 0.16 \times 1.047^{10-20} = 0.1(day^{-1})$

$BOD_5/BOD_U = 1 - 10^{-0.1\times5} = 0.68$

2.12 도시하수의 BOD_U값이 BOD_5의 1.5배이며 BOD_5는 약 200 mg/L이었다. 이 경우에 k_1의 값은 얼마인가?

풀이 $BOD_U = 1.5 \times 200 = 300 \ (mg/L)$

$200 = 300(1-10^{-k_1\times5})$, $k_1 = 0.095 \ (1/day)$

다. BOD의 반응곡선

일반적으로 유기물질의 생물학적 산화작용은 완만히 일어나며 20℃에서 20일간에는 95~99%, 5일간에는 대략 60~70%의 산화가 이루어진다. 시간의 경과에 따른 BOD변화는 일반으로 그림 2.11과 같이 이루어지는 게 보통이다. 이 곡선에서 처음 7~9일 동안에는 제1단계 곡선식이 나타난다. 이 1단계는 유기물중 탄소계의 산화에 따른 DO의 소모곡선식을 나타내고 있으며 산소소모가 거의 수렴되는 단계에서부터 제2단계의 질소계 유기물의 산화곡선식이 이루어진다.

① 제1단계 BOD ~ C-BOD(Carbonaceous BOD)

탄수화물(Carbohydrate) + O_2 → CO_2 + H_2O

단백질(Protein) + O_2 → CO_2 + H_2O

② 제2단계 BOD ~ N-BOD(Nitrogeneous BOD)

$$2NH_3 + 3O_2 \xrightarrow{Nitrosomonas} 2NO_2^- + 2H^+ + 2H_2O$$

$$2NO_2^- + O_2 \xrightarrow{Nitrobacter} 2NO_3^-$$

그림 2.11 BOD곡선의 시간적 변화

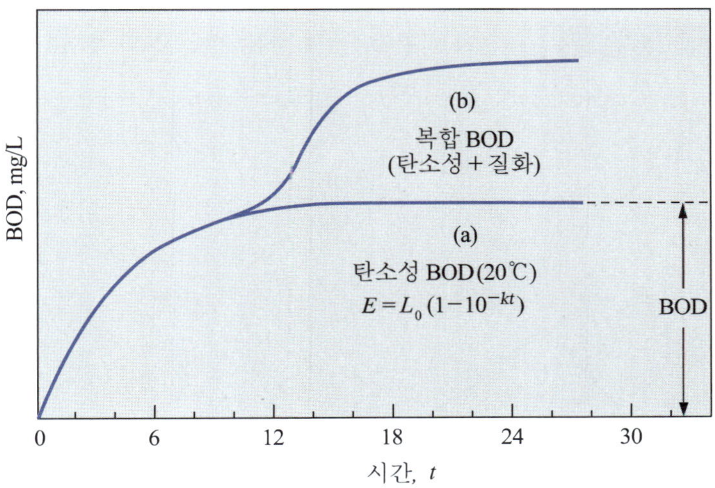

제2단계 N-BOD는 **질산화작용을 하는 미생물**(Nitrifying microorganism)에 의해 산화되는 과정으로 *Nitrosomonas*에 의해 NO_2^--N로 변화되고, 다시 *Nitrobacter*에 의해 NO_3^--N으로 변화된다. **질산화과정**(Nitrification)에서 볼 때 NH_4^+-N에서 NO_2^--N로 되

는 것보다 NO_2^--N에서 NO_3^--N으로 되기 쉽다. 그 이유는 NH_4^+-N에서 NO_2^--N으로 변화되기 위해서는 3개의 산소분자가 요구되나 NO_2^--N에서 NO_3^--N으로 되는 경우는 1개의 산소분자만 필요하기 때문이다.

따라서 물속에서 질산화과정이 일어날 경우에는 다음 그림 2.12와 같이 초기에는 NH_4^+-N 농도가, 오랜 시간이 경과된 후에는 NO_3^--N 농도가 높은 농도를 갖게 되며, NO_2^--N가 쉽게 NO_3^--N으로 변환되므로 물속에 NO_2^--N 농도는 낮게 검출되는 것이 일반적 특성이다.

도시하수와 같이 BOD가 높은 하수에서는 질산화가 보통 일어나지 않으나 처리된 폐수나 강 및 호수에서는 호기성상태에서 충분한 질산화가 이루어져 CBOO보다 NBOD가 높은 농도를 나타내는 경우가 있으므로 수중 산소 소모면에서 NBOD를 무시할 수 없다.

만일 폐수처리장의 처리수에서 NO_3^--N이 검출되면 그것은 탄소계유기물의 산화가 이미 만족할 정도로 완료한 것을 나타낸다. 그러나 수중에 산소가 없는 혐기성 상태일 경우에는 NO_3^--N → NO_2^--N → N_2(또는 NH_3)로 다시 환원되는 **탈질산화**(Denitrification)가 일어나게 된다. 일반적으로 질산화미생물의 작용은 CBOD에 관련된 미생물보다 늦게 일어나는데 그 특성을 살펴보면 다음과 같다.

그림 2.12 호기성 분해과정에 따른 질소농도의 변화

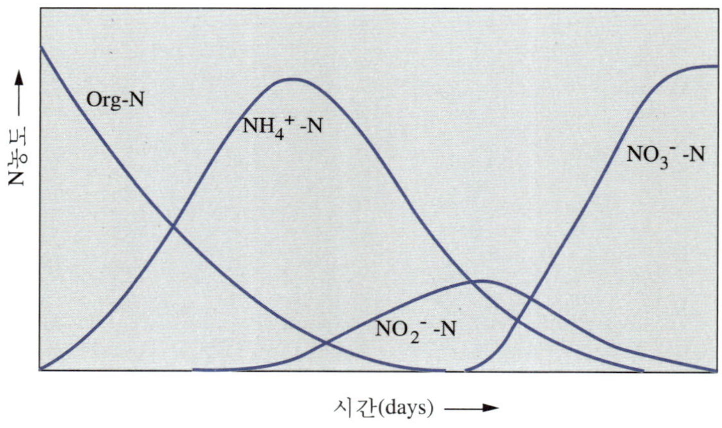

① 일부 Heterotrophic도 있으나 대부분 무기물질을 산화하여 에너지를 얻는 Autotrophic(자가영양) 미생물이다.

② 호기성 미생물(Aerobic bacteria)

③ 성장속도가 느리고 독성에 강한 특성을 갖고 있다.
④ 대부분 중온성(5~35℃) 미생물이며 4℃ 이하에서 성장이 멈춘다.
⑤ 주로 바닥에서 고착하여 생활하는 종이 많다.

2.4.4 COD (Chemical Oxygen Demand)

가. COD의 정의

COD는 BOD와 마찬가지로 수중의 유기물 함유도를 측정하기 위한 간접적 지표이다. COD는 유기물을 화학적으로 산화시킬 때 얼마만큼의 산소가 화학적으로 소모되는가를 측정하는 방법으로 산화제로는 $K_2Cr_2O_7$이나 $KMnO_4$을 사용하고 있다.

유기물질을 CO_2와 H_2O로 완전산화시키는 데는 BOD와는 달리 생물학적으로 산화될 수 있는 유기물과 생물학적으로 '분해' 불가능한 물질을 모두 강력한 산화제에 의해 강제적으로 산화시키는 것이 가능하므로 COD값이 BOD값보다 일반적으로 높게 나타난다.

$$COD = BDCOD + NBDCOD$$

$$BDCOD = BOD_U = K \times BOD_5$$

BDCOD : 생물학적 분해가능한 COD (Biodegradable COD)
NBDCOD : 생물학적 분해불가능한 COD (Non-biodegradable COD)

COD실험은 5일 걸리는 BOD 실험에 비해 약 2시간 이내 측정이 가능하다는 장점이 있으며, 따라서 빠른 수질결과를 확인하기 위하여 BOD대신 COD값을 측정하기도 한다. 물속 유기물질양을 나타내기 위하여 하천의 경우는 BOD를 측정하며 호수에서는 생체량(biomass)인 조류(algae)를 유기물질량으로 포함시키기 위하여 BOD 대신 COD를 보통 측정한다.

따라서 호소에서 유기물질량을 판단하기 위하여 BOD대신 COD를 많이 측정하게 되며 많은 자료의 축적으로 이 양자간의 일정한 비율관계를 확인할 수 있고, 이에 준하여 COD값으로부터 BOD값을 추정할 수 있다. 또한 BOD와 COD를 동시에 분석함으로써 생물학적 난분해성 유기물질의 존재와 양을 추정할 수가 있다.

만약 어떤 폐수의 COD값에 비해 BOD값이 매우 적은 경우에는 그 폐수가 생물학적으로 분해불가능한 유기물질로 구성되어 있거나 혹은 BOD실험시에 미생물의 유기물질 섭취활동에 장애를 일으키는 독성물질이 포함되어 있는 상태라고 할 수 있다.

COD값에 비해 BOD값이 큰 경우는 BOD실험중에 질산화가 5일 이내로 발생하였거나 혹은 COD분석시에 방해물질이 존재할 경우이다.

나. 산화제의 종류와 특성

유기물질을 산화시키기 위하여 $KMnO_4$ 용액이 과거 오랫동안 사용되어 왔는데, 이 방법은 시약의 농도, 화합물의 형태 등에 따라 산화능력의 큰 차이를 나타내며 보통 BOD_5보다 다소 큰 값을 나타내는 경우가 많다. 우리나라의 공해공정시험법상에는 산화제로 0.025N $KMnO_4$ 용액이 사용되고 있다.

COD 측정을 위하여 $KMnO_4$ 용액 대신 $K_2Cr_2O_7$ 용액이 널리 이용되는데, 이는 여러 종류의 유기물질을 완전히 CO_2와 H_2O로 산화시킬 수 있는 능력이 있다. 이 방법은 $K_2Cr_2O_7$ 용액을 약간 과량으로 투입하고 강한 산성상태와 높은 온도에서 유기물질을 완전히 산화한 후 남아 있는 $K_2Cr_2O_7$량을 추정함으로써 유기물질의 양을 간접적으로 계산하게 된다. 이때 고온에서의 휘발성유기물질의 이탈을 방지하기 위하여 보통 환류냉각기를 이용하게 된다(표 2.11 참조).

표 2.11 ➳ COD의 산화제 특성

구분	$K_2Cr_2O_7$법	$KMnO_4$법
시험시간	2~3시간	30분~1시간
산 화 율	80~100%	약 60%

2.4.5 SS (Suspended Solids)

가. SS의 정의

불순물입자는 물속에서 크기에 따라 **부유상태**(Suspended), **Colloid상태** 혹은 **용존상태**(Dissolved)로 존재한다. 부유물질일 경우 직경이 0.1μm 이상의 입자를 말하며, 0.1 μm 이하 0.001μm까지의 입자를 **Colloid상태의 물질**이라고 하고, 0.001μm 이하의 크기를 가진 물질은 **용존물질**(dissolved solids)이라 부른다.

SS에 해당하는 물질은 0.1μm 이상의 입자인 부유물질로서 해당 시료를 공극이 0.1 μm인 여과지에 걸러 105℃에서 건조한 후에 남아 있는 잔류물을 말하며 **총부유성고형물**(Total Suspended Solids ; TSS)이라고도 말한다. 이것은 **총고형물**(TS)을 **총용존고형물**(Total Dissolved Solids, TDS)과 **불용성고형물**(Undissolved Solids)로 나눌 때 불용성고형물을 지칭하는 말이기도 하다.

SS물질(TSS)은 다시 500~600℃에서 15~20분간 태우는 작업을 시도하게 되면 태운 후에도 여과지 위에 남아있는 물질과 휘발된 물질로 나뉜다. 이때 남아있는 물질은 무기물질에 해당하는 **강열잔류부유물질**(FSS)이라고 하며 휘발된 물질은 유기물질로서 휘발성부유물질(VSS)에 해당한다. 상세한 내용은 다음과 같다.

TS	=	VS	+	FS
‖		‖		‖
TSS	=	VSS	+	FSS
+		+		+
TDS	=	VDS	+	FDS

총고형물 TS (Total Solids)
휘발성고형물 VS (Volatile Solids)
강열잔류고형물 FS (Fixed Solids)
총부유성고형물 TSS (Total Suspended Solids)
총용존성고형물 TDS (Total Dissolved Solids)
휘발성부유물 VSS (Volatile Suspended Solids)
강열잔류부유물 FSS (Fixed Suspended Solids)
휘발성용존고형물 VDS (Volatile Dissolved Solids)
강열잔류용존고형물 FDS (Fixed Dissolved Solids)

나. 고형물의 특성과 의의

물속의 총고형물의 양이 500 mg/L 이하일 경우 식수로 사용가능하며 가정하수에서는 총고형물의 측정이 굳이 필요치 않다. 부유물질(현탁고형물, SS)의 측정은 오염된 물에서 가장 중요한 측정방법이며, 가정하수의 강도와 하수처리장치의 효율을 구하는 데 이용되고 있다. 또한 침강성 고형물량의 측정은 하·폐수처리장의 일차 침전지의 필요성 유무를 결정하는 데 기초자료가 되기도 한다.

하천 및 호수에서 부유물질은 빛의 수중의 전달율을 방해하여 식물성플랑크톤의 광합성작용을 방해하며 어류의 아가미에 부착되어 폐사시키기도 한다. 또한 부유물질중의 유기성성분은 물속에 체류하면서 분해되어 DO를 소모시키는 작용을 하며 무기질소와 무기인 등의 무기성 성분 등은 부영양화현상을 일으키는 요인이 되기도 한다.

2.4.6 경도(Hardness)

가. 경도의 정의

경도라 함은 물속에 용해되어 있는 Ca^{2+}, Mg^{2+} 등의 2가 양이온 금속이온에 의하여 발생하며 이에 대응하는 $CaCO_3$ (ppm)로 환산 표시한 값으로 물의 세기를 나타낸다. 표 2.12는 경도를 일으키는 주요 양이온과 이들과 결합한 음이온을 나타낸다.

경도를 계산하는 식은 다음과 같으며, 계산 결과 경도의 분류는 표 2.13과 같다.

$$경도(\text{as } CaCO_3 \text{ mg/L}) = \frac{(M^{2+} \text{ mg/L}) \times 50}{(M^{2+} \text{ 당량})}$$

표 2.12 ➽ 경도를 유발한 주요 양·음이온

양이온	Ca^{2+}	Mg^{2+}	Sr^{2+}	Fe^{2+}	Mn^{2+}
음이온	HCO_3^-	SO_4^{2-}	Cl^-	NO_3^-	SiO_3^{2-}

표 2.13 ➽ 경도의 분류

mg/L	경도(degree of hardness)	mg/L	경도(degree of hardness)
0~75	단물(soft)	150~300	센물(hard)
76~150	약한 센물(moderately hard)	300 이상	대단히 센물(very hard)

나. 경도의 종류

경도는 **일시경도**(temporary hardness)와 **영구경도**(permanent hardness)로 구별되고 양자를 합한 것을 **총경도**(Total hardness)라 한다.

그림 2.13 경도의 분류

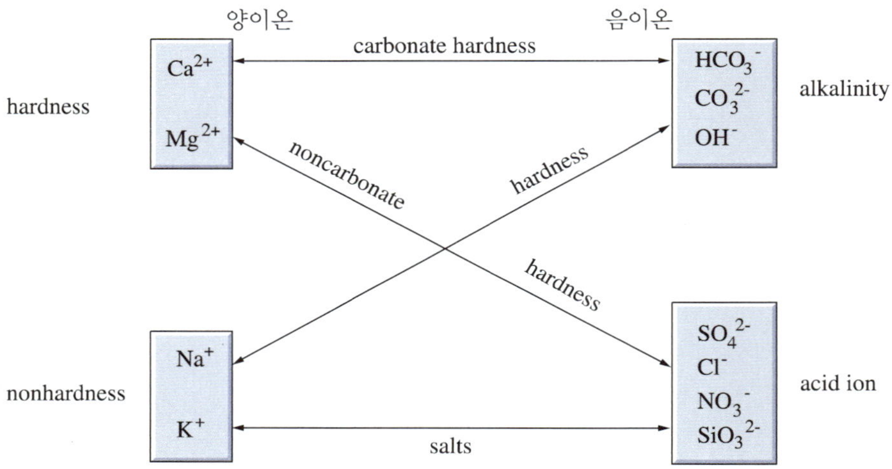

만약 Ca^{2+}과 Mg^{2+} 등이 알칼리도를 이루는 탄산염(CO_3^{2-}), 중탄산염(HCO_3^-) 등과 결합한 상태로 있을 때는 이를 **탄산경도**(carbonate hardness)라 하며, 끓임에 의해서 침전이 형성되어 **연수화**(softening)가 가능한 것을 일시경도라고도 한다.

$$Ca^{2+} + 2HCO_3^- \xrightarrow{heat} CaCO_3 \downarrow + CO_2 + H_2O$$

반면 Ca^{2+}, Mg^{2+} 등이 산이온인 SO_4^{2-}, Cl^-, NO_3^-, SiO_3^-와 화합물을 이루고 있을 때 나타나는 경도를 **비탄산경도**(non-carbonate hardness)라 하며, 이들은 끓임에 의해서 제거되지 않으므로 영구경도라고도 한다.

다. 경도의 특성과 의의

물의 경도는 약산성(pH 5.6)의 빗물이 주로 토양과 암석층을 통과할 때 많은 물질을 용해시키면서 얻어지며, 빗물자체로는 그 많은 양의 고형물을 용해시킬 만한 능력이 없다. 경도를 유발하는 용해능력은 흙에서 이루어지는 박테리아의 작용으로 인한 CO_2 탓으로 CO_2가 용해되고 탄산과 평형상태를 이루게 된다. 여기서 생긴 낮은 pH의 토양수는 염기성물질인 석회암 등을 용해시키고 석회암속의 탄산염, 황산염, 규산염 등을 포함시키게 된다.

따라서 센물은 주로 표토층이 두텁고 석회암층이 존재하는 곳에서 발생하기 쉽고 단물은 표토층이 얇고 석회암층이 없거나 드문 지역에서 발생한다. 유럽 대부분의 지역에서는 비교적 경도가 높은 편이다. 또한 지표수보다 지하수의 경도가 높다.

물이 센물이 되면 물의 이용에 많은 문제점을 발생시키는 데 다음과 같다.

① 센물은 세탁효과를 저하시킨다. 센물속의 이온들이 비누와 먼저 결합반응하여 세척효과를 떨어뜨리며, 비누의 거품을 만드는데 다량의 비누가 소비된다.
② 보일러, 온수관 등의 설비에 물때(scale)를 만들어 각종 장치의 장애를 일으키며 열효율을 떨어뜨린다.
③ 위생적인 면에서 경도가 높은 물을 마실 때는 설사, 복통을 유발하게 된다.

그러나 경도를 주로 구성하는 Ca^{2+}, Mg^{2+}는 인체에 필수적으로 필요한 미네랄로서 물 또는 음식으로부터 충분히 공급받아야 하며 물속에서는 Ca^{2+}보다 Mg^{2+}양이 비교적 작게 존재하는 것이 일반적이다. 그 밖에 인체에 필요한 주요 미네랄은 Na^+, K^+ 등이 있는 데 일본의 오카 다카키는 인체의 건강에 중요한 이 네 가지 미네랄의 균형비율을 다음과 같이 정한 바 있다.

$$\frac{Na^+ \text{의 mg당량}}{K^+ \text{의 mg당량}} = 0.1 \sim 0.5$$

$$\frac{Mg^{2+} \text{의 mg당량}}{Ca^{2+} \text{의 mg당량}} = 0.1 \sim 0.5$$

예제

2.13 수질분석이 다음과 같았다. 총경도를 구하라.

양이온(mg/L)		음이온(mg/L)	
Na^+	10	Cl^-	30
Ca^{2+}	20	SO_4^{2-}	15
Mg^{2+}	24	NO_3^-	5
Sr^{2+}	2.2		

풀이 Ca^{2+} : 20 mg/L × 50/20 = 50 mg/L as $CaCO_3$

Mg^{2+} : 24 mg/L × 50/12 = 100 mg/L as $CaCO_3$

Sr^{2+} : 2.2 mg/L × 50/43.8 = 2.5 mg/L as $CaCO_3$

∴ 총경도 = 50 + 100 + 2.5 = 152.5 mg/L as $CaCO_3$

2.4.7 알칼리도(Alkalinity)

가. 알칼리도의 정의

알칼리도란 수중에 수산화물(OH^-), 탄산염(CO_3^{2-}), 중탄산염(HCO_3^-)의 형태로 함유되어 있는 알칼리성을 이에 대응하는 $CaCO_3$으로 환산하여 나타낸 것으로 물속에서 산을 중화시키는데 필요한 능력의 척도가 된다.

물속의 알칼리도에 기여하는 물질을 높은 pH순으로 열거한다면 ① 수산화물, ② 탄산염, ③ 중탄산염의 순서이며, 주로 약한산의 염이나 센염기로 구성되어 있어 산을 첨가할 때 pH가 감소하는 것을 억제하는 완충작용을 하게 된다. 따라서 수산화물로 된 알칼리도를 **수산기 알칼리도**(Hydroxide Alkalinity), 탄산염에 의한 알칼리도를 **탄산 알칼리도**(Carbonate Alkalinity), 중탄산염으로부터의 알칼리도를 **중탄산알칼리도**(Bicarbonate Alkalinity)라고 한다.

나. 알칼리도의 측정 및 계산

알칼리도는 0.02 N 황산으로 적정하여 측정하는 **탄산칼슘 등가량**(equivalent)으로 다음과 같이 환산 계산한다.

$$\text{Alkalinity}\,(\text{CaCO}_3\ \text{mg/L}) = \frac{A \times N \times 50 \times 10^3}{\text{시료량(mL)}}$$

여기서, A : 소비된 산의 부피(mL)

N : 산의 N농도

초기 pH가 8.3이 넘는 시료에 대하여는 두 단계로 적정을 시도한다. 첫 번째 단계는 pH가 8.3으로 될 때까지 적정하며, 이때 페놀프탈레인 지시약이 분홍색에서 무색으로 변한다. 두 번째 단계는 pH가 약 4.5르 될 때까지 적정하는데 메틸오렌지 종말점에 해당한다(주황색 → 옅은 주황색). 만일 해당시료가 8.3 이하일 때는 pH 4.5까지 한 번의 적정을 하며, pH 7 이하인 산성용액에서도 알칼리도를 가진다는 점을 유의해야 한다.

그림 2.14에서 변곡점인 pH 8.3은 CO_3^{2-}이 HCO_3^-로 전환되는 당량점에 해당하고 두번째 변곡점인 pH 4.5는 HCO_3^-이 탄산(H_2CO_3)으로 전환되는 당량점에 해당한다. 알칼리도를 추정하기 위해 산을 가할 때 수산화물은 pH가 10으로 감소되는 동안 완전히 중화되며 탄산이온은 pH가 8.3이 될 때 탄산수소이온으로 전환되며 이 변곡점까지 측정한 알칼리도를 **페놀프탈레인알칼리도**(Phenolphthalein Alkalinity)라고 한다.

그림 2.14 pH와 알칼리도

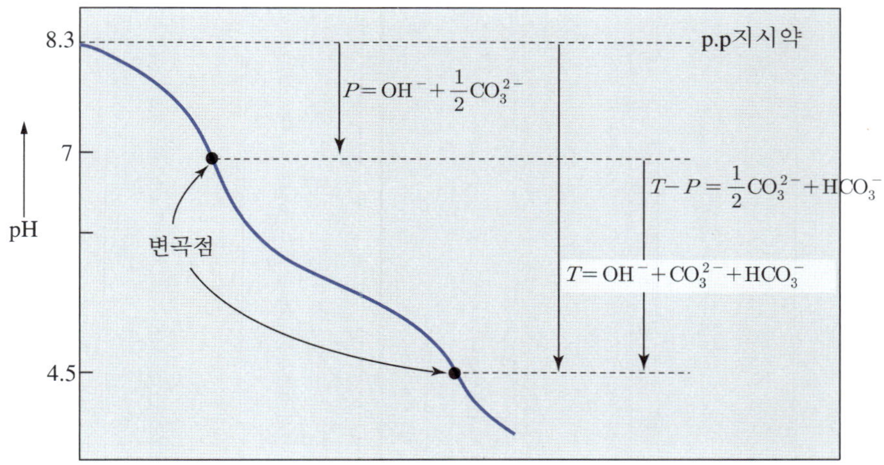

탄산염 및 수산화물을 포함한 시료를 pH 8.3 이하로 계속 적정해 가면 탄산수소이온이 주입된 산과 반응하여 탄산으로 전환되며(pH 4.5 부근), 이때까지 주입된 산을

$CaCO_3$로 환산한 것을 **총알칼리도**(Total Alkalinity)라고 한다.

다. 자연수의 알칼리도와 pH

일반적으로 자연수중에서 CO_2와 알칼리도의 3형태는 자연수계에서 Carbonate-bicarbonate system을 구성하여 평형상태를 유지하게 된다.

$$CO_2 + H_2O \leftrightarrows H_2CO_3 \leftrightarrows HCO_3^- + H^+ \ (pH = 5\sim7)$$

$$M(HCO_3)_2 \leftrightarrows M^{2+} + 2HCO_3^- \ (pH = 5\sim9)$$

$$HCO_3^- \leftrightarrows CO_3^{2-} + H^+ \ (\text{산성})$$

$$CO_3^{2-} + H_2O \leftrightarrows HCO_3^- + OH^- \ (\text{알칼리성})$$

위의 평형 system에서 어느 하나의 농도가 변하게 되면 평형이 이동하게 되고 다른 이온들의 농도들도 바뀌어 pH가 변하게 된다. 반대로 pH가 변하여도 이들의 평형 관계와 농도들은 바뀌게 될 것이다. 다음 그림 2.15는 총 알칼리도 100 mg/L에서의 CO_2 및 세 가지 형태의 알칼리도를 나타낸 것으로서 이 관계는 알칼리도와 수온 등에 따라 달라진다.

그림 2.15 pH와 알칼리도와의 관계

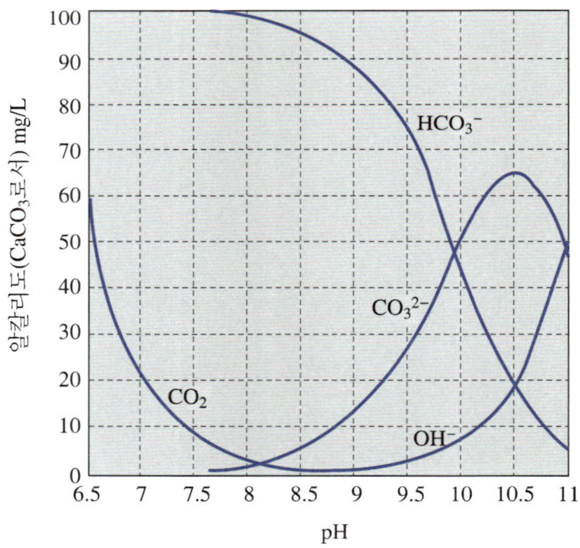

자연수의 알칼리도는 주로 지질층(석회암 등의 광물)을 통과함으로써 이루어지는데 그 외에 공장폐수 등의 오염에 기인한 것도 있다. 자연수중의 알칼리도는 주로 중탄산염의 형태로 존재하며 탄산염이나 수산화물 형태는 적다. 이것은 수중의 CO_2가 탄산염과 수산화물을 다음과 같이 중탄산염으로 변화시키기 때문이다.

$$CO_2 + CaCO_3 + H_2O \rightarrow Ca(HCO_3)_2$$
$$2CO_2 + Ca(OH)_2 \rightarrow Ca(HCO_3)_2$$

따라서 중탄산염은 수중의 OH^-을 거의 내놓지 않으므로 pH가 증가되지는 않으며, 특히 용해된 CO_2가 많을수록 그러한 현상이 뚜렷해진다. 그러나 중탄산염을 많이 포함한 물을 가열하면 CO_2가 뛰쳐나와 대기중으로 방출되므로 중탄산염은 탄산염으로 되어 물속에 OH^-을 내어 알칼리성을 띠게 된다.

라. 알칼리도의 의의(意義)

물의 알칼리도는 공중보건상 그 영향은 크지 않으나 고농도일 경우에는 물에서 불쾌한 맛을 나타낼 수 있다. 앞에서 언급한 바와 마찬가지로 깨끗한 자연수에서는 토양을 통과하면서 CO_2와 염기성 물질이 반응하여 상당량의 탄산수소염이 형성되고 이것이 물의 알칼리도를 일으키는 주된 물질이 된다. 그러나 오염된 물이나 혐기성상태일 경우에는 아세트산, 프로피온산, 황화수소와 같은 약산의 염들이 생성되고 경우에 따라서는 암모니아나 수산화물들이 물의 알칼리도를 증가시키게 된다. 다음의 내용은 알칼리도와 관련된 수질문제를 언급한 내용들이다.

예제

2.14 25 mL sample의 Alkalinity를 측정하기 위해 Phenolphthalein 지시약을 넣고 1/50 N H_2SO_4로 적정한 결과 적정액이 5 mL 소모되었다. 이 sample의 P. Alkalinity를 구하여라.

풀이 $NV = N'V'$ 에서 $(1/50) \times 5 = N' \times 25$

$N' = 4 \times 10^{-3}$ eq/L(N)

P. Alkalinity $= 4 \times 10^{-3} \times 50$ g/L $= 200$ mg/L as $CaCO_3$

2.15 수질을 분석한 결과 칼슘이 30 mg/L, 마그네슘이 12.2 mg/L, 나트륨이 11.5 mg/L이다. 중탄산이온(HCO_3^-)이 161 mg/L, 황산이온(SO_4^{2-})이 124 mg/L이었다면 $CaCO_3$값으로 표시한 경도값(mg/L)은? (단, 원자량은 칼슘 : 40, 마그네슘 : 24.4, 나트륨 : 23)

풀이 ① 먼저 각 이온의 당량수를 계산하면

Ca^{2+} 당량수 : $\frac{30\ mg}{L} \times \frac{1\ meq}{20\ mg} = 1.5\ meq/L$

Mg^{2+} 당량수 : $\frac{12.2\ mg}{L} \times \frac{1\ meq}{12.2\ mg} = 1\ meq/L$

Na^{+} 당량수 : $\frac{11.5\ mg}{L} \times \frac{1\ meq}{23\ mg} = 0.5\ meq/L$

HCO_3^- 당량수 : $\frac{161\ mg}{L} \times \frac{1\ meq}{61\ mg} = 2.634\ meq/L$

SO_4^{2-} 당량수 : $\frac{124\ mg}{L} \times \frac{1\ meq}{48\ mg} = 2.583\ meq/L$

② Bar Chart를 그리면

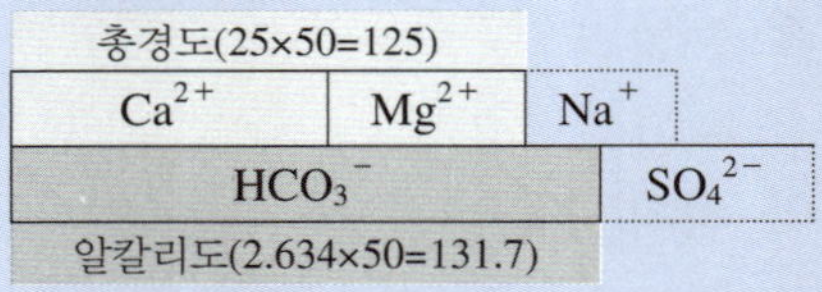

③ Ca^{2+}에 의해 유발된 경도 : $\frac{1.5\ meq}{L} \times \frac{50\ mg}{1\ meq} = 75\ mg/L\ as\ CaCO_3$

④ Mg^{2+}에 의해 유발된 경도 : $\frac{1\ meq}{L} \times \frac{50\ mg}{1\ meq} = 50\ mg/L\ as\ CaCO_3$

⑤ 총경도 = Ca^{2+}에 의해 유발된 경도 + Mg^{2+}에 의해 유발된 경도
= 75 mg/L + 50 mg/L = 125 mg/L as $CaCO_3$

(1) 약품 응집

폐수중의 불순물을 수산화물로 침전시키기 위하여 화학약품을 첨가하여 불용성 수산화물로 가라앉게 한다. 이때 H^+이온이 방출되어 물속의 알칼리도와 반응하게 된다. 이와 같은 **응집현상**(Coagulation)에서는 H^+이온으로 인한 pH감소를 완충하는 역할을 알칼리도가 담당하게 되며 적절한 pH범위 내에서만 응집이 효율적으로 일어나므로 많은 알칼리가 존재할수록 응집의 효율은 높아진다. 그러나 알칼리도가 너무 높을 경우 pH가 높아져 응집제가 많이 소비되는 관계로 비경제적이다.

(2) 경수의 연수화(Water softening)

센물을 단물로 바꿀 때 석회나 소오다회가 첨가되는데, 이때 탄산염과 수산화물이 생성되어 단물화된 물에 알칼리도가 높게 될 수 있다. 그러므로 알칼리도의 적정범위를 충분히 검토해야 음용수로 사용가능할 것이다.

(3) 침식문제

알칼리도가 낮은 물은 산을 중화시킬 능력이 없어 철관 등이 부식되기 쉽다. 또한 수산화물을 함유하여 높은 알칼리도를 지닌 폐수는 침식성이 강하여 공공수역에 방출 시에는 물속의 생물에 피해를 야기하므로 충분히 대책을 강구해야 한다.

2.4.8 기타 유기물질로 인한 오염지표

TOC (Total Organic Carbon : 총유기탄소)

수중의 유기물을 함유한 시료를 고온에서 유기물중 탄소(Carbon)를 CO_2로 산화시켜 그 발생량을 분석장치로 측정한다. 특히 BOD와 COD의 민감성이나 타물질의 방해작용을 제거시킬 목적으로 최근에 널리 사용하고 있지만 실제값보다 약간 낮게 측정되는 경향이 있다.

그림 2.16 유기물질의 오염농도지표 사이의 상호관계

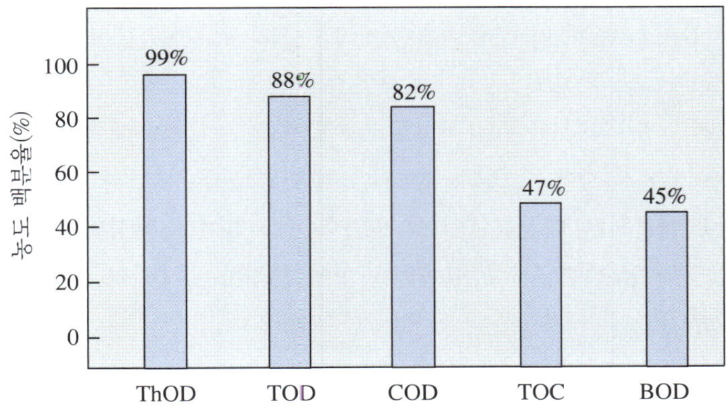

예제 2.16 에틸알코올의 ThOD와 TOC의 비값은 얼마인지 산출하시오.

풀이 $C_2H_5OH + 3O_2 \rightarrow 2CO_2 + 3H_2O$

따라서 ThOD는 $3 \times 32 = 96$g이고,

에틸알코올 46 g중에 함유된 탄소량 TOC는 $2 \times 12 = 24$ g이다.

$$\therefore \frac{\text{ThOD}}{\text{TOC}} = \frac{96\text{ g}}{24\text{ g}} = 4$$

2.17 페놀(C_6H_5OH)가 1 g과 박테리아($C_5H_7O_2N$) 10 g의 COD를 구하시오.

풀이 ① $C_6H_5OH + 7O_2 \rightarrow 6CO_2 + 3H_2O$

94 g : 224 g

$\therefore\ 1\ g \times \frac{224}{94} = 2.383\ g$

② $C_5H_7O_2N + 5O_2 \rightarrow 5CO_2 + 2H_2O + NH_3$

113 g : 160 g

$\therefore\ 10\ g \times \frac{160}{113} = 14.16\ g$

2.4.9 대장균군(Coliform group)

대장균군은 보통 사람이나 동물 등의 온혈동물의 장기에 서식하는 미생물인데 이들이 수중에서 검출되었다 함은 전염성 병원균을 지닌 동물들의 배설물이 대장균과 같이 배출될 수 있음을 짐작할 수 있다. 특히 콜레라, 이질, 장티푸스, 간염 등의 전염병을 일으키는 병원균 등이 장내에서 대장균과 더불어 배출되어, 이 물을 상수원으로 이용시에는 전염병의 감염가능성을 예상할 수 있는 잠재적 오염현상(potential contamination)이라고 볼 수 있다.

대장균은 35℃에서 48시간 이내에 Lactose를 발효시키는 막대기형 상의 호기성 및 임의성 세균들이다. 이중에서 *Escherichia Coli*(*E. Coli*)는 **분변성 대장균**(fecal coli)으로서 분변으로 배출되는 대장균군의 약 90%를 차지하여 주관심의 대상이다.

수인성전염병을 일으키는 각종 미생물을 평가 분석하는 대신에 보통 대장균군을 조사하여 그 오염가능성을 평가하는 이유는 다음과 같다.

① 대장균은 동물의 배설물중에 대체로 쉽게 발견되며 검출이 용이하다.
② 대장균은 병원균보다 실험방법이 쉽고 저항력이 강하며 생존능력이 크다. 그러나 virus보다는 소독에 대한 저항력이 약해 문제점이 되고 있다.

대장균의 수를 나타내기 위하여 **최확수**(Most Probable Number, MPN)라는 방법이 사용되며, 이는 검수 100 mL 내에 들어있는 세균의 수를 말한다. 음료수 수질기준에는 검수 50 cc중에서 검출되지 아니할 것으로 규정되어 있다. 대장균군과 마찬가지로 병원성 미생물에 의하여 오염될 잠재력을 평가하는 또 다른 실험방법은 일반세균에 관한 실험이다. 보통 일반세균은 한천 배지에서 무리를 형성할 수 있는 생균을 말하며 음용수 수질기준에는 검수 1 cc중 100을 넘지 아니할 것으로 규정되어 있다.

2.5 중금속의 피해영향

2.5.1 수은(Hg)

수은은 은백색의 무거운 액체금속으로 상온에서 휘발성이 있고, 진한 질산에는 잘 녹으나 물에는 거의 녹지 않는다. 수은의 인공적인 발생원은 광석, 제련공장, 펄프 및 제지공장, 농약공장, 수은전구 및 수은전지공장, 페인트공장, 의약품 합성공장 및 치과병원 등이다.

일상생활에서 수은은 건전지에 대부분 함유되어 있으며 수은건전지가 약 27%로 가장 많으며 산화건전지 약 0.8%, 알칼리 망간건전지가 약 0.45%의 수은을 함유하고 있다. 또한 형광등 및 온도계에도 함유되어 있으므로 일반쓰레기와 분리수거하여 처리되어야 할 것이다.

각종 수은 화합물의 독성 및 임상증상은 수은 화합물의 종류에 따라 차이가 있으나 일반적으로 위장염 증상으로 복통, 메스꺼움, 구토, 피가 섞인 설사를 일으키며 중증이 되면 콩팥파괴에 따른 요독증 및 요폐현상이 발생한다.

수은 중독의 대표적 사례는 1950년초 일본 구마모토현 미나마타시에서 발생한 피해 사례와 1965년 일본 니이가와현 아가노강 유역의 피해 사례가 대표적이다. 미나마타 수은 중독의 경우 1908년에 설립된 신일본질산비료공장에서 항만으로 배출한 메틸수은 화합물이 그 원인이었다. 피해발생 후 12년만인 1968년 9월에 처음으로 일본정부에 의해 공식 발표되었으며 1989년 12월말 미나마타와 니이가타 두 지역의 피해자 통계는 모두 2,665명(사망자 333명 포함)이 공식적으로 수은중독으로 인정되었으며 또 법적 인정을 받기 위한 최종판결이 최근 종결되었다.

2.5.2 카드뮴(Cd)

카드뮴은 은백색의 광택이 나는 연한 금속으로 분말형태는 가연성이며 물에는 녹지 않으나 산성용액에는 녹고 공기 중 수분이 존재하면 산화카드뮴을 형성한다.

순수한 카드뮴은 산에 의해서 전혀 침식되지 않으므로 철이나 강철의 침식방지용으로 많이 사용되는데, 미국의 카드뮴 생산량의 60~80%가 도금용이라고 한다. 그외 합성수지 및 도료용 색소, 축전지 및 저융점 합금 제조 등에 이용되며 채광·제련 과정에서 증기나 미세한 먼지상태로 노출되는 경우도 있다.

카드뮴 중독 현상은 기침만 해도 뼈가 부스러지며 사지에 큰 통증을 느끼고 골격의 현저한 변형 및 말초신경장애, 빈혈, 임파구 감소, 당뇨 등의 증상이 나타난다. 일본에서는 1946년 도야마현 지역의 주민들이 허리, 사지 등이 쑤시고 아프다는 증상이 나타났고 전신의 통증때문에 이따이이따이(아프다아프다)병으로 명명되었으며 1968년 5월 일본 후생성장관이 "이따이이따이병은 카드뮴의 만성중독에 의하여 신장장애가 일어났고 다음에 골연화증을 가져왔으며 임신, 수유, 내분비의 변화, 노화 및 칼슘 등의 부족현상을 발생하였다."라고 공식 견해를 발표하였다.

2.5.3 납(Pb)

납은 융용점이 낮아 가공이 쉽고 잘 부식되지 않아 우리 생활속에는 널리 사용되고 있다. 납의 이용은 납축전지내 극판, 안료, 합성수지 공업, 전자제조업, 요업, 납합금제조업 등 150여종의 산업분야에서 다양하게 이용되고 있다.

납의 오염은 특히 휘발유나 기름을 연소시킬 때 발생하는 양이 50% 이상을 차지하며 자동차 녹킹방지제로 사용되는 사에틸납이 배출가스로 배출되고 있다. 고대 로마에서는 연간 210만톤의 납을 이용하였으며 주로 상수도용 파이프, 식기, 조각품, 화장품 등에 이용되어 상류사회 로마인들에게 큰 피해를 일으켰으며 로마제국의 멸망에 하나의 원인을 제공한 오염피해 사례이다.

근대의 납 중독사례는 매우 다양해지고 있는 데 형광등, 밧데리, 페인트 공장의 근로자, 고속도로 톨게이트의 근무자, 불량 크레용을 쓰는 어린이, 유약성분으로 납이 들어있는 용기나 그릇을 쓰는 가정 등이 그 예이다. 납의 중독현상은 노출량과 노출기간에 따라 다르나 거의 대부분 만성적으로 나타나며 초기에는 피로, 두통, 수면장애, 식욕부진, 근육 및 관절통을 느끼게 된다. 납중독의 임상적 유형을 위장형, 신경근육형, 뇌증형의 3가지로 구분하는데 다음과 같다.

① 위장형은 피로, 구토, 식욕부진, 빈혈, 근육통을 느낀다.
② 신경근육형은 더욱 심한 중독현상으로 근육과 관절의 장애가 일어난다.
③ 뇌증형은 가장 심한 중독현상으로 두통, 불면증, 악몽, 신경과민, 경련, 혼수상태 등이 일어나며 위장형이나 신경근육형이 더욱 전진되어 나타난다.

2.5.4 비소(As)

비소는 회색, 황색, 녹색의 3종류가 있으며 대부분 철, 구리, 니켈, 코발트 등의 중금속이나 황과 함께 광석중의 화합물로 존재한다. 비소는 보통 살충제 등의 농약으로 많이 사용되며 유리, 도자기, 염료, 의약품, 합금, 반도체 등의 제조에 사용된다.

주요 발생원으로는 광산 및 제련소, 아비산, 비산염 등의 제조공장과 비소를 취급하는 각종 공장 등이다.

비소는 옛날부터 대표적인 독물로서 잘 알려진 물질이며 '아비산'이라는 비소산화물이 '비상'이란 이름으로 자살과 살인이나 또는 실수로 인한 중독사고로 많이 발생한 바 있다. 임금님이 내리던 '사약'도 주성분이 아비산이었으며 치사량은 0.1~0.3 g 정도이다. 원소상태의 비소보다도 아비산, 비화수소, 염화비소, 비산칼슘 등과 같은 비소화합물의 독성이 훨씬 큰 편이다.

비소의 만성중독 현상은 처음엔 식욕감퇴, 무력감, 설사, 변비 및 구역질이 나타나다가 눈꺼풀이 붓거나 눈에 염증이 생기고 목구멍이 아프며 때로는 콧속에 구멍이 뚫린다. 또한 피부가 검게 변하고 손과 발바닥이 딱딱해지며 모발과 손톱이 변질되고 신경염과 다리의 마비 증상까지 오게 된다.

비소 오염으로 인한 집단중독사례는 1900년과 1901년 영국의 맥주속의 비소로 인한 6,000명의 중독과 70명의 사망사건이 있었으며 문제의 맥주속에는 15 ppm의 비소가 함유되어 있었다.

맥주에 비소가 들어가게 된 원인은 맥주 발효원인 포도당이 오염되어 있었기 때문이었다. 포도당은 설탕이나 전분을 산으로 가수분해하여 제조되는데, 산으로 이용된 황산이 아비산을 함유하고 있어 결국 포도당에 비소가 혼입되게 되었다. 또한 황산에 다량의 비소가 함유된 원인은 다량의 비소를 함유한 황철황을 정제하지 않은 채 사용했기 때문이었다.

1961년 일본에서 발생한 우유오염사건은 1만 2,131명의 중독환자를 발생시켰으며 우유제품의 유질 정제에 사용된 제이인산나트륨에 비산나트륨이 불순물로 들어있었음이 밝혀진 바 있다. 중독 어린이들을 대상으로 계속 조사한 결과 시력 저하, 난청, 학업성적 불량, 뇌파이상, 간질, 두통, 현기증, 수족냉증 등의 다양한 후유증이 발생하였다.

2.5.5 구리(Cu)

구리는 높은 전기전도도와 열전도도를 갖고 있으며 주조하기 쉽고 다른 금속과의 합금력이 좋으며 부식이 적고 광택이 좋아 오랜 옛날부터 인류가 무기, 장신구, 동전, 용기, 동상 등을 만드는 데 이용하여 왔다. 자연계의 구리는 화성암속의 황화합물로 많이 존재하며 토양중에는 평균 20 ppm 정도로 존재해 있다.

구리는 다른 금속에 비하여 비교적 독성이 적고 또 동식물의 성장에 필수적인 미량 금속중의 하나로서 혈색소 합성에 관여하며 철흡수, 성장촉진, 색소침착, 조직방어 등의 작용을 하고 부족할 때는 빈혈 등을 일으킨다. 구리독성 효과는 사람보다도 물고기나 식물성플랑크톤에 미치는 피해가 크며, 사람의 경우 황산구리의 경구치사량은 10~20 g이고 흰쥐의 반수치사량은 960 mg/kg 정도이다. 우리나라 음용수 수질기준에는 맛의 기준이 1 ppm으로 정해져 있다.

구리의 독성효과를 고려하여 황산동($CuSO_4$)을 살조제(algicide)로 이용하는 경우가 많은 데 호수내 부영양화 현상으로 과잉번식한 조류를 사멸시키기 위하여 살포한다. 그러나 과량의 살포시에는 구리가 조류뿐만 아니라 물고기에도 독성을 미칠 수 있는데 서울 석촌호수에서 실제 황산동의 과량살포로 물고기가 대량 사멸한 경우도 있다.

2.5.6 크롬(Cr)

크롬은 불용성 탓으로 자연수중에서 거의 침출되지 않고 대개 산화철, 산화마그네슘 등과 함께 자연계에 존재한다. 크롬의 특성은 화학적 안정성과 내열성, 내부식성, 전기저항성이 강하기 때문에 각종 금속의 도금 및 합금에 널리 사용되고 있고, 화학공업분야에서 Cr^{6+}이 산화제의 특성때문에 안료, 색소, 살균제, 부식방지제 등에 이용되고 있다. 따라서 크롬의 주요 발생원은 도금공장, 피혁제조공장, 염색공장, 강철합금공장, 시멘트제조공장, 크롬채취광산, 용광로의 내화벽돌 공장 등이다.

크롬이 동식물에 필수불가결한 영양성분으로 인정된 것은 최근이다. 당 및 지방의 대사에 관여하는 미량원소인 크롬은 인슐린의 기능에도 반드시 필요하며, 동물실험 결과 먹이에 크롬이 부족하면 당뇨병과 비슷한 증상이 나타났으며 또한 동맥경화증이나 높은 콜레스테롤 수치와 관계가 있음이 밝혀졌다.

일반적으로 금속크롬과 3가 크롬은 비교적 안정하고 인체에 해가 없으나 수용성의 6가 크롬화합물은 매우 자극성이 강하고 부식성이 있다. 크롬의 주요 중독현상은 급성중독으로 피부접촉시 화상, 피부괴사가 국부적으로 일어나고, 흡입했을 경우에는 기침, 호흡곤란, 구토, 복통 등이 생긴다. 전신 작용으로는 심한 출혈성 신장장애와 혈뇨증이 오며, 더욱 심하면 무뇨증과 요독증으로 수일 내 사망하게 된다. 만성 중독현상으로는 비점막염증과 비중격궤양이 나타나며, 더욱 심한 경우에는 코의 연골이 뚫리는 비중격 연골천공이 온다. 장기적으로 크롬 먼지를 흡입한다면 기관지 폐렴, 폐의 섬유화, 폐암을 초래하며, 손·발·가슴·얼굴에 피부염과 피부궤양을 일으키기도 한다.

2.5.7 아연(Zn)

아연은 청백색의 금속원소로 납과 철의 황화물과 함께 주로 광석중에 황화아연의 상태로 존재한다. 아연은 철재의 녹방지용으로 사용되며 알루미늄, 구리 등을 섞어 합금을 만들고 기타 건전지, 인쇄용 활판 및 잉크, 도자기 유약, 농약, 도료, 화장품, 고무제품 등에 널리 쓰이고 있다.

주요 발생원은 도금공장, 아연광산 및 아연합금 제조공장 등이며 산성 음식물을 조리할 때 식기로부터 녹아 나오는 때드 있다.

아연은 비타민과 같이 생물의 필수 미량원소이며 몸안 효소기능과 피부, 골격의 정상발육을 도우며 청년기의 성적발육을 신장시키는 역할을 한다. 그러나 과잉의 아연을 섭취하면 중독현상이 발생한다. 아연금속 단독으로는 인체에 미치는 독성이 크지 않는 반면 염화아연($ZnCl_2$)은 피부나 점막에 강력한 부식작용을 일으키고 산화아연과 염화아연의 증기를 맡게 되면 기관지를 자극하고 폐렴을 일으키는 원인이 되기도 한다.

2.6 독성물질에 대한 생물분석

독성 물질의 오염여부를 파악하는 방법으로서 독성물질 주입에 따른 생물의 생존여부를 파악하는 방법인 생물검정법(Bioassay Test)이 있으며 그 내용은 아래와 같다.

2.6.1 TLm (Median Tolerance Limit)

수중의 유독성분에 의해 대상어류의 반수가 죽게 되는 때의 유독성분의 농도를 파악하는 방법으로 급성중독효과를 추정하는 실험치이다. TLm 실험방법은 수은, pH, DO 등을 일정하게 안정화시킨 희석수와 일정농도 독성물질을 혼합시킨 후 Thermostat가 부착된 시험조로 일정한 유속으로 흐르게 한다. 시험조내 고기수는 20마리 정도를 이용하며 시험조 용량은 어류 체중 2 g당 1 L 이상 되도록 한다.

실험시간은 보통 24시간, 48시간, 96시간으로 한다. 희석의 정도를 알기 위해서 처음에는 10, 100, 1000배의 희석으로 1~2주 정도 예비실험한 후 점차 희석율의 폭을 축소시켜 최종적 실험을 행하는 편이 좋다.

일반적으로 TLm을 이용하여 수질허용기준농도를 정하게 되는데, 시험생물에 따라

TLm의 값이 다르나 보통 96 h−TLm값의 1/10 내지 1/100의 값으로 정한다.

2.6.2 LC_{50} (Lethal Concentration 50%)과 LD_{50}(Lethal Dose 50%)

LC_{50}은 물고기나 수생생물을 시험종으로 사용할 때 치사율이 50%인 독성물질의 양을 말하는 중간치사농도(median lethal concentration)이다. 그러나 LD_{50}은 실험생물에게 독성물질을 경구(mouth)로 투여시 50% 치사시키는 독성물질의 중간치사량(median lethal dose)을 말한다. 따라서 LD_{50}은 독성물질이 환경수 농도로부터 유입되는 것이 아니므로 수서생물이 시험종으로 이용되지 않는다.

2.6.3 독성단위(Toxic Units)

실제 수환경에서는 독성물질의 종류가 다양하여 단일 독성물질만의 독성효과를 그대로 적용할 수가 없다. 즉, 독성물질간의 상호작용으로 독성효과가 상쇄되어 버리거나 상승효과를 가져오는 등 다양한 독성을 나타낸다.

그림 2.17에서 보는 바와 같이 독성물질 A, B를 같이 투여했을 때 각각의 독성효과가 산술적인 더하기 효과를 갖는 부분은 Additive effect line이다. 상승작용(synergism) 효과는 A, B를 같이 투여했을 때 더 높은 독성효과를 갖는 부분이며, 길항작용(antagonism)은 두 독성물질간에 독성작용의 감쇄현상이 작용하고 있음을 말한다. 이처럼 독성물질이 단독 혹은 혼합해서 생물에 투여될 때는 그 독성효과의 차이를 확인하여야 할 것이며 다음과 같이 계산된다.

그림 2.17 독성물질 A, B의 상호작용

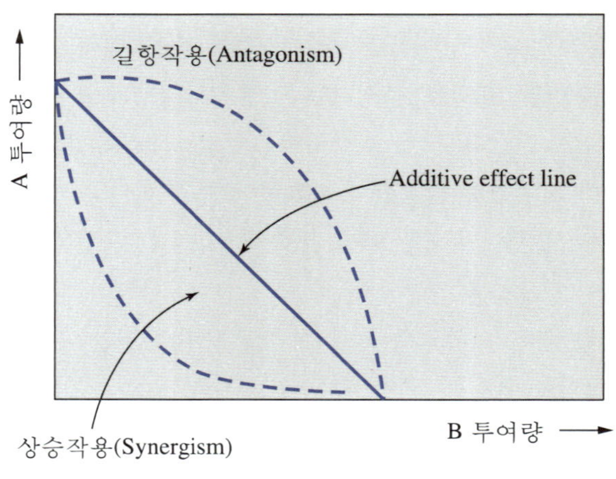

$$\text{독성물질 A, B를 같이 투여했을 때}\quad \frac{A_m}{A_i} + \frac{B_m}{B_i} = S$$

여기서, A_m, B_m : 혼합액에서 갖는 각각의 독성 효과(단위)

A_i, B_i : 단독으로서 각각의 독성 효과(단위)

S : 총 독성 효과(단위)

① 만일 A, B가 같은 독성 효과를 지닐 때

$$\frac{1}{2} + \frac{1}{2} = 1 \text{ (additive toxicity)}$$

② 상승작용(synergism)의 독성 효과의 예

$$\frac{1}{3} + \frac{1}{4} = \frac{7}{12} < 1 \text{ (additive tcxicity)}$$

②를 보면 A는 일정한 효과를 가지기 위해 A는 3을 투여해야 하나 B와 복합적으로 투여될 때는 1만으로 가능함을 의미한다. B의 경우도 단독으로 투여할 경우 4가 투여되어야 하나 A와 같이 쓰일 때는 1만으로도 가능함을 나타내고 있다. 즉, additive toxicity보다 혼합폐수에서는 두 배의 독성효과를 갖고 있다는 것을 의미한다.

독성물질의 단위(TU)는 급성독성단위(Toxic Unit Acute, TUa)와 만성독성단위(Toxic Unit Chronic, TUc)가 있다.

$$TUa = \frac{100}{LC_{50}}, \quad TUc = \frac{100}{NOEC}$$

여기서, NOEC (No Observable Effect Concentration) : 만성독성시험의 결과 어떤 영향도 관찰되지 않는 농도중 최고농도

만성독성이란 시험생물 수명의 1/100 이상 장기간 독성의 영향을 관찰할 수 있는 경우이며 사망률의 증가 및 성장률과 번식률의 감소로 나타난다.

예제

2.18 96 hr-TLm은 Cu가 1.0 mg/L, CN^-가 0.1 mg/L이며, 실제 이들 혼합폐수에서 Cu^+ 0.4 mg/L, CN^- 0.01 mg/L일 때 독성단위는?

풀이 $\frac{0.4}{1.0} + \frac{0.01}{0.1} = 0.5\left(\frac{1}{2}\right)$

참고문헌

1. 이창기, "환경과 건강", 하서, 1993
2. 환경처, "환경백서", 1990, 1991, 1992
3. 이홍근, "하천 및 호수에 대한 비점오염원의 문제점과 조사방향", Seminar on The Optimum Management for water quality of River and Lake, 국립환경연구원, 1989
4. 권영식 외 5명, "최신 일반화학", 동화기술, 1990
5. 이수길, "농촌지역에서의 비점원 오염물질이 하천수질에 미치는 영향에 관한 연구", 서울대 환경대학원 석사학위논문, 1991
6. 장준영, "수질환경기사문제집(필기, 실기)", 성안당, 1993
7. 김덕찬 외 1명, "환경화학", 동화기술, 1989
8. 손진식, "수질환경기사문제집", 일진사, 1993
9. 박규창, "분석화학", 광림사, 1978
10. 조영일외 7명, "폐수처리공학", 동화기술, 1991
11. 안욱성, "낙동강 수계의 용존산소분포에 관한 모델링", 부산수산대학교 환경공학과 석사학위 논문, 1992
12. 오영민 외 1명, "수질관리", 신광문화사, 1991
13. 이규성 외 3명, "수질오염개론", 형설출판사, 1995
14. 최의소 외 1명, "환경공학", 청문각, 1986
15. 육혜영, "엄마, 이 물 마셔도 돼?", 개마고원, 1993
16. 환경부, '공장폐수의 발생과 처리', 2006

연습문제

01. 수질오염의 분류를 크게 네 가지로 나눈다면 어떻게 나눌 수 있으며 그 특성을 각기 설명하라.

02. 수질오염원의 종류를 나누고 각기 그 특성을 언급하라.

03. 수중에서 DO농도에 미치는 환경인자를 나열하고 증가 및 감소요인의 특성을 논하라.

04. BOD의 정의를 상세히 논하고 DO농도와의 관계를 설명하라.

05. C-BOD와 N-BOD의 구분을 그림을 통하여 표현하고 질산화과정을 설명하라.

06. 하천과 호수에서 발생가능한 무기질소(NH_4-N, NO_2-N, NO_3-N)의 농도분포를 시간별, 지점별로 가정한 후 설명하라.

07. 가정하수 및 난분해성 공장폐수간의 BOD와 COD농도의 크기를 설명하라.

08. SS의 정의를 말하고 SS농도와 BOD농도간의 관계에 대하여 설명하라.

09. pH 4인 물과 pOH 4인 물을 동량 혼합했을 때의 pH값은?

답 pH = 7

10. 순수한 알코올(비중 0.79) 100 mL와 순수물 100 mL를 혼합했을 때 이 혼합액중 알코올중량 %는?

답 44.1%

11. 수소이온농도가 2.5×10^{-4} mole/L인 용액의 pH는?

답 pH = 3.6

12. 용액중의 Mg^{2+}를 제거하기 위하여 NaOH와 Na_2CO_3중에서 어느 것이 좋은가?
단, $MgCO_3$의 K_{sp}는 4×10^{-5}이고 $Mg(OH)_2$의 K_{sp}는 9×10^{-2}이다.

답 NaOH가 유리함

13. 초산의 이온화상수는 25℃에서 1.75×10^{-5}이다. 25℃에서 0.015M 초산용액의 pH는 ?

답 3 .29

Chapter 03

수질오염과 생태계

3.1 생태계의 정의

모든 생물은 그들이 생활하는 환경과 밀접한 상호작용 하에 살고 있다. 광선, 온도, 습도, 바람, 토양, 수분, 무기염량, 산소 등의 모든 무기적 환경과 식물, 동물, 미생물 등의 생물 구성원간에는 밀접한 영역내에서 상호의존적인 **界**(System)를 형성하게 되며 이를 **생태적 계**(Ecological system), 즉 **생태계**(Ecosystem)라고 한다.

생태계는 연못, 초원, 숲, 바다 혹은 작은 어항에까지 우리 주변에서 흔히 볼 수 있는 다소 추상적인 개념이다. 그러나 이들 모든 크고 작은 생태계들은 그 구조와 기능적 특성상 공통점을 갖고 있게 마련이다. 이런 생태계를 연구하는 학문을 **생태학**(Ecology)이라 하며 많은 생태학자들은 생태계의 구조와 기능을 이해하는 데 많은 노력을 하고 있다. Oxford 영어사전에 기록된 **생태학**(Ecology)의 정의는 다음과 같다.

> "생물 및 식물의 경제에 관한 과학, 생활하고 있는 생물과 그의 환경과의 관계, 습성 및 생활의 양식 등에 관한 생물학의 분과이다."

3.2 생태계의 구성과 기능

생태계의 구성은 다음 그림 3.1과 같이 **생산자**(Producer), **소비자**(Consumer), **분해자**(환원자 ; Reducer, Decomposer), 무생물적 물질(Abiotic substance)의 4개의 기본적 단위를 갖게 되며 생태계가 존재할 수 있는 가장 궁극적인 Energy근원은 태양에너지이다.

그림 3.1 생태계의 구조

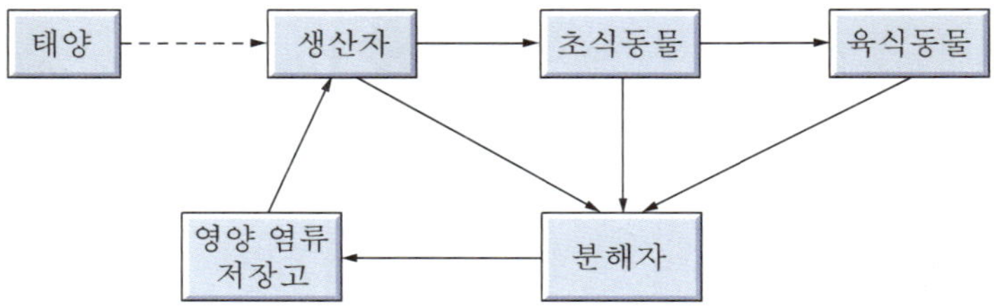

먼저 태양에너지는 육상의 식물이나 물속의 식물성 플랑크톤에 의한 광합성작용으로 CO_2가 높은 에너지를 갖는 탄수화합물로 동화되며, 이러한 중요한 기능을 수행하는 생물을 **생산자**(Producer)라고 부른다. 그러나 이들은 태양에너지의 형태로 전환시켜 주는 작용을 하므로 '생산자'라기보다는 오히려 **전환자**(Transformer)라고 해야 할 것이다. 그렇지만 생산자라는 용어가 널리 사용되어 왔으므로 본 저서에서도 '생산자'를 계속 쓰기로 한다. 이들 생산자는 무기물질을 이용하여 그 자신의 생장과 물질대사에 필요한 영양분을 합성하기 때문에 우리는 **독립영양생물**(Autotroph)이라고도 부른다. 이와 같은 이유로 다른 유기체를 먹어서 필요한 영양을 섭취하는 생물을 **종속영양생물**(Heterotroph)이라고 부르며, 소위 **소비자**(Consumer)에 해당된다.

따라서 생산자는 소비자에게 먹히고 이 소비자는 생태계내에서 1차 소비자, 2차 소비자, 3차 소비자 혹은 그 이상까지 포식－피식의 관계가 연결된다. 이처럼 독립영양생물 → 종속영양생물, 생산자 → 소비자, 생산자 → 초식동물 → 육식동물 등의 포식－피식의 관계는 일련의 생물군을 통하여 에너지가 유전되는데 이를 **먹이연쇄**(Food chain)라 하며, 먹이연쇄가 서로 복잡하게 얽혀 있는 상태를 **먹이망**(Food web)이라 한다.

생태계내에서 또 다른 하나의 중요한 종속영양생물군이 있다. 이 생물군을 **분해자**(Decomposer)라고 부르는데, 이들은 주로 박테리아와 곰팡이로 구성되어 있다. 대부분의 분해자들은 그들 체내의 효소를 죽은 동식물체에 분비한 다음 분해 소화시켜 흡수하는 방법으로 자신의 생장과 물질대사에 필요한 물질을 얻는다. 따라서 이들은 생태계내에서 '유기물질의 무기화'를 담당하는 매우 중요한 역할을 하고 있으며 무기화된 물질이 다시 생산자에게 이용되도록 하는 역할을 하게 된다. 그러므로 생태계내에서는 에너지가 일방통행적이며 비순환적임에 반해 영양염류는 순환하는 기능을 가짐으로써 이 지구를 하나의 살아있는 **생명부양체**(Life-supporting system) 역할을 갖도록 하고 있다.

분해자의 대부분은 주로 흙속에 포함되어 있는 데 이 흙은 영양소의 은행과 같은 구실을 하며, 생물의 사체나 대사과정에서 불필요한 배설물들이 썩어서 그 영양원소가 흙에 저장된다. 그러나 흙속에서 영양소를 보관하는 곳은 표토층 수십 cm에 지나지 않으므로 그냥 나지로 노출시킨다면 빗물에 쉽게 유실되므로 식생의 관리가 대단히 중요하다. 특히 열대우림지역의 토양은 흙속 영양소의 이용률이 높아 온대지방보다도 영양소가 풍부한 표토층이 얇은 편인데, 이곳을 벌채하여 농경지로 바꿔 몇 년 만에 지력이 떨어져 나무를 심어도 자라지 못하는 황무지로 변한 사례가 많다.

3.2.1 에너지 흐름(Flow of energy)

앞에서 언급한 바와 같이 지구에너지의 제1원인자는 태양이며 생산자에 의해 이 에너지가 포착되어 고에너지의 유기물로 합성, 일련의 소비자를 통해 에너지의 **일방적**(One-way) 소비흐름이 일어나게 된다. 그러나 지구로 방사되는 태양에너지는 궁극적으로 약 1%만이 생산자가 이용하게 되고 이중 0.3%만이 생산자의 **순 생체량**(Net biomass)로 저장되어 매우 낮은 에너지 효율을 갖게 된다(그림 3.2 참조).

일반적으로 지구의 순생산량은 약 1700억 ton/yr인데 지구의 70%를 차지하는 해양이 약 30%를, 지구의 30%를 차지하는 대륙이 약 70%의 순생산량을 갖고 있어 해양 식량자원을 개발하여 식량부족을 보충하고자 함은 비효율적인 조치라고 볼 수 있다. 생태계내에는 열역학 제 2법칙인 엔트로피 법칙이 지배하고 있는데 생태계내의 먹이연쇄과정의 에너지가 다음 영양단계(Trophic level)로 100%가 전이되지 못하고 열에너지로서 system 내에 분산소실된다는 것이다.

그림 3.2 생태계의 에너지 흐름도

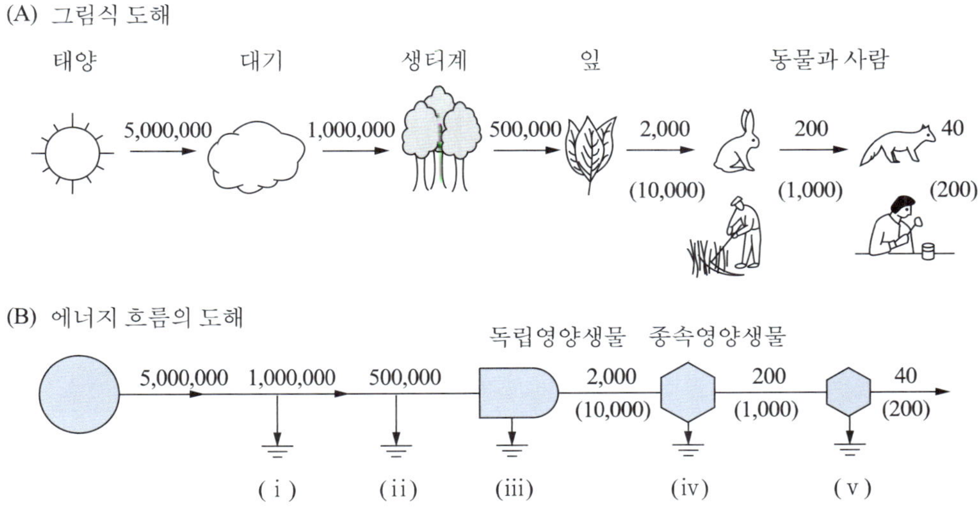

다음 그림 3.3에서 보는 바와 같이 태양에너지의 0.3%에 해당하는 1,350 kg의 콩과 옥수수 생체량은 22명의 사람을 먹여 살릴 수 있고 (B)와 같이 소가 먹을 경우는 한 마리가 감당할 수 있으며, 단지 한 사람만이 2차 소비자로서 가능하다는 것을 보여주고 있다. 즉, (B)의 경우 생산된 콩과 옥수수는 줄기, 뿌리, 잎 등이 다음 영양단계인 소의 먹이에 이용되지 않으며 소 또한 섭취된 콩, 옥수수에서 소화되지 않고 배설되는 부분, 그리고 소의 활동으로 인한 호흡손실률 등이 실제 소의 생체량을 증대시키는데 이용된 양보다 훨씬 크다. 또한 2차 소비자인 사람일 경우에는 에너지 손실률은 더욱 커져 생산자와 초식동물단계에서보다 육식동물단계에서 호흡손실률은 더욱 커져 엔트로피가 증대되는 방향으로 진행된다.

일반적으로 각 영양단계에서 생물들이 활용할 수 있는 에너지는 식물이 태양에너지의 0.3%를 생산해 놓으면 1차 소비자는 이의 약 10%만을 활용하고, 1차 소비자를 먹고 사는 2차 소비자는 1차 소비자가 합성한 에너지의 약 10%를 활용하며, 또 3차 소비자는 2차 소비자의 에너지중 약 10%만 활용하는 것이 된다.

이와 같이 생태적 **효율성**(Ecological efficiency)은 대략 10%의 법칙이 지배하게 된다. 따라서 그림 3.3에 나타나 있는 것과 같이 생산자에 의해 생산된 생체량이 똑같더라도 사람이 육식을 할 경우는 한 사람만이 가능하고 채식을 할 경우는 22사람을 먹여 살릴 수 있는 것이다. 따라서 채식은 인류의 식량공급측면이나 개인의 건강측면에서 강조되어야 할 실천사항이다. 위와 같은 결과를 근거로 구석기시대에는 한반도면적 22만 km² 내에 우리 조상은 약 4만명이 살 수 있었으며 곰도 약 4만 마리, 호랑이는 인구의 1/10인 4천 마리 정도 살았을 것으로 추정하고 있다.

그림 3.3 두 가지 종류의 피라미드

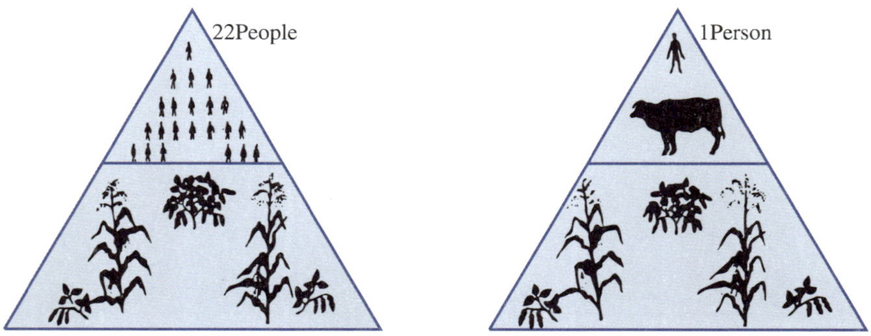

(a) 1350kilograms of soybeans and corn　(b) 1350kilograms of soybeans and corn

3.2.2 생태계의 물질순환

가. 탄소순환

탄소순환은 순환과정중에서 모든 성분이 잘 알려진 가장 단순한 영양소 순환형태로 거의 완전한 순환과정을 지닌다. 탄소는 물 다음으로 중요한 성분으로 생물체 건조량의 약 49%를 차지하고 있으며 주로 기체상의 CO_2로 순환한다.

탄소의 기본적인 경로는 대기로부터 각종 생산자에 의해 무기 탄소(CO_2)가 유기탄소로 고정되고 소비자를 거쳐 분해자에 도달한 후 그 역의 경로로 다시 저장고인 대기로 되돌아간다. 탄소순환에서 보조적인 저장고는 해양인데 그 양은 대기중의 함량보다 50배나 많으며 더욱 중요한 사실은 해양이 대기중의 CO_2를 조절할 수 있다는 점이다.

그러나 대기와 수중에서 CO_2의 평형이 이루어지려면 수일 또는 수 주일이 필요할 만큼 실제 탄소순환의 경로와 과정이 복잡하며 자기조절기능을 갖는다. 산업혁명 이전 대기중의 CO_2는 280 ppm이었고, 현재는 340 ppm 이상을 나타내고 있다. 이 양은 매년 연소에 의해서 발생하는 CO_2량인 $5 \sim 6 \times 10^6$ ton에 해당하는 것으로서 대기중의 CO_2농도를 매년 2 ppm씩 증가할 수 있으나 실제의 증가는 그 1/3에 불과하다. 즉, 나머지 2/3 가량의 CO_2는 해양에서 대부분 흡수되거나 또는 식물의 생산을 증대시키는

그림 3.4 탄소의 순환

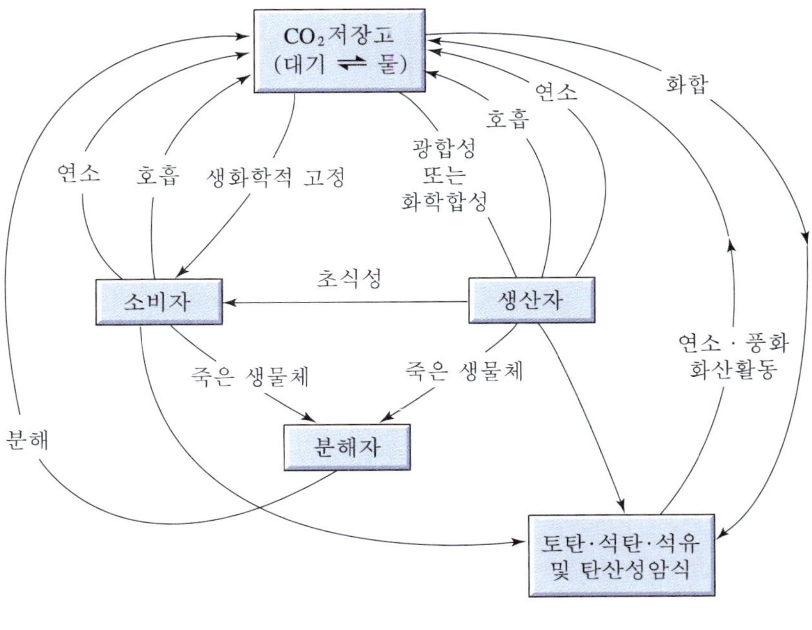

데 어느 정도 소비되는 것으로 설명할 수 있다.

대기권과 수권의 CO_2교류는 확산에 의해 이루어지는데, 그 이동방향은 상대적인 농도분포에 따라서 결정된다. 대기중의 CO_2가 빗물을 통해서 수중으로 들어오는 데 1 L의 빗물속에는 약 0.3 mL의 CO_2를 함유하고 있다. 물에 용해된 CO_2는 수중생태계에서 가역반응을 하여 탄산(H_2CO_3)을 형성하고 또 H^+와 HCO_3^-로 해리되며 HCO_3^- 역시 H^+을 내고 CO_3^{2-}로 해리된다.

$$\text{용해된 } CO_2 + H_2O \leftrightarrows H^+ + HCO_3^- \leftrightarrows H^+ + CO_3^{2-}$$

이러한 일련의 반응은 모두 가역반응이기 때문에 반응방향은 반응물질의 농도에 따라 좌우된다. 따라서 대기중의 CO_2량이 국지적인 감소를 가지면 용해된 CO_2가 대기중으로 이동되며, 수중식물의 광합성 작용에 의해서 HCO_3^{2-}가 동화되면 평형을 유지하기 위하여 대기중의 CO_2가 수중으로 이동된다. 그러나 수중의 HCO_3^-나 CO_3^{2-}는 높은 pH에서는 다량의 무기탄소가 탄산염으로 존재하고, 낮은 pH에서는 용해상태의 탄산이온형태로 존재하게 되므로 CO_2의 평형시스템은 보다 복잡다단하다.

탄소순환계의 지질학적 구성은 이탄(泥炭), 석유, 석탄과 같은 동식물체의 침전물, 연체동물이나 원생동물의 껍질과 같이 탄산염암으로 보존된 것들이 있다. 이 밖에 알칼리성 물속에서 광합성작용의 부산물로서 $CaCO_3$가 점토와 섞여 석회암의 침전물이 형성된 부분이 있으며 이 모든 퇴적물들은 풍화와 용해, 화석연료의 연소, 화산 분출물 등의 형태로 대기중에 공급된다.

나. 질소순환

질소순환은 탄소순환과 비슷하지만 큰 차이점이 있으며 탄소, 수소, 산소와 같이 결합하여 단백질을 구성하는 역할을 수행한다.

생물은 탄소(0.03∼0.04%)에 비하여 풍부한 질소(79.6%)를 갖는 대기중에 살지만, 기체상의 질소(N_2)는 CO_2와는 달리 생물이 직접 이용하지는 않는다. 또한 생물은 탄소나 질소를 대사노폐물로서 버리지만 기체상의 질소로도 방출하지 않는다.

(1) 질소 고정

질소는 대기의 약 78%를 차지하므로 질소의 저장고를 대기권이라고 생각하기 쉽다. 그러나 대부분의 생물은 대기중의 질소를 직접 이용하지 못하며 대신 무기질소화합물(암모니아, 아질산염, 질산염)이나 유기질소화합물(요소, 단백질, 핵산)이 중요한 저장고가 되고 있다. 즉, 생물이 이용하는 질소는 주로 무기화합물인 질산염의 형태로 우선 고정되어야 하며 또한 생물에 의하 질소고정작용이 일어난다. 질소고정작용의 형태는 질소고정생물이나 매년 공장에서 생산되는 합성비료의 형태가 주를 이루고 있으며 현재 공업적으로 고정되는 질소량이 근대공업이 출현하기 이전의 생물고정량과 거의 같다고 추정되고 있다.

그림 3.5 질소순환

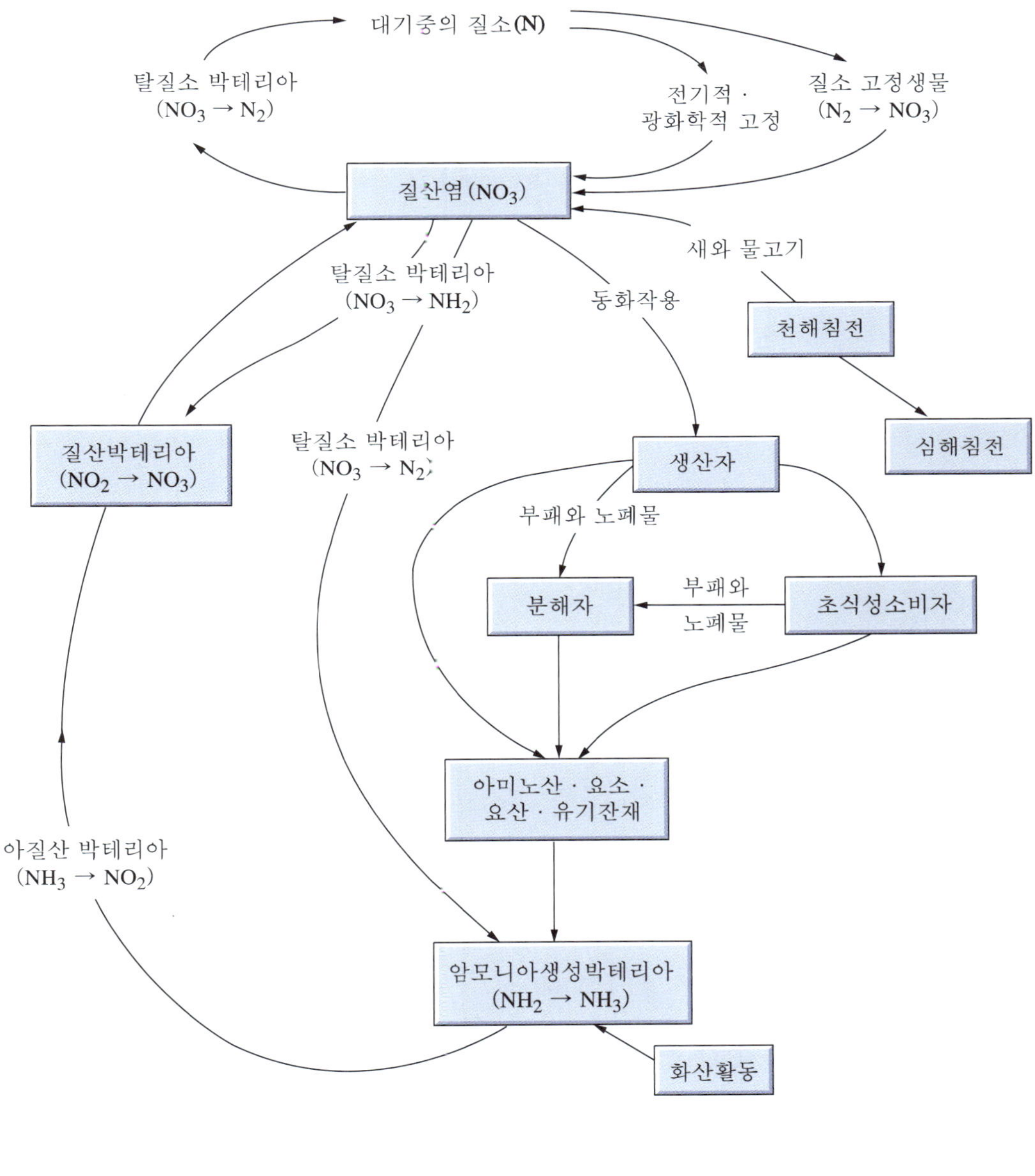

질소의 고정은 먼저 분자상의 질소가 유리질소인 두 원자로 분열되는 활성화가 우선 필요하다($N_2 \rightarrow 2\,N$). 이 반응은 흡열반응으로서 160 kcal/mole이 소모되며, 이 유리질소가 수소와 결합하여 암모니아를 합성하는 과정($N \rightarrow NH_3$)에서 13 kcal/mole를 방출하므로 1 mole의 질소를 고정하는 데 소요되는 순 에너지생산량은 147 kcal이다. 따라서 모든 질소고정 생물은 흡열반응을 하므로 에너지원으로서 탄수화물을 외부에서 공급받아야 한다. 그러나 공업적 질소고정의 경우는 아주 높은 온도와 압력(400℃, 200기압)이 필요하다.

질소를 고정하는 미생물은 크게 두 가지로 나누는데, 하나는 박테리아와 곰팡이로서 공생적 질소고정작용을 하는 **뿌리혹박테리아**(*Rhizobium*) 등을 말하고 다른 하나는 자유생활형의 박테리아, 조류 등을 말한다. 전자는 육상에서만 살지만 후자는 육상 수중 등 어느 환경에서나 생존한다. *Azotobacter*와 같이 호기성 호흡을 하는 질소고정 박테리아나 필요에너지를 자신이 광합성작용을 통하여 공급받는 남조류 등이 후자에 속하는 질소고정 미생물 등이다.

(2) 암모니아화(Ammonification)

무기질소는 유기질소(주로 아미노기, $-NH_2$)형태로 결합된 후 단백질이나 핵산을 거쳐서 노폐물이나 죽은 생물체의 원형질 형태로 되돌아오게 된다. 이때 토양과 물속에 사는 박테리아, *Actinomycetes* 및 곰팡이 등의 종속영양미생물은 유기질소를 동화하게 되며 이때 무기질소인 **암모니아**(NH_3)형태로 변형되어 방출된다. 이 과정을 **암모니아화**(Ammonification), 무기화(Mineralization)라고 하며 **발열반응**(Exothermic reaction)이 일어난다.

(3) 질산화 작용(Nitrification)

몇몇 미생물들은 암모니아형 질소를 이용하나 대부분의 생물은 호기성 조건에서 질산화 작용을 거친 질산염 형태의 무기질소를 이용한다. 이 질산화과정은 다음의 일련의 질산화 박테리아에 의해 산화된다.

$$2NH_3 + 3O_2 \xrightarrow{Nitrosomonas} 2NO_2^- + 2H^+ + 2H_2O$$

$$2NO_2^- + O_2 \xrightarrow{Nitrobacter} 2NO_3$$

질산화 박테리아는 모두 화학합성을 하는 독립영양미생물로서 이와 같은 산화과정을 통하여 에너지를 얻게 된다. 질산화 과정에서 $NH_3 \rightarrow NO_2^-$로 전환되는 것보다 $NO_2^- \rightarrow NO_3^-$로 전환될 때 적은 양의 산소가 필요하므로 적은 양의 에너지가 소요되며, 또한 *Nitrosomonas*가 훨씬 주위환경의 변화에 민감하므로 NO_2^-가 일단 생성되면 비교적 쉽게 NO_3^-로 산화된다. 따라서 수중의 무기질소를 분석할 때 NO_2^- 농도보다 훨씬 높은 농도분포를 나타내는 것이 일반적이다. 질산화의 반대로 $NO_3^- \rightarrow NO_2^- \rightarrow NH_3$의 과정은 탈질산화작용(Denitrification)이라 하며 토양이나 수중의 부분적 혹은 완전한 혐기성 조건하에서 발생하게 된다. 토양속에서 발생할 때는 비료의 심각한 손실을 야기할 수 있으며, 폐수처리장내 침전지에서 발생하면 부상하는 질소가스(N_2)에 의해 침전된 많은 슬러지가 떠오르는 현상(Sludge Rising)이 일어나 침전 효율을 저하시키기도 한다. 탈질소작용의 긍정적 이용방안은 폐수내 무기질소를 제거하여 수체내 조류나 수중식물의 영양원소공급을 차단할 수 있다는 점으로 폐수의 고도처리기술로 활용되고 있다.

3.3 생태계의 오염특성

3.3.1 생물학적 농축현상(Biological concentration)

생태계내에서 영양소는 각 영양단계의 생물을 통하여 이동하게 되며 죽은 후에는 분해자에 의해 분해되어 다시금 생산자에 재이용되는 순환과정을 거치게 된다. 그러나 이때 영양물질뿐만 아니라 중금속이나 농약 같은 독성물질도 똑같이 순환하여 피해를 미치게 되는데 DDT를 예로서 설명하면 다음과 같다. DDT는 2차 대전중에 발명된 염소계 탄화수소계통의 살충제로서 특히 말라리아모기를 구제하는데 특효약이었다. 미국 캘리포니아 Clear 호수에 1949년 0.014 ppm을 살포하여 모기 99%를 박멸하였고, 5년 후 1957년에 0.02 ppm을, 다시 3년 후 0.02 ppm을 각각 뿌렸다. 그러자 이 호수에서 물고기를 잡아먹고 살던 농병아리들이 떼죽음하기 시작하였으며 농병아리 몸속에 DDT가 1,600 ppm이 농축되어 있음이 발견되었던 것이다. DDT는 물에 잘 녹지 않고 분해가 되지 않는데, 생물체가 섭취하면 체내의 지방에 축적이 되는 특성이 있다. 그래서 호수에 뿌린 DDT가 식물성플랑크톤에 흡착되고 이를 먹이로 하는 동물성 플랑크톤에 전달되었으며 또 먹이연쇄과정을 따라 물고기에 축적되고 결국 물고기를 먹는 새들은 엄청난 양의 DDT를 몸에 가지게 되어 죽게 된 것이다. 이렇게 먹이연쇄과정을 따라 영양단계의 상급생물에게 유해물질이 더 많이 축적되는 현상을 **생물학적 농축현**

상(Biological concentration, Biological accumulation, Biomagnification)이라고 한다. 각 영양단계의 생물은 아래 단계 생물의 에너지양의 약 10%만 가지는데 이는 오염물질이 열 배 농축될 수 있음을 반증하며 여러 단계의 영양단계를 거치는 동안 물속의 낮은 DDT가 높은 영양단계의 생물에서는 수만 배 내지는 수십만 배의 농축이 이루어지게 된다. 보통 수서 생물에 농축된 독성물질의 농축계수는 다음 식으로 표현한다.

$$\text{농축계수(CF)} = \frac{\text{수서생물중의 독성물질 농도}}{\text{환경수중의 독성물질 농도}}$$

3.3.2 산업화와 생태계

생태계에서 자연적으로 발생하는 산불이나 산사태, 홍수로 인한 하천의 범람 등은 시간이 적절히 흐르면 대부분이 원상회복되는 게 보통이다. 그러나 산업화, 도시화로 인하여 생태계에 무리하게 가한 변화는 미처 자연생태계가 이에 대처할 능력을 갖지 못해 피해를 보게 되며, 이와 같이 균형과 질서가 깨어진 자연생태계는 소위 오염되었다고(polluted) 볼 수 있으며 에너지의 흐름과 영양소의 순환이 불완전해지고 빈약하게 된다. 이와 같이 오염을 일으키지 않을 수 없는 인간 생태계의 특성은 다음과 같이 요약할 수 있다.

첫째, 자연생태계는 햇볕이라는 에너지원만 있으면 비교적 자립할 수 있는 시스템임에 반해 산업사회에서 인간 생태계는 에너지뿐만 아니라 식량이 공급되어야 하는 비자립 생태계라는 점이다. 현재 서울의 일천만 인구는 생산자가 전혀 없이 최종소비자로만 구성되어 있어 자연생태계가 갖는 조화와 균형은 전혀 찾아볼 수가 없다. 조선왕조 5백년 동안 서울의 인구가 2십만을 넘어서지 않고 항상 그 선에서 유지되었는데, 아마도 인근 산림생태계를 훼손하지 않고 땔감과 목재를 얻을 수 있고 모든 쓰레기는 오염을 일으키지 않은 채 처리가 가능했던, 즉 생태학적으로 전혀 문제를 일으키지 않고 살아갈 수 있는 적정수준의 인구수가 아니었던가 짐작된다.

둘째, 자연생태계는 항상 재생산이 가능한 태양에너지를 사용하기 때문에 태양이 식지 않는 한 지구생태계의 유지는 가능하다. 그리고 태양에너지를 사용한 후의 각종 부산물은 생태계내에 전혀 부작용을 일으키지 않는다. 즉, 광합성에서 나온 산소는 생물의 호흡에 이용되고 또 호흡에서 나오는 이산화탄소는 광합성에 이용되며 에너지를 사용하는 과정에서 발생하는 열은 다시 우주공간으로 방사된다. 그러나 인간이 에너지원으로 이용하는 석유나 석탄, 원자력은 유한할 뿐만 아니라 그 부산물은 자연환경이 제대로 동화하지 못하여 오염을 야기하고 있다. 또한 자연생태계는 그 구성집단들이 물질을 순환시켜가며 쓰는 데 반해 인간생태계는 생산자와 소비자가 지역적으로 분리되어 있어 다시 생산자로부터의 공급이 원활하지 못할 뿐 아니라 여러 가지 독성물질을 폐기물로서 배출하여 순환하는 과정에서 피해를 야기하기도 한다는 점이다.

3.3.3 우리나라의 생태적 특성과 변화

지구상의 식생분포의 일반적인 경향은 대륙의 해안연변부에 삼림이 형성되어 있고, 그보다 안쪽에는 초원이 있으며 대륙 중앙부는 사막이 차지한다. 즉, 대륙의 식생분포는 사막을 중심으로 동심원의 환상을 형성하게 된다. 이처럼 대륙의 연변부에 삼림이 발달하는 원인은 강수량이 많기 때문이다. 강수량은 위도와 지형과 해안으로부터의 거리에 따라 결정되는데, 한반도의 경우는 유라시아 대륙의 동쪽 연안부에 위치하고 있으며, 이러한 지리적 영향이 크게 작용하고 있다.

지구가 동쪽 방향으로 자전하기 때문에 태평양의 습한 공기가 서쪽으로 불어와 육상에서 냉각되면서 빗물이 되어 동쪽 연안부에 쏟아진다. 따라서 대륙내부로 들어갈수록 공기가 건조해져 강수량이 줄어들게 되며 더 이상 빗물을 만들 만한 습기가 없는 지역은 사막으로 되는 것이다.

한반도는 연강수량이 1,100 mm, 연평균기온이 11℃로 삼림이 형성되기에 가장 적합한 곳이다. 한반도의 삼림생태계는 크게 상록수림, 낙엽수림, 침엽수림으로 나눌 수 있다.

한반도의 남부는 강수량이 중부, 북부보다 많으며(1,400～1,500 mm), 기온이 높기 때문에(13 ～14℃), 동백나무, 생달나무, 후박나무, 메밀잣밤나무 등이 사철에 걸쳐 잘 자란다. 그러나 현재 남해의 섬 대부분이 상록수 대신 소나무가 서 있고, 소나무가 없는 경우에는 풀만 자라고 있다. 상록활엽수림은 한번 벌목되면 그 자리가 곰솔(黑松)로 바뀌기 쉽다. 왜냐하면 곰솔은 양지바른 곳에서 자라고 해풍에 견디는 성질이 있어 바닷가 상록수림의 벌목 후에는 곰솔 씨앗이 싹터서 잘 자라기 때문이다.

낙엽활엽수림의 경우, 한반도에는 남해안의 상록수림의 북쪽지대부터 개마고원 이남에 걸친 전 지역이며 신갈나무, 떡갈나무, 서어나무, 단풍나무 등이 숲을 이룬다. 그러나 한반도의 낙엽활엽수림은 농경의 시작과 더불어 소나무 숲으로 바뀌기 시작하였다. 화분분석법에 의하면 6,000년 전에는 한반도의 산림이 주로 낙엽활엽수림으로 이루어져 있었음이 밝혀졌다.

우리 조상들은 소나무를 재목이나 땔감으로서 중히 여겼으며 낙엽활엽수림은 잡목

림이라 천시하여 소나무 숲을 아끼고 인공조림 등을 하였지만 낙엽수림을 조림하는 일은 거의 없었다. 이리하여 중부지방의 낙엽수림이 소나무 숲으로 바뀌게 되었으며 낙엽수림은 점점 쇠퇴하게 되었다. 그러나 인간의 간섭이 중단된 채 지금처럼 계속 두게 되면 천이에 의해 다시 낙엽수림으로 바뀔 것으로 예상된다.

침엽수림의 경우, 한반도에는 개마고원의 북쪽과 압록강 연변에 걸친 지역으로 전나무, 가문비나무와 같은 침엽수림 등이 무성하다. 침엽수는 결이 곱고 뒤틀리지 않아 건축재로서는 으뜸으로 꼽히며 남한의 한라산, 지리산의 높은 산정에도 침엽수림이 조금 남아 있다.

이와 같이 우리나라의 산림 생태계는 다양하며 춘하추동 달라지는 낙엽활엽수림의 경우는 한반도 문화의 발달에 크나큰 역할을 하게 되었다. 그러나 식민지 시대의 수탈, 6·25를 겪으면서 우리나라 산림은 많은 수탈을 당했고, 6·25직후 사방과 조림에 힘쓰지 않았더라면 지금 남한의 많은 지역이 사막화되었을 것이다.

1950년 이후로 다급하게 묘목들이 심어지게 되었으나 이들은 많은 단점을 지니고 있어 문제점으로 등장되고 있는 실정이다. 리기다소나무의 경우엔 처음의 성장속도는 빠르나 얼마 후 성장속도가 느리게 되며 재질이 좋지 않은 단점이 있다. 아카시아와 사방오리는 표토가 유실되고 척박한 토질에서는 잘 자라나 뿌리가 얕게 뻗어 산사태에 견디지 못하고 천이에 의해 다른 식물로 바뀌지도 않으며, 재질이 좋지 않고 땔감으로도 열량이 높지 않은 단점이 있다.

이처럼 우리나라의 조림지는 대단히 단순하여 한 층으로 된 수관(樹冠)으로 이루어져 있으며, 송충이나 솔잎혹파리 등 병충해에 약한 단점을 가진다. 그러나 천염림의 경우에는 수관이 여러 층으로 이루어져 있다. 즉 키가 큰 교목층, 그 밑에 아교목층, 더 밑에는 관목층과 초본층이 존재한다.

이와 같은 천염림은 층에 따라 이용하는 햇볕의 강도가 다르며 여러 종류의 식물들이 공간을 효율적으로 점유하고 있다. 따라서 많은 종류의 식물들이 분업화된 다층 산림생태계를 위하여 천염림의 보호 및 장기적 안목에서의 조림정책이 필요할 것으로 판단된다. *

3.3.4 산성비와 생태계

비는 대기로부터 흡수할 수 있는 입자나 가용성 물질을 함유하고 있다. 천연 빗물의

---

* 자료 ; 김준호, "생태환경변화에 관한 생물학적 고찰", 사상과 정책, Vol.3 No.2, 1986, 경향신문사, pp.121-131

pH는 이상적인 상태에서 CO_2로 포화되어 있어 pH가 약 5.6인 상태이다. 그러나 토양에서의 H_2S, 화산에서의 H_2SO_4, HCl, 유기물의 분해로 인한 유기산 등이 대기로 방출되기 때문에 인위적인 오염이 없더라도 pH가 5.6 이하로 되는 경우도 있고, 또 바람이나 계절적인 영향에 따라 pH가 5.6 이상으로 되는 경우도 있다. 따라서 자연 빗물은 환경에 따라서 pH 5~8의 넓은 영역의 값을 지니게 된다. 그러나 산성비의 경우는 공장이나 가정의 굴뚝, 자동차의 배기로 배출된 SO_x와 NO_x가 대기중의 수분이나 산화물과 반응하여 황산이나 질산을 형성한 후 이들이 빗물속에 용해되어 강우되는 현상으로 낮은 pH의 값을 지니게 되는 경우이다.

지표에 강하되는 산성물질은 aerosol, gas, 비, 눈, 안개 등 각종의 형태를 갖기 때문에, 이것들을 총칭하여 **산성강하물**(Acid deposition)이라고 한다. 또한 산성강하물은 입자, aerosol, gas의 형태로 직접 지표면에 강하되는 경우를 **건성강하물**(Dry deposition)이라 하고, 빗물로 의해 강하되는 경우를 **습성강하물**(Wet deposition)이라고 한다.

산성비라는 말은 19C 영국의 화학자 R. A. Smith가 당시의 공업도시 및 그 근교의 대기오염을 표현하기 위해 처음 사용하였으며 지금은 남극까지도 그 영향을 미치게 되는 광범위하고 심각한 문제로 대두되고 있는 실정이다.

산성비의 피해는 대단히 다양한 경로로 일어나고 있는 실정이며 지역적 여건에 따라 대단히 다른 영향을 미치기도 한다. 석회질을 갖고 있는 토양의 경우엔 들어오는 H^+ 이온을 중화시킬 풍부한 탄산칼슘과 실리카를 함유하고 있다. 이러한 토양은 일반적으로 산성비를 잘 중화시킬 수 있으나 화강암과 같은 토양에서는 산성을 중화시킬 능력이 없어 토양이 현저하게 변화를 받게 된다.

Ca, Mg, Na, Al의 용탈문제가 대단히 심각한 문제인데 Ca의 경우, 나무의 성장에 필수적인 요소로서 뿌리에서 잎까지 당분, 물, nutrient의 이동과 세포합성에 관여하며, Mg은 광합성과 인의 수송자 역할로서 중요한 물질이다. 또한 씨앗의 중요한 구성성분이 되고 DNA생산에 중요한 역할을 담당하고 있다. 그외 Al은 토양속에서 원래 비용해성이거나 비독성 물질로 존재하며 Ca의 섭취 및 뿌리성장에 관여하고 있다.

이와 같은 식물의 성장에 유효한 영양분이 산성비에 유실케 되며 토양 및 식물의 생육에 커다란 장애를 일으키게 된다.

산림의 경우 가장 큰 피해는 유럽에서 나타나고 있는데 1983년 서독의 경우 전체면적의 34% (9,800 $mile^2$)인 산림지역이 대기오염으로부터 피해를 입고 있는 실정이다. 대기오염으로 최근 네덜란드에서는 소나무와 참나무에 피해를 입고 있으며 스위스의 경우에는 산림지역의 14%가 피해를 입고 있는 실정이다. 스위스는 수림대가 눈사태, 홍수로부터 알프스지역의 마을을 보호하고 있는 실정이므로 수림대의 피해는 심각한 피해를 유발할 가능성을 내포하고 있다. 산성비의 피해는 가을 낙엽으로 잎을 벗어버리는 낙엽활엽수림보다 일 년 내내 노출되어 있는 침엽수림의 경우가 더 피해가 크다.

미국의 식물학자인 Vogelmann은 미국의 Vermont의 Camel Hump 지역에서 18년 동안에 가문비나무와 전나무의 생산량의 41% 손실을 관찰했다고 보고하여 침엽수림에 대한 피해를 여실히 증명하기도 했다. 또한 다른 과학자팀은 나무의 core를 분석했는데 최근 몇 십년 동안 높은 Al농도를 관찰했다.

그러면 1850년대 이전에도 대규모 양의 석탄이 연소되어져 왔는데 최근에 들어서 왜 이런 문제가 발생하는가?

이에 대해 Vogelmann은 다음과 같이 설명하고 있다. 대기오염제어가 있기 이전인 50년대 이전에는 SO_2, NO_x와 더불어 이를 중화시킬 수 있는 알칼리성 fly ash가 같이 배출되었기 때문이라고 설명하고 있다. 또한 높은 산 정상의 나무피해에 대해서도 언급하였는데, 산 정상은 강우의 pH보다 낮은 약 3.6의 mist나 구름 등으로 인해 피해가 컸다고 설명하고 있다. 이와 같이 토양과 산림의 피해 외에도 농작물, 인체, 건축물의 피해는 연간 약 10억~100억불 정도로 큰 실정이다.

우리환경에 대단히 다양하게 피해를 미치는 산성비에 대한 대책은 현재 부분적으로 실시되고 있다. 호수의 산성화를 막기 위해서 관을 통한 탄산칼슘의 주입이 어느 정도 효과를 보이고 있다. 그러나 이와 같은 방법은 암을 치료하기 위해서 아스피린을 복용하는 방법과 다를 바 없다.

황산화물 감소를 위해서 연료의 변경, 저유황 석유 및 석탄공급, 천연가스공급 등이 있을 수 있다. 탈황장치로서는 Scrubber가 있는데 SO_2의 80~95%를 제거할 수 있으나 현재 plant에서 추가 설치가 어렵고 10~15%의 추가비용이 필요하다. 또한 Scrubber로 질산화물의 제거가 어려우며, 그외 촉매환원장치가 유효하나 이 또한 큰 비용을 요구하게 되는 이유이다. SO_x, NO_x 모두의 제거를 위하여 유동층 연소로나 석회주입다단로 등을 비교적 쉽게 설치 운영할 수 있을 것이다. 경제적인 방법으로 Carl Reidel교수는 이들의 처리비용을 내부화시켜 전 국민 앞으로 부담시킬 것을 주장하고 있다. 더불어 모든 기계의 효율을 증진시켜 40,000~100,000 MW의 전력을 절약함으로써 40~100개의 발전소를 줄이게 되어 연간 5백만 ton의 황산화물의 배출을 더불어 줄일 수 있음을 얘기하고 있다.

그외 캐나다의 경우, 1980년도 동부지역의 허용배출량의 50% 삭감(SO_x)을 1994년까지 잡고 있으며, 유럽의 여러 나라들은 산성비에 대한 규제법을 현재 통과시키고 있는 중이다.

Information

▮ 반대 의견 ▮

에디슨 전기연구소의 Alan Katzenstein은 미국의 중부에서 북동지역의 생태적 피해가 화석연료의 연소로 인한 부산물 때문에 생겼다는 것은 증명될 수 없다고 하며 산성강우가 호수의 산성화나 고기의 감소를 일으키는 주요인이 아니라고 설명한다. 즉, 그는 산림지역 토양에서 유기토양층의 분해가 산성화의 주요원인이라고 주장하고 있다. 또한 환경보호기금의 Michael Oppenheimer도 유기토양의 산을 산성화의 중요한 요소로서 배제할 수 없다고 주장하고 있다.

자료 ; 1) James W. Hornbeck, "Acid rain ; Facts & Fallacies", J. of Forestry, Vol. 79(7), 1981, pp.438-443

2) Niegel Sitwell, "Our Trees are Dying", SCIENCE DIGEST, 1984.8, pp.39-47

3.3.5 골프장과 생태계

우리나라 골프장은 현재 건설중인 것을 포함 229개의 골프장이 있는데, 이 골프장이 자연 경관을 아름답게 하고 자연도 보호하고 국민의 건강도 향상시킬 수 있다 하여 현재 전국 곳곳에서 골프장을 짓고 있는 실정이다. 그러나 자연환경 측면에서 본다면 골프장이 대중화될 정도로 많이 짓게 된다면 큰 생태적 파괴현상이 발생한다. 원래 풀밭은 그 뿌리가 얕아서 흙속 영양물질이 빗물에 쉽게 씻겨가기 때문에 그것을 유지하기가 여간 힘든 게 아니다. 그래서 지구상에 풀밭이 생태학적으로 자연스럽게 유지되는 곳은 땅이 얼어서 영양물질이 잘 빠져나가지 못하는 툰드라 지역과 미국 중서부나 호주처럼 비가 아주 조금씩 오는 건조지대 뿐이다.

우리나라는 하루에 비가 500 mm나 올 수 있는 지역으로(영국의 일 년치에 해당) 풀밭을 제대로 가꾸기 힘들다. 힘들기 때문에 많은 화학비료를 뿌려야 하고 많은 농약을 쳐주어야 하는 것이다. 또한 골프장은 비가 그치면 바로 골프를 칠 수 있는 정도로 물이 잘 빠져야 한다. 그래서 많은 농약과 비료성분들은 바로 지하수로 들어가고 하천을 오염시키게 되는 것이다. 골프장의 잔디밭으로는 홍수와 가뭄을 조절할 수가 없다. 나무가 있어 낙엽이 떨어지고 이들이 다시 썩어 다시 나무에 이용되는 과정중에는 토양이 하나의 스폰지가 되어 물을 저장하게 되고 홍수와 가뭄효과를 막아주는 역할을 하나 초지는 절대 그런 작용을 할 수 없는 곳이다. 이 지구상에는 덥고 비가 많이 옴에도 불구하고 억지로 산림을 베어내고 초지를 만들었다가 지금은 완전히 사막으로 변한 곳이 아프리카, 중동지역, 미국 남서부 등 수도 없이 많다. 그만큼 초지관리는 어렵고 조금만 무리하게 소를 방목하여도 땅은 망하고 마는 것이다. 성경에서 예수가 양을 치면서 설교하는 자리들은 지금은 나무가 자라지 못해 사막이 된 곳이 많은 실정이다.

따라서 좁은 국토에 상대적으로 넓은 초원을 만드는 일은 다양한 생태계의 구성요소들의 안정을 파괴하고 수질오염을 야기하는 일로 밖에 생각할 수 없다.*

3.4 수질오염과 미생물

3.4.1 미생물의 성장과 특성

미생물은 그 종류, 온도, 기타 배양의 조건에 따라 성장조건이 달라지며 하나의 단세포가 분열 증식하여 두 개의 세포로 분열될 때까지의 시간을 **세대시간**(Generation time)이라고 한다. 1개의 단세포 미생물을 충분한 영양공급 하에 접종시키면 그 세포의 생장패턴은 다음과 같으며, 아마도 미생물 전반에 걸쳐 적용될 수 있을 것이다.

그림 3.6 미생물의 성장곡선

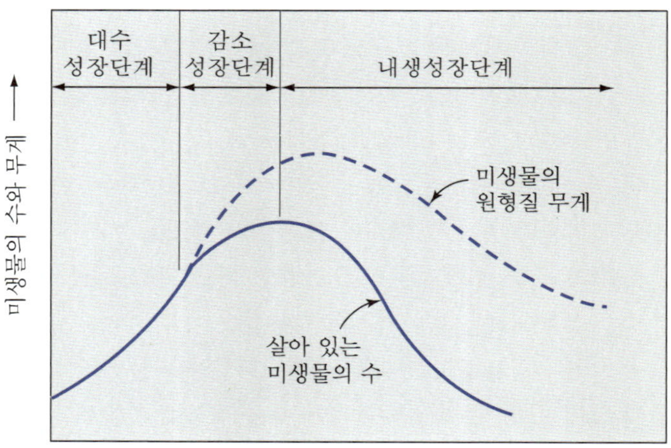

* 자료 ; 김정욱, "위기의 환경", 푸른산, 1992, pp.32-39

가. 대수성장단계(Log growth phase)

최초의 배양액에다 미생물을 접종시키면 미생물은 그 배지성분을 흡수 대사하는데 필요한 효소계가 적응할 때까지 일정시간동안 세포수는 증가하지 않는데, 이 단계를 **지체기**(Lag phase)라 부르게 된다. 이 단계 이후 미생물은 충분한 양분을 이용하여 최대의 율로 번식하는 단계가 되는데, 미생물의 증식이 대수적으로 일어나게 되는 대수성장단계이다. 유기물질이 최대의 율토 제거되는 대수성장단계가 바람직하나 이 경우 미생물은 침전하지 않고 분산되어 성장하므로 침전지에서의 침전효율이 나빠진다.

나. 감소성장단계(Declining growth phase)

미생물의 수가 점차로 증가하여 양분이 모자라게 되면 미생물의 번식률이 사망률과 같게 될 때까지 번식률은 감소하게 되며 그 결과로 살아 있는 미생물의 무게보다 원형질의 전체 무게가 더 크게 된다. 이때는 미생물이 서로 엉키는 floc이 형성되기 시작하므로 점차 침전성이 좋아지는데, 폐수처리에 이용되는 단계이다.

다. 내생성장단계(Endogenous growth phase)

살아있는 미생물들이 조금밖에 없는 양분을 두고 서로 경쟁하므로 결국 신진대사율은 큰 율로 감소하고 따라서 살아 있는 미생물의 수도 크게 감소한다. 미생물은 그들 자신의 원형질을 분해시켜 에너지를 얻는 **자산화**(Auto oxidation)과정을 겪게 되며 결국 **대수사멸기**(Log-death phase)에 도달하게 되어 전체 원형질무게가 감소된다. 이 단계에서는 유기물의 분해섭취는 거의 완전하게 달성되며 포기조내의 계속적인 산소공급은 세포의 분해, 재합성 그리고 원생동물이 박테리아를 잡아먹는 약육강식을 일으키게 되며 미생물이 빨리 응결되고 침전성이 좋아서 높은 BOD제거율이 기대된다.

3.4.2 미생물의 환경조건에 따른 분류

가. 용존산소와의 관계

지표는 미생물로 가득 차 있어서 우리는 공기, 물, 흙속 어디에서나 미생물을 발견할 수 있다. **미생물**(Microorganism ; microbes)은 그 환경조건에 따라 종류가 다르며 또한 성장속도도 변화한다. 미생물을 용존산소와 관련시키면 크게 **호기성**(Aerobic), **혐기성**(Anaerobic)으로 분류할 수 있다.

호기성이라 하면 "공기를 좋아하는"이란 뜻인데 여기서 공기란 정확히 말해서 용존산소를 뜻한다. 사람은 대기중의 산소를 섭취하지만 미생물은 물속에 녹아 있는 산소, 즉 **용존산소**(Dissolved oxygen)를 섭취한다. 물속에 충분한 먹이(Food)와 용존산소가 존재하면 호기성 미생물이 번식할 수 있다. 아무리 특정한 미생물이라 하더라도 환경조건이 맞지 않으면 성장할 수 없으며, 따라서 어느 특별한 환경조건이 부여될 때는 그 환경조건에 적응할 수 있는 미생물만이 성장할 수 있다.

혐기성이라 함은 "공기를 싫어하는"이란 뜻인데 여기서 공기는 물론 용존산소를 뜻한다. 어느 미생물이나 호흡을 위해서는 산소가 꼭 필요하며 따라서 혐기성 환경에서 성장하는 혐기성 미생물도 꼭 산소를 섭취해야 한다. 그러나 이 경우 미생물은 용존산소가 아닌 화학적으로 결합되어 있는 산소를 이용하게 된다. 따라서 SO_4^{2-}나 NO_3^- 등과 같은 산화물에서 산소를 섭취하고 그 결과 H_2S나 NH_3, N_2와 같은 물질을 발생시킨다.

임의성(Facultative)은 환경조건이 호기성인 경우와 혐기성인 경우가 임의로 바뀌는 상태를 말한다. 즉, 호기성 환경이나 혐기성 환경에 구애받지 않고 성장할 수 있는 미생물을 임의성이라 한다. 예로서 깊은 연못을 들 수 있다. 즉, 연못의 수면 부근은 대기중의 산소와 항상 접촉하므로 용존산소가 충분히 존재해서 호기성이지만, 연못바닥은 여러 가지 유기물질이 침전되어 있어서 상당량의 용존산소가 소모되므로 혐기성이 된다. 따라서 연못의 중간 깊이는 호기성도 아니고 혐기성도 아닌 상태가 되는데 이것이 임의성이며 이 상태에서 자라는 미생물을 임의성 미생물이라고 한다.

따라서 호기성, 혐기성, 임의성 미생물은 각각 호기성, 혐기성, 임의성 환경에서 성장하는 미생물이라고 할 수 있다. 즉, 혐기성 미생물을 호기성 환경하에서 성장시킬 수는 없으며, 마찬가지로 호기성 미생물은 혐기성 환경에서 성장할 수 없다. 그러나 임의성 미생물은 호기성이나 혐기성 환경에서 성장할 수 있다.

나. 먹이(Food)와의 관계

미생물의 섭취대상, 즉 먹이가 되는 물질은 유기물과 무기물로 분류될 수 있다. 유기물을 주로 섭취해서 성장하는 미생물을 Heterotrophic 미생물이라 하고, 무기물을 주로 섭취하는 미생물을 Autotrophic 미생물이라고 한다. Heterotrophic 미생물은 사실상 유기물을 대량 섭취하고 소량의 무기물을 영양소로 섭취한다.

폐수처리를 위하여 Heterotrophic 미생물이 많이 이용되는데 이 환경에 있어서 먹이인 유기물 F와 미생물 M과의 관계를 표현하면 그림 3.7과 같다. 즉, 유기물 F는 미생물의 성장과 함께 급속도로 감소되며, 미생물의 증가율은 변곡점에서 최대가 되고 그 다음부터는 미생물의 성장율이 감소된다. 이때 이 변곡점까지의 미생물의 성장을 Log

성장단계라고 하며 변곡점 이후를 감소성장상태라고 한다. 미생물은 복잡한 **효소반응**(Enzyme reaction)을 통해서 유기물을 분해시켜 세포를 합성하는데, 미생물을 이용해서 폐수를 처리할 경우 최대의 효율은 사실상 변곡점에 있다고 할 수 있다.

Log성장상태에서의 미생물은 서로 엉키지 않고 자라는 **분산성장**(Dispersed growth) 상태인데 감소성장상태로 갈수록 미생물들이 서로 엉키는 성질을 가지고 있다. 이를 **생물학적 floc형성**(Biological flocculation)이라고 한다. 미생물을 이용한 폐수처리시 폐수 내의 유기물은 일단 미생물의 세포로 합성되고, 이 미생물의 세포를 **유출수**(effluent)로부터 제거하는 방법을 택하고 있다.

따라서 어떻게 하면 쉽게 폐수로부터 미생물을 제거하느냐가 폐수처리의 성공을 좌우하게 된다.

그림 3.7에서 미생물의 양 M은 최고점에 다다랐다가 점차 감소하게 되며, 종국에 가서는 더 이상 감소되지 않는다. 이 감소되지 않는 미생물의 부분은 생물학적으로 분해 불가능한 **유기물**(Nonbiodegradable organic matter)로 구성되어 있다. 미생물이 유기물 및 무기물을 섭취해서 세포를 증식하는 과정을 합성(Synthesis)이라고 하며, 영양소가 없거나 불충분해서 합성된 세포가 소모되는 과정을 **내호흡**(Endogenous respiration)이라고 한다. 합성과 내호흡을 식으로 표시하면 다음과 같다.

유기물 = 합성된 미생물의 세포 + 세포합성에 소모된 에너지(CO_2 + 열)
생산된 세포 = 합성된 세포 − 내호흡에 의한 감량

즉, 유기물은 미생물의 세포와 세포를 합성하기 위해 필요한 에너지로 변형되며 이러한 과정으로 합성된 세포는 내호흡에 의해 감소되어 우리가 실제로 측정할 수 있는 세포량은 합성된 양보다는 적다.

그림 3.7 미생물의 성장과 유기물의 관계

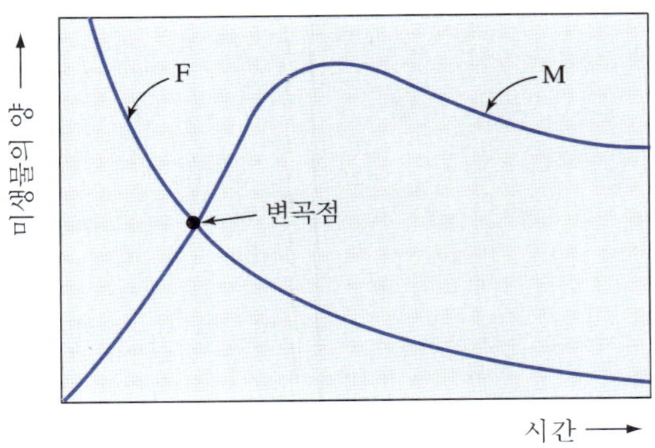

다. 온도와의 관계

미생물과 온도와는 매우 밀접한 관계가 있다. 대체적으로 약 5~35℃에서 온도가 10℃ 증가함에 따라 미생물의 성장속도(반응속도)는 약 2배로 증가된다. 이 온도 범위 내에서 잘 성장하는 미생물을 **친온성 미생물**(Mesophilic microbes)이라고 하며 만약 온도가 35℃ 이상이라면 효소가 분해되어 버린다. 따라서 35℃ 이상의 환경에서는 친온성 미생물이 성장할 수 없다. 반면 65℃나 70℃까지 잘 성장하는 미생물을 **친열성**(Thermophilic) **미생물**이라고 하며, 0℃ 부근에서 잘 성장하는 미생물을 **친냉성**(Psychrophilic) **미생물**이라고 한다. 이러한 구분을 그림으로 표시하면 그림 3.8과 같다.

그림 3.8 미생물과 온도와의 관계

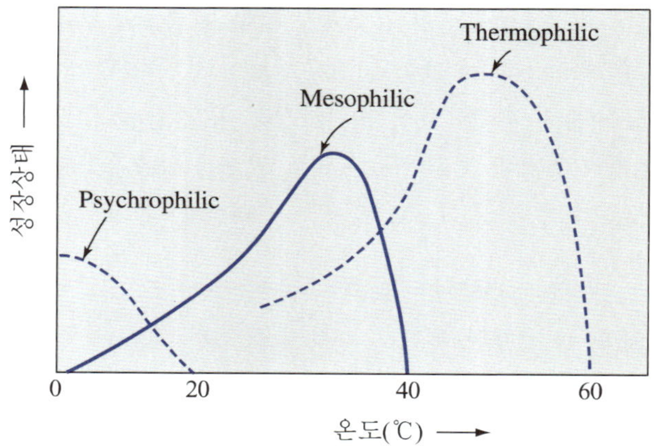

라. 미생물 종류의 변화(Population dynamics)

박테리아, 원생동물, 유기물 그리고 용존산소 사이에는 매우 밀접한 관계가 있다. 즉, 유기물이 많으면 박테리아가 급히 증가하게 되며, 박테리아가 증가하면 박테리아를 먹이로 하는 원생동물이 성장하게 된다. 박테리아가 많이 성장했다면 폐수 내에 있던 원래의 유기물은 사실상 많이 제거되어 있는 상태이다. 따라서 원생동물이 발견되면 그 폐수는 이미 잘 처리되었다고 간과할 수 있다.

미생물의 성장도를 고려해 볼 때 박테리아는 짧은 시간내에 성장하나 원생동물은 긴 시간을 필요로 한다. 또한 박테리아는 용존산소의 농도에 그리 민감하지 않으나 원생동물은 매우 민감하므로 원생동물이 발견되면 대체로 호기성 상태라고 단정할 수 있다. 이러한 상관관계는 그림 3.9와 같다.

그림 3.9에 나타낸 바와 같이 Phytoflagellate와 박테리아는 먹이를 놓고 서로 경쟁을 하게 되는데 Phytoflagellate는 박테리아를 먹이로 취함으로써 어느 정도까지 잘 성장하나 Zooflagellate와 달라 운동을 하지 못하므로 Zooflagellate보다 먼저 성장하게 된다. Zooflagellate는 Free swimming ciliates보다 성장속도가 느리므로 먹이의 농도가 감소함에 따라 Zooflagellate는 감소되고 Free swimming ciliates가 성장한다. Free swimming ciliates는 운동에 따른 에너지 소모가 많아져서 Stalked ciliates가 결과적으로 증가하게 되며 나중에는 Rotifer와 Crustaceans가 번식하게 된다. Rotifer와 Crustaceans는 박테리아나 원생동물을 잡아먹는다. 이러한 상관관계를 이해하게 되면 대상 System이 어떠한 상태에 있는가를 화학적인 분석 없이도 판단할 수 있다.

이와 같은 평형은 통상 하천에서도 볼 수 있는데 Rotifer가 관측되면 이 하천은 다른 화학성분을 조사하지 않더라도 비교적 깨끗한 상태라는 것을 짐작할 수 있다. 그림 3.9에서 먼저 성장하는 미생물일수록 용존산소에 덜 민감하고 늦게 성장하는 미생물일수록 용존산소에 매우 민감하다. 박테리아와 조류는 원생생물의 먹이가 되고, 원생생물은 조그만 물고기들의 먹이가 되며, 조그만 물고기는 다시 큰 물고기에게 잡아먹히게 된다. 큰 물고기는 다시 인간의 음식물로서 이용되며 인간의 배설물은 폐수로서 방출되는 것이다.

그림 3.9 미생물 종류와 변화

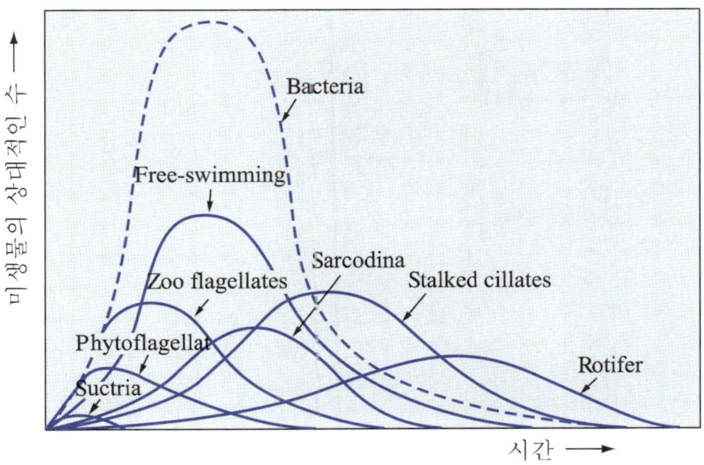

3.4.3 미생물의 분류

가. 세균(Bacteria)

세균은 일반적으로 $0.8 \sim 5\mu m$이고 무게는 10^{-12} g 정도로 아주 작은 단세포생물로서 겨우 무성생식을 행하며 **세포분열**(Cell fission)에 의해서 증식하고 핵은 원시핵으로 핵막이 없다. 세균은 엽록소가 없어 탄소동화작용은 못하지만 가장 간단한 식물계로서 수중에 용해된 유기물을 섭취해 생존하며 그 세포구조는 그림 3.10과 같다.

그림 3.10 박테리아의 구조

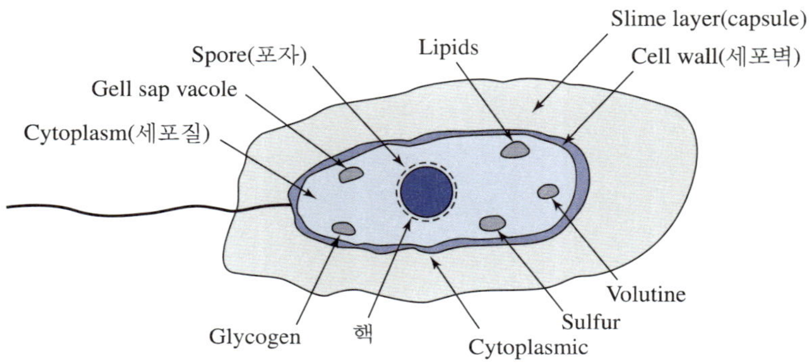

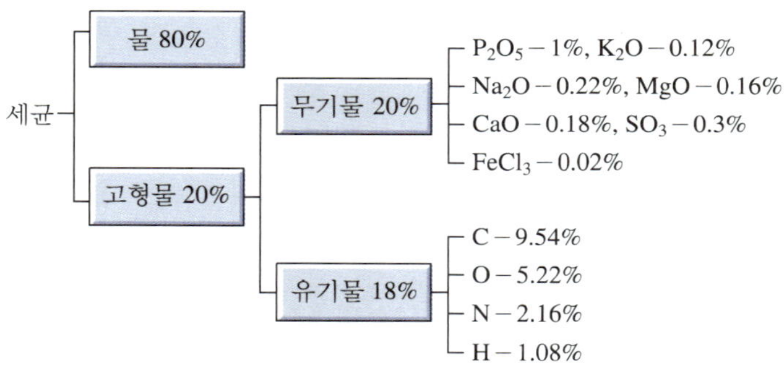

일반적으로 세균의 내부는 여러 가지 유기물로 구성되어 있으며, 경험적인 화학 분자식으로 호기성 박테리아(세균)은 $C_5H_7O_2N$, 혐기성 박테리아는 $C_5H_9O_3N$을 사용한다. 구성은 약 80%가 물이고, 20%가 **고형물질**(solids)인데 고형물질은 다시 18% 유기물과 2%의 무기물로 구성되었다.

따라서 미생물(주로 세균)을 이용해서 생물학적으로 폐수를 처리하고자 할 때는 세균이 잘 자라도록 상기 구성성분을 폐수 내에 충분히 유지하여야 하며 부족시는 영양원소를 주입해야 한다.

충분한 영양원과 생장조건이 알맞으면 미생물은 잘 번식하게 되는데 폐수처리시 알맞은 영양원은 BOD : N : P의 성분비가 100 : 5 : 1로 폐수 내에 충분히 있도록 하여야 하며, 이 성분비가 부족하게 되면 세균의 생장이 느리거나, Fungi같은 다른 미생물이 번식하여 발생되는 **팽화**(Sludge bulking)현상 등이 출현하여 폐수처리과정에 문제가 되기도 한다.

나. 균류(Fungi)

Fungi의 크기는 일반적으로 폭이 5～10μm이고 구성물질의 75～80%가 물이며 경험적인 화학분자식은 $C_{10}H_{17}O_6N$를 사용한다. 균류에는 **곰팡이**(Molds), **효모**(Yeasts) 등이 여기에 속하나 대개 곰팡이(Fungus 또는 Molds, Fungus복수형이 Fungi이다)를 말한다.

세포는 엽록소를 함유하지 않아 탄소동화작용을 못하는 식물로서 유기물을 섭취한다. 따라서 Fungi는 자신의 에너지를 얻기 위하여 균사를 다른 유기체에 뻗어 기생생활을 하는 Heterotro- phic microbe(종속영양계 미생물)이다.

균류는 유리산소가 존재하여야만 생장하며, 최적온도는 20～30℃이고 최적 pH는 4.5～6.0이다. 또한 유기산과 암모니아(NH_3)를 생성해 pH를 상승 또는 하강시킬 때도 있다.

특히 폐수처리시 수중에 무기질소와 용존산소가 부족할 경우도 다른 미생물에 비하여 잘 생장하며, pH 4 정도에서도 잘 생장한다. 만일 활성오니처리공정에서 생장조건이 안 맞아 Bacteria 대신에 Fungi가 많이 발생되면 최종 또는 2차 침전지에서 **슬러지 팽화**(Sludge bulking)를 일으켜 고액분리가 안되어 정상적 유출수보다 부유 고형물 농도가 높다. 이것은 Fungi가 많이 발생하면서 가늘고 긴 균사가 엉켜서 마치 실오라기처럼 눈으로도 볼 수 있는 것들이 수면상에 떠오르기 때문이다.

다. 조류(Algae)

조류는 광합성을 하는 모든 미소 식물로서 다음의 두 group이 있다. 그중 하나는 내부기관이 별로 발달치 않고 박테리아에 가까운 원핵조류로서 색소는 세포 내에 고르게 분포되어 있다. 또 하나는 진핵조류로써 내부기관이 발달되어 있으며 고등식물과 대단히 유사한 녹조류와 규조류 등이다. 조류에는 편모로 움직이는 것도 있으며, 색소는 색소체(chromatophores)에 편재하여 있다.

조류는 대단히 많은 종류가 있어 연구하기 힘든데, 그 분류는 오로지 형태학에 바탕을 두며, 분류에 이용되는 주요한 형태학적 특성을 들면 다음과 같다.

① 세포의 크기와 모양
② 세포의 배열
③ 운동기관(편모)의 수와 위치
④ 색소체의 색과 모양
⑤ Spine(좀)의 유무
⑥ Eyespot(안점)의 유무

조류중 단세포인 것을 Phytoplankton이라 하고, 다세포인 것을 Seweeds라 하며, Seweeds는 수 ft에 달하는 것도 있다. 남조류는 다른 광합성 색소 외에 Phycocyanin이라는 독특한 염색체를 갖고 있다. 이 조류는 원핵성이며 광합성 외에는 구조적으로 세균과 유사하다. 남조류는 형태학적 구조에 의하여 구상(球狀)과 사상으로 분류되는데 사상인 것은 모두 운동성이며 활동한다. 진핵조류는 염색체속에 광합성 색소를 갖고 있으며 모두 엽록소 Chlorophyll-a를 갖고 있다. 조류는 광합성 색소에 의하여 몇 가지 Group으로 분류되며 일반적인 조류의 형태는 매우 다양하다.

조류는 일반적으로 무기탄소 (HCO_3^-, CO_3^{2-})를 탄소원으로 하여 광합성하며, O_2를 생산한다. 또한 많은 남조류는 질소를 고정할 수 있다. 조류에 의한 광합성 반응은 다음과 같다.

$$CO_2 + H_2O + \text{빛 energy} \rightarrow CH_2O(\text{세포물질}) + O_2$$
또는
$$6CO_2 + 12H_2O + \text{빛 energy} \rightarrow C_6H_{12}O_6 + 6H_2O + 6O_2 \qquad (3.1)$$

색소에 의하여 흡수된 광선은 Energy원으로 이용되며, 이 에너지를 사용하여 만들어진 저장 물질은 그 일부분이 밤에 호흡으로 이화(異化)되어 소비되며, 이때 수중의 용존산소가 소비된다. 조류가 죽으면 그 세포의 완전 무기화를 위하여, 그가 광합성에서 생산했던 것과 같은 정도의 용존산소를 소비한다.

식 (3.1)에서 세포물질은 단순히 탄수화물로 표시되었으나 실제는 여러 가지의 유기화합물을 함유한다. 그중의 어떤 것은 성장하는 동안에 배설되고 또 어떤 것은 사망이나 가수분해 직후에 방출된다. 배설이나 방출 성분의 대부분이 유독하거나 또는 색이나 냄새, 맛을 유발하므로 수질공학상 중요한 의미를 갖는다.

조류는 광합성 색소를 갖고 있으며, 또 지표수에 있는 플랑크톤중 중요한 식물이다.

조류는 무기물로부터 직접 유기물을 만들어내며(生産者), 그것이 보다 높은 영양단계의 생물(消費者)의 먹이로 이용된다. 광선의 투사(透射)관계 때문에 조류의 성장은 물 표면으로부터 수 m 깊이에 한정되며(Euphotic zone), 이 부분은 조류 번식에 따라 O_2가 과포화 되기도 하며 때로는 조용한 수면에서 O_2의 과포화가 200%에 달할 때도 있다.

그림 3.11 조류의 종류

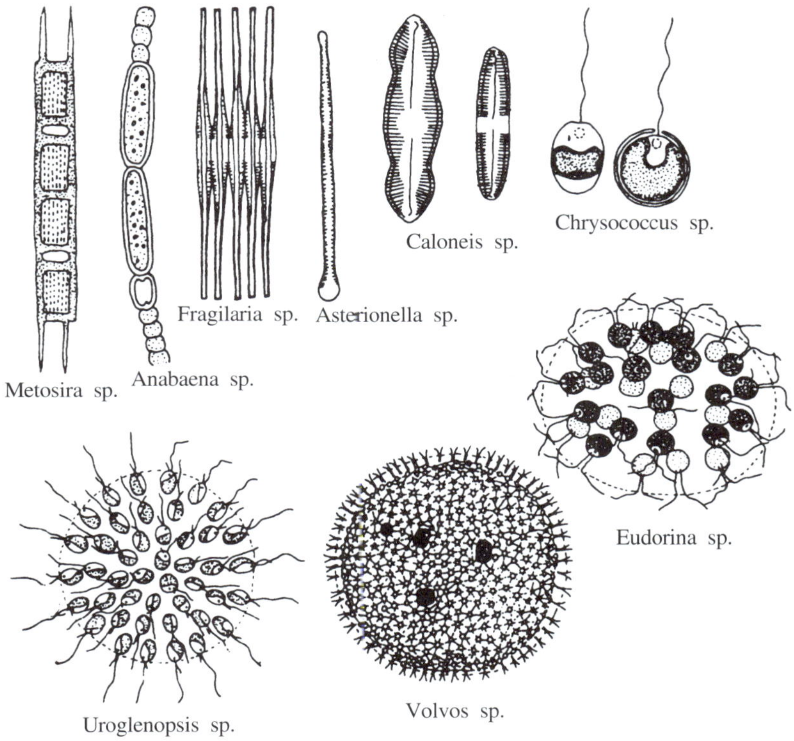

빛 외에 조류 성장의 제한 요소가 되는 것은 무기성 질소 및 인이다. 그중에서 질소 고정능력이 있는 조류는 공기중의 질소를 고정하기도 한다. 조류의 성장율을 표현하는 식은 다음과 같으며 수온, 광량, 영양염류의 세 가지 조건들이 승수적인(Multiplicative) 영향으로 나타난다.

$$G_p = G(T) \cdot G(I) \cdot G(N) \tag{3.2}$$

여기서, G_p : 조류의 성장률(1/day)

$G(T)$: $G_{max}(\theta)^{T-20}$

G_{max} : 최적온도에서의 성장률(1.5～2.5/day)

θ : 온도보정계수

$G(I)$: 광선 효과

$G(N)$: 영양염류 효과

물속에서 적절한 광에 따른 수온이 조류가 성장하기에 적절하면 조류의 성장률은 물속의 영양염류농도에 지배받게 된다. 우리나라의 대부분의 호수에서 연구된 바로는 영양염류 중 무기인이 조류의 성장을 제한할 수 있는 **제한 인자**(Limiting factor)임이 밝혀졌다. 충분한 무기인의 존재로 조류가 과다번성하게 되면 물에서 곰팡이 냄새나 흙냄새와 같은 불쾌한 냄새와 맛이 생기며, 어떤 종류의 조류는 유독성분을 방출하기도 한다. 그밖에도 여과지의 막힘, 일광에 노출된 수로, 저수지, 침사지, 여과지 등에서의 이상번식은 각 구조물의 기능을 해친다. 상수도의 원수에 조류가 있을 때는 응집지에서 pH, 알칼리도, 경도 등을 변동시켜 간접적으로 Floc형성을 저해할 뿐만 아니라 직접적으로는 강한 Floc의 형성을 방해한다. 이와 같은 조류 피해를 방지하기 위하여 적절한 대책을 강구해야 한다.

라. 원생동물(Protozoa, 原生動物)

원생동물은 단핵, 운동성, 비광합성의 진핵구조를 갖고 있다. 그들은 녹조류와 밀접한 연관이 있으며, 어떤 학자는 어떤 종류의 광합성 무리를 원생동물에 포함시키기도 한다. 많은 원생동물이 녹조류가 진화과정에서 단지 엽록소를 상실함으로써 생긴 것으로 추측할 수 있다.

원생동물은 세포벽이 없을 때가 많고 유기물을 녹은 채로 흡수(용해성) 또는 입상(흔히 세균, 효모, 기타의 미생물)으로 섭취한다. 원생동물은 대개 호기성이며, 그들의 성장요구조건은 복잡할 때가 많고, 증식은 분열에 의한다.

이제까지 50,000종 이상의 원생동물이 발견되었으며, 이들의 대부분은 물속에서 살고 있다. 원생동물은 크기가 100μm 이내의 것이 많으며, 세균보다 크고 먹이연쇄에 있어 중요한 중간단계를 이룬다. 어떤 원생동물은 병원성으로 동물이나 사람에게 질병을 주는 것이 있다. 원생동물의 주요 3군은(群) 다음과 같다.

(1) 위족류(僞足類, Sarcodina)

세포벽을 갖지 않으며, 원형질이 일정한 모양을 유지하지 않고, 유동하여 위족을 만들어 Ameba상 운동을 한다. 또 위족으로 식물 입자를 둘러싸서 잡아먹는다. 어떤 것은 포낭(cyst)을 형성하는 것도 있고, **껍질**(shell)속에 사는 것도 있다.

(2) 편모충류(Mastigophora, Flagellata)

몸에 1~수 개의 편모(鞭毛, 채찍과 같은 꼬리)를 가지며, 그것을 움직여 활발히 운동한다. 동물성 편모충류는 색소체를 갖지 아니하며, 타가영양성(他家榮養性)이다. 식물성 편모충류는 색소체를 가지며 자가영양성(自家榮養性)이며, 이것은 녹조류의 일종이라고 볼 수 있다.

그림 3.12 활성 슬러지, 살수여상에 잘 나타나는 원생동물

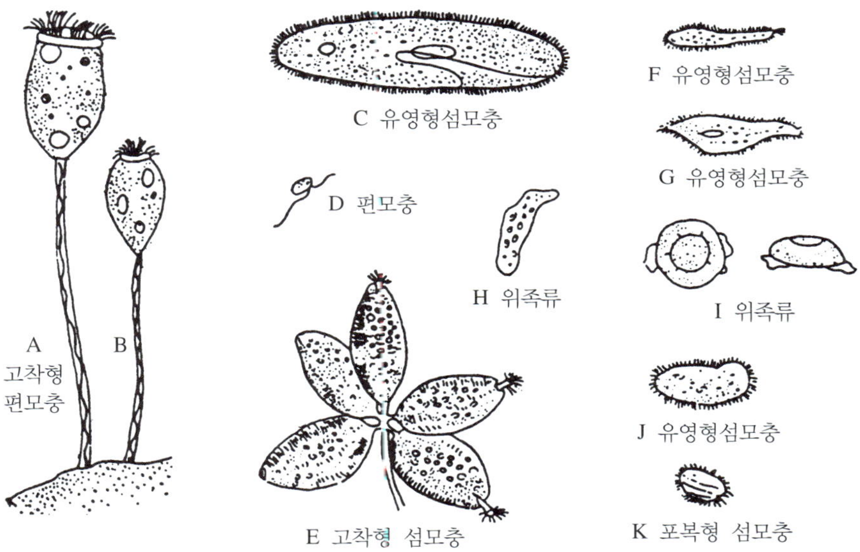

(A), (B) *Vorticella* (C) *Paramoecium* (D) Bodo (E) *Opercularia*
(F) *Lionotus* (G) *Amphileptus* (H) Amoeba (I) *Arcella*
(J) *Colpidium* (K) *Aspidisca*

(3) 섬모충류(Ciliophiora, Ciliates)

몸 전체 또는 일부에 여러 개의 가는 털(섬모 : cilia)이 나 있어, 그것으로 움직이거나 물을 빨아들여 먹이를 잡는다. 자유유영형(自由遊泳形, Free swimming)과 고착형(Stalked)이 있다. 고착 섬모충류는 줄기가 있어, 그것을 통하여 어떤 곳에 부착하고 있으며, 그중 대표적인 것은 Vorticella로서 양질의 활성 슬러지에서 흔히 볼 수 있다. Suctoria(흡착충류)는 초기에는 섬모를 가지나 성장하면 없어지고 고착생활을 하며, 흡착에 의하여 먹이를 취한다. 일반적으로 섬모충류는 고형물을 먹이로 취한다.

마. 후생동물(Metazoa, 後生動物)

후생동물이란 원생동물에 대한 용어로서 일명 고등동물이라고 하며 다세포동물이다. 크기는 수 mm 이하로서 담수에서 볼 수 있는 주요한 것은 해면동물, 윤충류(Rotifer), 선형동물, 환형동물, 연체동물, 절지동물 등이다. 이들은 세균류, 미세조류, 원생동물을 먹이로 한다.

윤충류(Rotifer)는 몸통을 자유로이 움직일 수 있으며 위에 있는 두 입으로 먹이를 취한다. **갑각류**(Crustaceans)는 거미처럼 생겼으며, 박테리아 및 원생동물로 구성된 슬러지를 먹고 생존한다. 특히 하천에서 윤충류가 발견되면 청정한 것으로 간주할 수도 있고 폐수처리시 유출수에서 출현되면 잘 처리된 폐수인 것으로 간주한다.

그림 3.13 후생동물의 종류

Rotifer

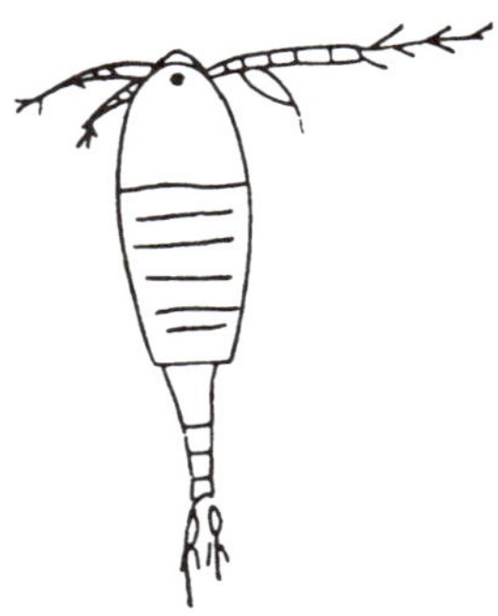

Crustaceans

참고문헌

1. 김준호, "생태학 개론", 교문사, 1982
2. 이도원, "생태학", 동화기술, 1992
3. 최의소 외 1명, "환경공학", 청문각, 1986
4. 조영일 외 7명, "폐수처리공학", 동화기술, 1991
5. 이문호, "조류에 의한 수질조사법", 동화기술, 1987
6. 양상현, "수질 공학", 동화기술, 1990
7. 임양재, "일반생태학", 이우출판사, 1985
8. Robert, V. Thomann, John A. Mueller, "Principles of surface water quality modeling and control", HARPER & ROW, Publishers Inc., 1987
9. Jonathan Turk, Amos Turk, "Environmental science", SAUNDERS COLLEGE Publishing, 1984
10. L. Elliot Shubert, "Algae as ecological indicators", Academic Press, 1984

연습문제

01. 생태계내 에너지흐름과 식량자원고의 관계에 대하여 고찰하라.

02. 에너지흐름과 물질순환의 기본적 특성을 각자 하나의 독립된 생태계를 설정하여 설명해 보라.

03. 생물학적 농축현상을 상세히 설명하고 우리나라에서 실제 발생했던 사례들을 수집·평가해 보라.

04. 산성비가 내리면 생태계에 다양한 피해를 야기한다. 토양, 산림, 호수에 미칠 수 있는 피해를 각기 평가하고 실제 사례연구를 시도하라.

05. 탄소순환과정을 설명하라(단 식물, 해양, 화석연료, 질소고정생물의 작용을 고려하라).

06. 미생물의 비연속 배양(batch culture)에서 시간경과에 따른 증식상태를 그림을 통하여 설명하라.

07. 미생물의 분류는 다양한 조건하에서 가능하다. 호수와 하수처리장 내 포기조내의 미생물의 특성을 각기 DO농도, 먹이(food), 수온과의 관계속에서 설명하라.

08. 하천에서는 다양한 미생물들이 적응하며 살고 있다. 상류에서 낙농폐수가 미처리된 채 유입되고 있을 경우, 하류에서의 미생물의 종류변화는 어떻게 일어나는지를 설명하라.

09. 조류(algae)의 종류를 나누고 호수에서 조류번성이 일으키는 수질변화와 그 피해현상을 설명하라.

Chapter 04

하천의 자정작용

4.1 하천의 자정작용

4.1.1 자정작용의 정의

가정하수, 공장폐수 등으로 오염된 하천이 인위적이거나 자연적인 여러 현상(물리, 화학, 생물학적 작용)을 통하여 오염물질의 농도가 저하되어 본래대로의 깨끗한 물이 유지되는 현상을 자정작용(Self-purification)이라고 한다. 그러나 유입된 오염물질이 대상하천이 갖고 있는 고유의 자정능력 이상으로 투여되었을 경우에는 이를 다 소화시키지 못한 채 오염현상을 노출하게 된다.

자정작용현상은 하천 생태계가 갖는 **순환성**(Cycle)과 **다양성**(Diversity)으로 환경오염에 의한 피해를 흡수 완화하여 **안정성**(Stability)을 획득하려는 반응기작으로서 자연이 갖는 훌륭한 **자기조정**(Self-regulation)능력으로 평가된다. 하천의 자정작용을 구분한다면 물리, 화학, 생물학적으로 구분할 수 있으며 이의 상세한 내용은 다음과 같다.

4.1.2 자정작용의 구분

가. 물리적 작용

(1) 희석 및 확산작용

희석현상은 오염된 물이 다른 청정한 물에 의해 섞여서 오염물질의 농도가 상대적으로 낮아지는 것을 말한다. 그러나 오염물질의 절대량은 변하지 않는다. 따라서 유역내 여러 오염배출원에서 각기 배출농도가 낮게 배출된다고 하더라도 많은 오염배출원을 갖고 있는 하천의 입장에서는 절대적 많은 오염물질량으로 문제가 되기도 한다. 오염물질의 확산현상은 오염물질의 Brown운동에 의해 일어나는 **분자확산**(Molecular dispersion)과 난류에 의한 와류현상으로 발생하는 **난류확산**(Turbulent dispersion)이 있다. 그러나 하천에서 분자확산은 난류확산에 비하면 거의 무시해도 좋을 정도이며 보통 확산을 말하면 난류확산을 언급하게 된다.

Information

▮ 두 하천이 만날 때 희석작용 ▮

하천이 지천으로부터 유량과 오염물질이 유입될 때, 만남 직후 완전혼합을 가정한다면 다음 식을 이용할 수 있다.

$$C = \frac{Q_1 \cdot C_1 + Q_2 \cdot C_2}{Q_1 + Q_2}$$

여기서, $Q_1 \cdot C_1$: 혼합직전 하천의 부하량

$Q_2 \cdot C_2$: 혼합직전 지천의 부하량

C : 두 하천의 완전혼합 후의 오염물질농도

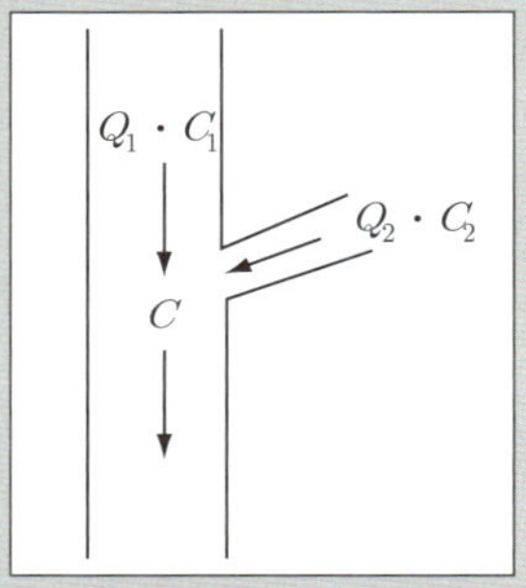

예제

4.1 수온 20℃, 유량 20 m³/s, BODu 5 mg/L인 하천에 점오염원으로부터 유량 3 m³/s, 수온 20℃, 부하량 50 g BODu/s의 오염물질이 유입되어 완전혼합될 때 0.5일 유하후의 잔류 BOD는? (단, 하천의 20℃의 탈산소계수는 0.2/day(자연대수)이고, BOD 분해에 필요한 만큼의 충분한 DO가 하천 내에 존재함)

풀이 먼저 합류지점의 BOD값을 계산하면

$$C_m = \frac{Q_1 C_1 + \text{지류부하량}}{Q_1 + Q_2} = \frac{(20\,\mathrm{m^3/s} \times 5\,\mathrm{g/s}) + 50\,\mathrm{g/s}}{(20+3)\,\mathrm{m^3/s}} = 6.521\,\mathrm{g/m^3}$$

다음으로 0.5일 후의 BOD값을 계산하면

$$\mathrm{BOD_3} = 6.521\,\mathrm{mg/L} \times e^{-0.2 \times 0.5} = 5.9\,\mathrm{mg/L}$$

(2) 침전작용

침전(Sedimentation)작용은 오염물질이 수중에서 침강작용으로 하천의 바닥에 가라앉음으로써 생기는 자정현상이다. 이는 하천보다 흐름이 적은 호수나 연안의 만지역 등에서 크게 발생한다. 그러나 하상에 침전·퇴적한 오염물질은 항상 물과 접촉하고 있

기 때문에 홍수와 같은 물의 와류현상이 크게 일어날 경우에는 침전물질이 **재부유**(Resuspension)되어 수질을 악화시킬 수 있다. 또한 가라앉은 유기물질은 호기성 미생물에 의해 분해되면서 저수층의 DO를 고갈시킬 수 있으며, 혐기성 상태에서 무기인과 같은 무기영양염류가 용출되는 환경을 만들 수 있다. 따라서 침전작용은 하천의 자정작용을 일으키면서 동시에 수질을 악화시키는 요인이 되기도 한다.

나. 생물·화학적 작용

생물학적 작용은 주로 미생물의 작용에 의해 생물·화학적인 산화, 환원으로 오염물질의 질적 변화를 생기게 하는 작용이다. 수질오염 원인물질의 대부분은 탄소와 수소의 화합물인 유기물에 의한 것이며, 그 외에 질소와 인 등이 결합한 것도 있다. 이 유기물이 수중에 유입되면 먼저 수중미성물이 유기물을 영양물질로 섭취하여 번식한다. 이때 유기물의 일부는 미생물의 **세포**(Cell)로 변하고 나머지는 세포합성과 생명유지를 위한 **에너지**(Energy)의 생산에 이용된다. 이때 수중에 용존된 산소가 일정한 수준 이상으로 유지되어 있으면 호기성 미생물의 산화작용에 의하여 복잡한 유기물은 H_2O, CO_2, 질산염(NO_3^-), 황산염(SO_4^{2-})과 같은 안정된 무기물이 되며, 이들 생성물질들이 모두 산소를 함유하고 있는 것으로 보아 수중의 DO가 소비되어 산화된 결과임을 알 수 있다. 그러나 수중의 산소는 물속의 호기성 생물의 생장에 대단히 제한적으로 작용하는 환경인자이기 때문에 만약 많은 유기물질이 유입된다면 이들 모두가 완전히 산화되기 이전에 수중의 산소는 고갈되어 호기성 환경이 혐기성 환경으로 바뀌게 된다. 이렇게 되면 전에 있던 호기성 미생물과는 달리 수중의 유리산소를 필요로 하지 않는 혐기성 미생물이 번식하여 남은 유기물을 계속 분해하게 된다.

혐기성 미생물도 세포합성과 에너지생산을 하기 때문에 유기물을 이용하지만 이 경우의 혐기성 미생물의 산소섭취 특성상 질산염(NO_3^-), 황산염(SO_4^{2-}) 및 유기물 내의 결합산소가 이용되기 때문에 최종적으로는 메탄(CH_4), 암모니아(NH_3), 황화수소(H_2S) 등의 악취원이 되는 유해한 환원성 물질을 발생시키게 된다. 물의 부패현상은 이와 같이 산소가 없어지고 혐기성 미생물이 활동하기 때문에 발생하는 현상이다.

대부분 하천의 자정작용은 복잡하게 얽혀서 이루어지며 중요한 인자는 희석·확산작용과 미생물에 의한 작용 등이다. 이들 작용은 하천을 깨끗하게 유지하는 자정작용으로 각 하천마다 오염현상을 나타내지 않고 받아들일 수 있는 오염물질의 일정한 용량인 환경용량(Environmental capacity)이 있다.

하천의 환경용량의 크기는 자정능력의 크기를 말하는 데, 대상 하천에 따라 다르며 이에 영향을 미치는 환경인자로는 수온, DO량, 태양방사선량, pH, 수중생물(혹은 미생물) 등이 있다. 수온의 경우 유기물질을 섭취하는 미생물의 섭취속도와 관계있고 수중의 DO 함유량에도 영향이 크다. 즉, 여름철일 경우 수온이 높아 DO 함유량이 겨울철보다 낮고, 높은 수온 탓으로 미생물의 활발한 유기물 분해작용으로 DO 소모율이 크게 일어난다. 따라서 여름철에는 용존산소와 관련된 수질오염현상이 일어나기 쉽다. 물속의 DO는 그 함유량이 높을수록 자정효과가 크다고 볼 수 있는데 우리나라 하천은 일반적으로 하상의 구배가 급한 편이어서 하천의 난류가 크게 일어난다. 이에 따라 수표면에서 산소 전달율도 커진다고 생각되므로, 자정능력도 크다고 볼 수 있다.

그림 4.1 오염원 유입에 따른 하천의 BOD와 DO 농도 분포

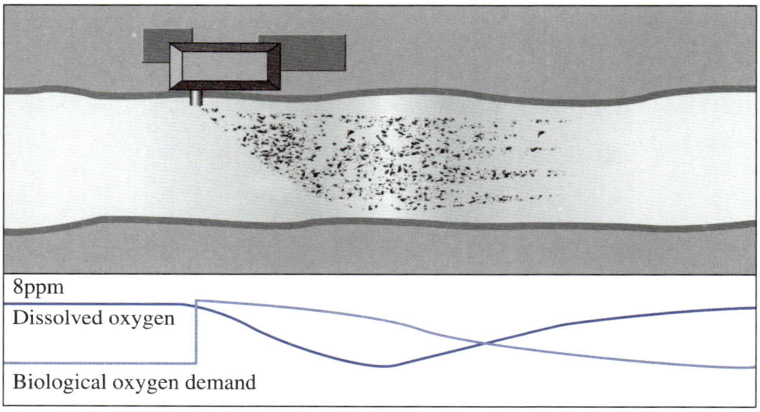

4.2 하천의 자정단계

하천에 오염물질이 유입되었을 때 물은 대단한 **동적상태**(Dynamic state)의 수질 변화를 거치게 된다. 호수와는 달리 하천은 그 길이 방향으로 수질의 변화과정을 쉽게 관찰할 수 있어서 오염배출원으로부터의 거리와 시간을 개략적이나마 알 수가 있다. 그러나 하천의 자정단계와 오염정도를 판정하는 일은 많은 시행착오를 요구하며, Whipple의 경우 하천의 오염 Cycle은 보통 분해지대, 활발한 분해지대, 회복지대, 그리고 정수지대로 나누어지는 4단계로 구분하였다.

4.2.1 분해지대(Zone of degradation)

분해지대는 희석이 잘되는 대하천보다는 소하천에서 뚜렷이 볼 수 있으며 대하천에서는 물이 원래 상태로 빨리 회복되므로 식별이 어려운 때가 많으며 다음과 같은 특징을 갖는다.

① 오염에 약한 고등생물 대신 오염에 강한 미생물로 대체된다.

② 오염물질 분해에 따라 DO량이 줄어들고 CO_2량이 늘어나며 슬러지의 발생 및 퇴적이 시작되며 하천 바닥 돌에는 사상 녹조류(*Stigeoclonium*, *Oscillatoria*, *Ulothrix*) 등이 감소하기 시작하고 실지렁이류(*Tubifex*)가 자라기 시작한다.

③ 분해가 심해짐에 따라 수중식물, 고등생물 대신에 오염에 강한 곰팡이류가 하천 바닥과 수중에 주로 번식한다. 곰팡이류는 DO 농도가 부족해도 잘 번식하여 물의 흐름이 완만한 곳에서는 원형 모양을, 비교적 유속이 있는 곳에서는 섬모형태의 흰색, 회색, 갈색을 띤 사상체 세균들이 주로 번식한다.

사진 1

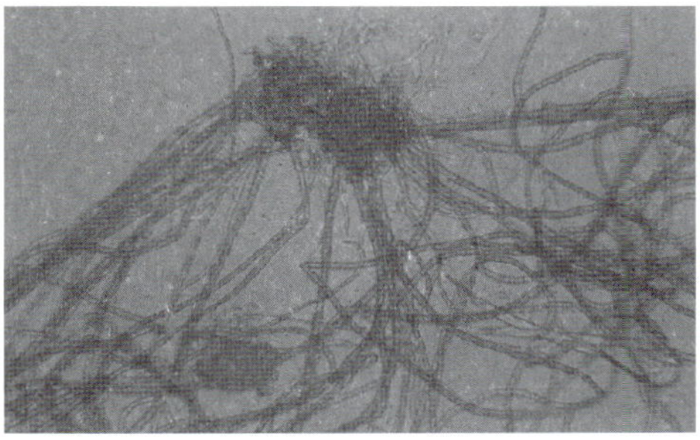

사상 남조류인 *Stigeoclonium*

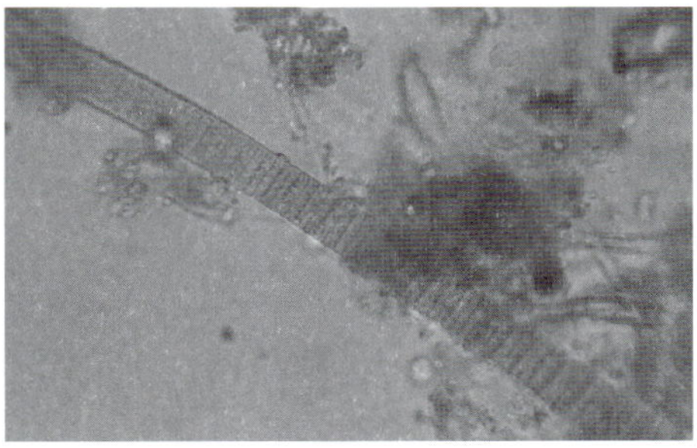

사상 남조류인 *Oscillatoria*(흔들말)

*Ulothrix*의 모습(하천내)

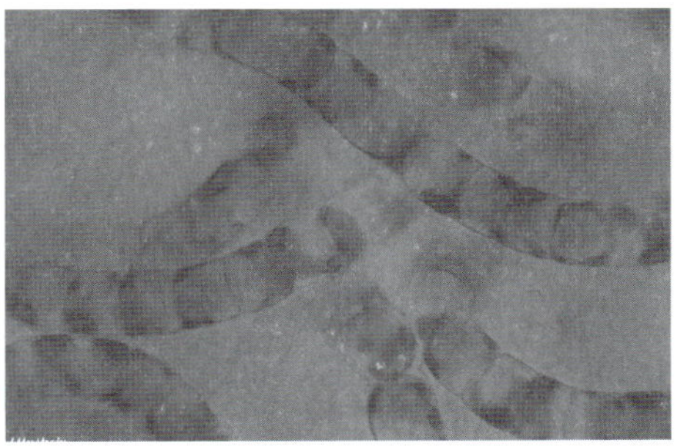

*Ulothrix*의 모습(현미경)

4.2.2 활발한 분해지대(Zone of active decomposition)

이 지대는 분해가 가속화되어 거의 혐기성 상태로 진행하게 되며 다음과 같은 특징을 보여 준다.

① 육안으로 물의 색이 회색 및 흑색이 되고 H_2S, CH_4 등에 의한 기포발생과 악취가 나며, 표면에 스컴이 형성되고, 흑색 및 점성질의 슬러지가 하상에 침전된다.

② 혐기성 분해가 진행되어 호기성 미생물이 사멸하고 대신 혐기성 미생물이 성장하게 되며 fungi의 수도 감소하게 된다. Fungi는 실 모양을 가지며 분홍, 회백색 혹은 회색을 띠다가 결국 흑색으로 변하여 완전 사멸하고 대신 꼬리를 가진 구더기나 파리유충(Psychoda), 모기유충 등이 발생 및 성장한다. 실지렁이류(Tubifex)는 해당구간의 상부 및 최하단에서만 주로 나타난다.

③ CO_2, NH_4^+-N, CH_4, H_2S의 농도가 증가한다.

사진 2

실지렁이(*Tubifex*)

4.2.3 회복지대(Zone of recovery)

이 지대는 분해지대에서 일어나는 현상과는 반대되는 현상이 일어나며 보통 장거리에 걸쳐서 일어난다. 물의 색깔은 점차 원래로 회복되며 생물의 종류가 많이 변화된다.

① DO량이 증가하고 각종 가스의 발생이 줄어들며 질소는 NO_2^--N, NO_3^--N 형태로 존재한다.

② 혐기성균이 호기성균으로 대체되며 Fungi도 조금씩 발생한다.

③ 광합성하는 조류가 번식하며 원생동물, 윤충(Rotifer), 갑각류(Crustacean)가 번식

하며 큰 수중식물도 다시 나타난다.

④ 바닥에서는 조개나 벌레의 유충이 번식하며 오염에 견디는 힘이 강한 생무지, 황어, 은빛 담수어 등의 물고기도 서식한다.

사진 3

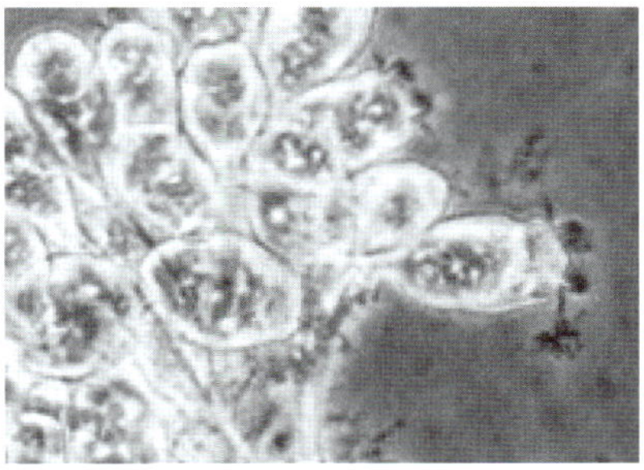

Carchesium

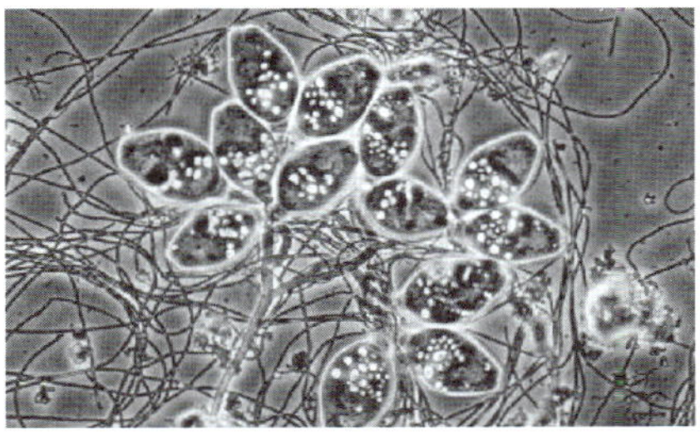

Epistylis

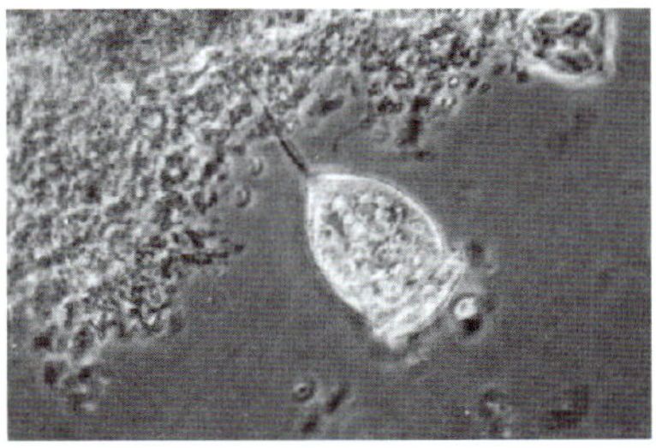

Vorticella

4.2.4 정수지대(Zone of clear water)

정수지대는 마치 깨끗한 자연수처럼 보이며 DO량도 풍부하여 많은 종류의 생물들이 크게 번식하기 시작한다. 위의 3과정 중에 남아있는 대장균과 세균들은 포식되거나 점차 사멸되어 그 수가 줄어든다. 그러나 일부는 계속 남아있기 때문에 비록 깨끗한 하천이라도 한번 오염된 물은 소독 등을 포함한 적절한 수처리가 추가되어야 할 것이다.

그림 4.2 Wipple 4단계 하천 자정작용 모식도

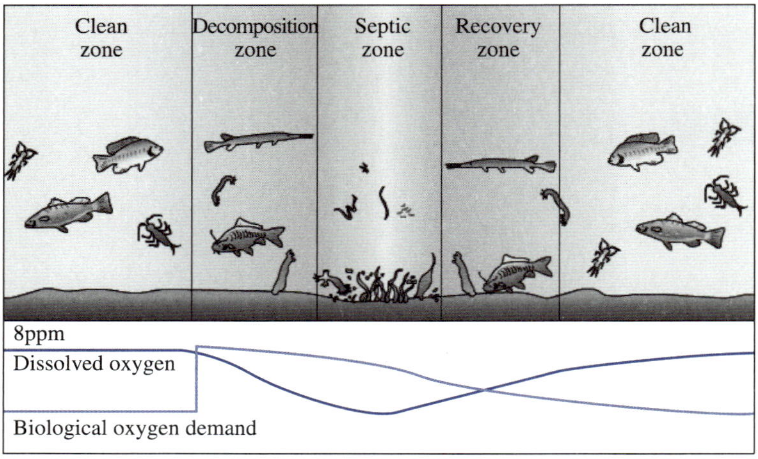

4.3 하천의 BOD-DO 시스템

하천에서는 무엇보다도 중요한 것이 물속의 유기물질이 거리와 시간이 변함에 따라 어떻게 변화되는 것인가 이며 이에 따라 수중의 용존산소는 얼마만큼 존재하게 되는가 이다. 따라서 하천에서는 이 DO 농도에 영향을 미치는 환경인자를 보다 정확히 파악해야 한다.

4.3.1 C-BOD

하천에서는 일어나는 BOD반응식은 탈산소반응 이외에도 유기물의 침강작용으로 일어나는 유기물 제거반응과 하천의 난류와 소류현상으로 발생하는 침전된 유기물질의 재부유 등도 고려대상이 되어야 한다.

$$\frac{dL}{dt} = -(k_1 + K_s)L + \text{Input} + \text{Scour}$$

여기서, k_1 : 탈산소계수(deoxygenation coefficient, 1/day)

BOD제거상수(BOD decay rate coefficient, 1/day)

K_s : BOD침전계수(BOD settling rate coefficient, 1/day)

Input : BOD 유입량

Scou : 침전 BOD의 재부유량

Information

▌ k_1 을 구하는 공식의 예 ▌

(1) $K_d = k_1 + n\left(\frac{U}{D}\right)$

여기서, n : 퇴적층의 활성계수(Coefficient of bed activity)

k_1 : 탈산소계수(base e, 실험실)

U : 유속(ft/sec)

D : 수심(ft)

(2) $k_d = 39.6 \cdot P^{-0.84}$

여기서, P : 동수반경(Wetted perimeter)

하천의 경사도(ft/mile)	n
2.5	0
5	0.15
10	0.25
25	0.4
50	0.6

4.3.2 N-BOD

$$\mathrm{NH_4^+} + \frac{3}{2}\mathrm{O_2} \xrightarrow{Nrosomonas} \mathrm{NO_2^-} + \mathrm{H_2O} + 2\mathrm{H^+}$$

$$\mathrm{NO_2^-} + \frac{1}{2}\mathrm{O_2} \xrightarrow{Nrobacter} \mathrm{NO_3^-}$$

2 mole의 산소가 암모니아를 산화시키는데 필요하므로(4.6 gO_2/gN) 통상의 가정하수일 경우(보통 15～50 g/m³ T-N 함유) 69～230 g/m³의 산소소모를 요구하게 된다.

하천에서 질소화합물에 의해 산화되면서 소비되는 DO량이 C-BOD의 경우보다 높아 절대로 무시할 수 없는 양이 되는 수가 많다. 유기화합물속의 유기질소는 질산화 미생물에 의해 점차 무기질소로 변해가며 최종적으로는 NO_3^--N로 산화된다.

Org-N → NH_4^+-N → NO_2^--N → NO_3^--N

TKN (Total Kjeldahl Nitrogen) = Org-N + NH_4^+-N

$$\text{TKN} \longrightarrow \text{NO}_3\text{-N}$$

$$\frac{d\,\text{TKN}}{dt} = -k_N(\text{TKN})$$

k_N : N-BOD 제거상수 = 0.25 − 1.0 (1/day)

(낙동강일 경우 0.1 ~ 0.4, $\theta = 1.05 \sim 1.09$)

하천의 수질분석시에 질소분석은 유기질소(단백질), 암모니아성 질소(NH_4^+-N), 아질산성 질소(NO_2^--N), 질산성 질소(NO_3^--N)를 대상으로 하며, 물속에 존재하는 산소량을 가름하기 위해서는 TKN을 주로 실험하고, 물의 영양상태를 판별하기 위해서는 무기질소(Inorganic Nitrogen)를 조사하는 것이 일반적이다.

그림 4.3 질소의 변화 형태

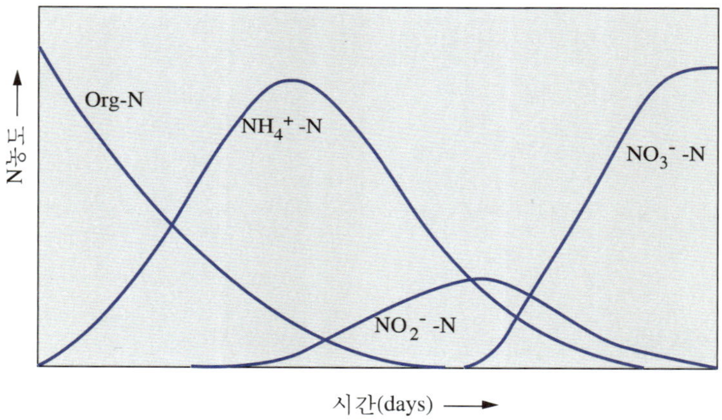

총 무기질소(Total Inorganic Nitrogen) = NH_4^+-N + NO_2^--N + NO_3^--N

물의 공중보건학적 측면에서 분석시에는 주로 대장균군과 일반세균을 시험하게 되지만 간접적인 척도로서 TKN을 실험할 수가 있다. 즉, 물속에 유기질소와 암모니아성 질소의 농도가 아질산 및 질산성 질소 농도보다 높다는 의미는 오염물질의 배출이 바로 최근의 일이든지, 하천의 인근 상류지점에서 배출되었음을 의미하게 된다. 따라서 수인성 전염병을 일으키는 각종 세균의 존재가능성을 추정할 수 있다. 만약 물속에서 유기질소나 암모니아성 질소 농도보다 질산성 질소의 농도가 높으면 오염물질(단백질)

이 배출된지 오랜 시간이 경과하였거나 측정된 하천지점으로부터 먼 상류지역에서 배출된 것으로 짐작할 수 있다. 토양이나 물속이 환원상태가 될 경우 NO_2^--N나 NO_3^--N은 환원되어 질소가스(N_2)로 대기중으로 날아가며, 폐수처리장의 2차 침전지에서 발생할 경우 가라앉은 찌꺼기가 질소가스에 의해 재부유되어 침전효과를 떨어뜨리는 Sludge Rising현상이 일어나기도 한다.

4.3.3 SOD (Sediment Oxygen Demand)

SOD는 하천의 저질(퇴적층)에서 요구되는 산소량으로 주로 침강된 유기물질의 분해와 저서성 생물의 호흡 및 환원성 물질의 산화작용에 따라 발생하게 되며 BOD (Benthic Oxygen Demand)라고도 한다.

표 4.1 ➻ 전형적인 SOD값(θ = 1.07~1.1)

SOD(g/m²·day)	범 위	평 균
도시하수유입구	2~10	4
도시하수하류부	1~2	1.5
섬유소질 슬러지	4~10	7
하 구 뻘	1~2	1.5
모 래 하 상	0.2~1	0.5
무 기 질 하 상	0.05~0.1	0.07

* SOD < 1	g/m²/day	low	polluted
1~3	g/m²/day	moderate	polluted
3~10	g/m²/day	heavy	polluted

SOD에 미치는 환경요인은 수온, 저수층의 DO 및 유속, 저서생물의 특성, 간극수와 저질내 유기물질 특성으로 다음과 같이 표현할 수 있다.

$$\mathrm{SOD}(\mathrm{mg/m^2 \cdot day}) = a \cdot C^b$$

$$\mathrm{SOD}(\mathrm{mg/m^2 \cdot day}) = 7.2 \times \frac{C}{0.7 + C}$$

$$\frac{d\mathrm{SOD}}{dt} = \frac{-K_s \cdot A_s \cdot C}{V(K_{O_2} + C)}$$

여기서, a : 0.09~0.16(경험적 상수)

b : 0.3(경험적 상수)

C : DO농도(mg/L)

K_s : 반응률 상수(g/m²·day)

A_s : 저질층 면적(m²)

V : 저수층 용량(m³)

K_{O_2} : 반포화 상수(1.4 mg/L)

SOD중 저서성 생물의 호흡작용에 의한 DO소모는 SOD중 생물학적 작용에 의한 부분으로 보통 BSOD(Biological Sediment Oxygen Demand)로 나타내며 환원성물질의 산화에 따라 소모되는 DO는 CSOD(Chemical SOD)로 구분하여 나타낼 수 있다. SOD는 수심이 깊고 유속이 빠른 하천보다도 유속이 느리고 수심이 낮은 하천에서 DO소모율은 커지는 특성이 있으며 호수일 경우에는 심수층의 DO소모에 가장 큰 역할을 담당하게 된다. SOD실험은 하천의 하상의 특성과 계절에 따라 크게 다르며 실험방법에 따라 다양한 값을 나타내게 되어 정확한 정량화가 힘들다. 다음 그림 4.4는 일반적인 SOD실험장치이며 표 4.2는 부산 회동호 및 의암호와 낙동강에서 측정된 값들이다.

그림 4.4 SOD 실험장치

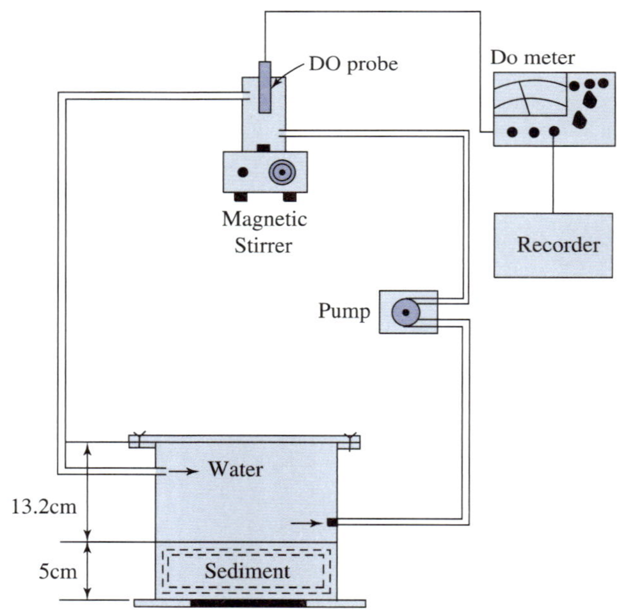

자료 ; 안욱성, "낙동강 수계의 용존산소 분포에 관한 모델링", 수산대 환경공학과 석사학위 논문, 1992.

표 4.2 ➸ 의암호와 회동호 및 낙동강의 SOD값($g/m^2 \cdot day$)

의 암 호	회동호(부산)[1]				낙동강[2]			
	1월	4월	7월	10월	왜관	고령	남지	삼랑진
SOD 1.5(0.7~2.5)	0.34	0.77	0.99	0.38	0.31	0.48	0.84	0.37

자료 1) 김좌관 외 1명, "부영양화 모형 적용을 위한 인공댐호의 환경요인 분석", 경성대 환경문제 연구소, 환경년보, 제2권 1호, 1992.

2) 안욱성, "낙동강 수계의 용존산소 분포에 관한 모델링" 수산대환경공학과 석사학위 논문, 1992.

4.3.4 광합성 및 호흡

하천이나 호수 및 해양의 수생태계는 근원적으로 식물성 플랑크톤의 광합성 작용에 의해 모든 생물이 생존가능하며 에너지원인 빛과 각종 무기원소가 이때 이용된다. 수중에서 DO의 양에 미치는 인자로서 광합성으로 인한 DO생산은 무시할 수 없으며 하구언의 축조로 유속이 느려진 낙동강, 영산강, 금강 등의 하류부는 호수와 마찬가지로 식물성 플랑크톤의 성장이 활발하다. 따라서 광합성작용이 활발하며 여름철 표수층에서는 높은 DO농도를 나타낸다.

광합성에 의한 산소생산과 호흡에 의한 산소 소비식은 다음과 같이 나타낼 수 있다.

$$\cdot\ P(t) = P_m \sin\left[\frac{\pi}{P}(t-t_s)\right],\quad t_s < t < t_s + P$$

$$= 0\ (\text{일몰 후})$$

$$\cdot\ P_m = 0.25 \cdot \text{Chl-a}\ (\mu g/L) = \text{최대산소생산량}(\mu g/L \cdot day)$$

$$\cdot\ P_{ave} = 2 \cdot P \cdot \frac{P_m}{\pi} = \text{일평균산소생산량}(mg/L \cdot day)$$

여기서, P : 일조시간(hrs), t_s : 일조시각

$$\cdot\ R = r \cdot \text{Chl-a}\ (\mu g/L)$$

여기서, r : 호흡으로 인한 산소소모량($mg/L \cdot day$) = 0.005~0.03(0.025)

위의 식에서 보는 바와 같이 광합성은 낮에 광량이 존재할 때만 일어나며 호흡은 일중 계속해서 일어나게 된다. 또한 호흡률은 광합성량의 약 1/10 정도로 작은 양을 차지하며 실제 호수나 하천에서 호흡으로 인한 DO소모는 물고기나 패류(貝類)가 아니고 식물성 플랑크톤의 역할이 크다.

그림 4.5 광합성에 따른 산소 생산의 일변화

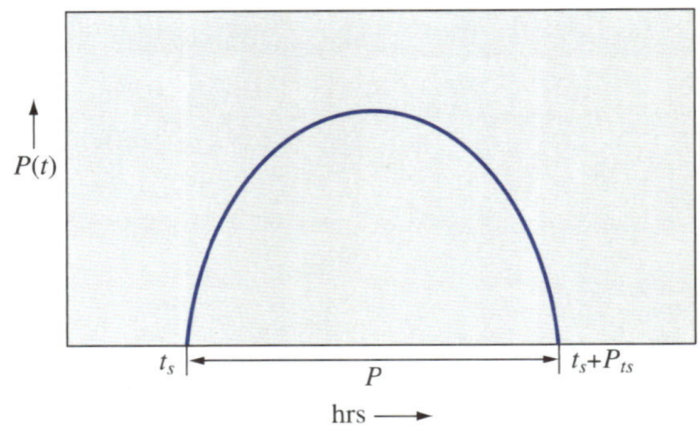

Information

▌광합성 측정 방법▐

수중의 광합성과 호흡으로 인한 DO반응을 조사할 때 보통 세 가지 방법이 있다.

(1) Light & Dark Method

이 방법은 Light병에서 광합성과 호흡이 일어나고 Dark병에서는 호흡만 일어나는 것을 고려하여 DO생산성을 판별하는 방법이다. 수심별로 광량이 감소되므로 광합성률이 점차 감소되며 Light병에서는 광합성과 호흡이 동시에 일어나 순 산소생산량이 이루어지고 Dark병에서는 호흡뿐만 아니라 BOD물질에 의한 DO의 감소가 더불어 일어나 이를 보정해야 한다(그림 4.4 참조).

$$P_{net} = \frac{\mathrm{DO}_t - \mathrm{DO}_{to}}{t} = P - R$$

$$R = \frac{\mathrm{DO}_t - \mathrm{DO}_{to}}{t} - k_1 \cdot L_{of}$$

여기서, P_{net} : 순 산소생산량(mg/L-day)

P : 총 산소생산량(mg/L-day)

t : 일조시간(hrs)

R : 호흡으로 인한 DO 소모량(1/day)

L_{of} : 최종 BOD (여과된) (mg/L)

k_1 : 탈산소계수(1/day)

(2) Chl-a로부터 측정하는 방법

Chl-a농도는 식물성 플랑크톤을 정량화할 때 가장 많이 쓰이는 지표로서 영양염류가 제한인자로 작용하지 않는다면 평균 DO생산량은 다음 식과 같이 표현할 수 있다.

$$P_a = a_{op} \cdot G_{\max} \cdot \theta^{T-20} \cdot P \cdot G(I)$$

여기서, P_a : 평균 DO 생산량(mg/L·day)

a_{op} : Chl-a 단위 무게당 생산된 DO량(mg·DO/μg·chl-a)

G_{max} : 최대 조류 성장률(1/day)

P : chl-a농도(μg/L)

$G(I)$: 광 감쇄상수(1/day) $= \dfrac{2.718 \cdot f}{K_e \cdot H}[\exp(-\alpha_1)-\exp(-\alpha_2)]$

$$\alpha_1 = \frac{I_a}{I_s}\exp(-K_e \cdot Z),\ \alpha_2 = \frac{I_a}{I_s}$$

여기서, K_e : 빛 감쇄상수(1/m), f : 일조시간 비율

H : 수심(m), I_a : 일중 평균 광량(langleys/day)

I_s : 식물성 플랑크톤의 최대 성장률의 광량(250~500 ly/day)

Z : 수심(m)

(3) 일중 DO 변화로부터 구하는 방법

일중 DO 변화로부터 DO 생산량을 구하는 식은 다음과 같다.

$$P_a(\text{mg/L}\cdot\text{day}) = \left[\frac{0.5 \cdot k_2 \cdot [1-\exp(-k_2 \cdot t)]}{1-\exp(-0.5 \cdot k_2 \cdot t)}\right]\cdot \Delta C$$

여기서, $\Delta C = \mathrm{DO}_{max} - DO_{min}$

k_2 : 재포기 계수(1/day)

t : 일조시간

그림 4.6 수중의 광합성 조사 장치

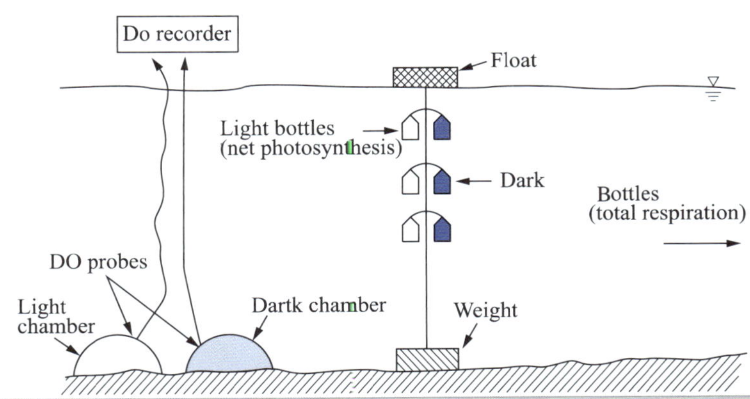

4.3.5 재포기(Reaeration)

산소는 물리 화학 생물학적 작용에 의하여 물속에 용해되거나 제거된다. 산소가 물속에서 제거되어 포화농도보다 떨어지게 되면 수표면의 경계지역에서 대기속의 산소가 물속으로 전달되어진다. 만일 산소가 포화치 이상으로 녹게 되는 경우에는 다시 재배출되어 포화치로 떨어져 평형상태가 이루어지게 된다. 만약 DO가 과포화된 물로 BOD실험을 할 때는 포화치 이상의 DO는 불안정하므로 온도를 높이면서 휘저어주어 포화치 이상의 DO를 날려 보내주어야 한다.

수중에 DO가 존재할 수 있는 가장 큰 인자로 난류의 크기, 수온, 풍속, 수표면의 수막의 정도에 따라 재포기 정도가 결정되며 하천내 수중보다 댐에 의한 낙차로 재포기 되기도 한다.

$$\frac{\partial m}{\partial t} = -D_L \cdot A \cdot \frac{\partial C}{\partial y}$$

$$\frac{1}{V} \cdot \frac{\partial C}{\partial t} = D_L \cdot \frac{A}{V} \cdot \frac{C_s - C}{y_L}$$

$$\frac{dC}{dt} = \frac{D_L}{y_L \cdot H}(C_s - C) = k_2 \cdot (C_s - C)$$

$D = C_s - C$ (D=DO부족농도)로 놓으면,

$$\frac{dD}{dt} = -k_2 \cdot D,\ k_2 = k_{2(20℃)} \cdot \theta^{T-20}\ (\theta = 1.025,\ 1.016,\ 1.04)$$

그림 4.7 물과 공기의 접촉

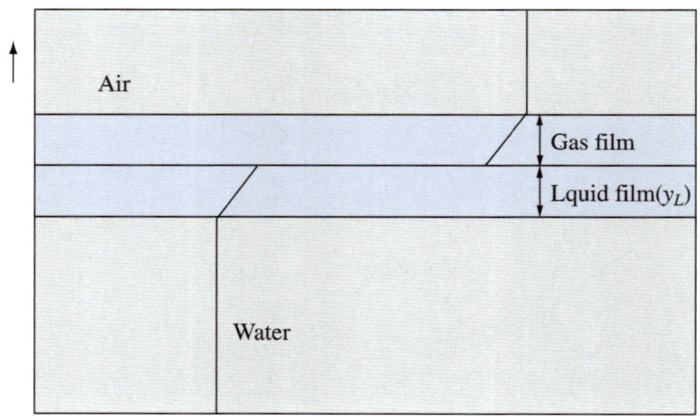

여기서, D_L : 산소 전달 계수(1/day)

A : 전달 면적(m^2)

V : 물의 용적(m^3)

C_s : 어떤 온도에서의 DO포화농도(mg/L)

C : 현재 DO농도(mg/L)

H : 수심(m)

k_2 : 재포기 계수(1/day)

θ : 온도 보정 계수

다음 표는 수체(Waterbody)의 특성에 따른 재포기 계수값을 나타낸 것으로 호수에서 낮고 급류하천에서 높은 값을 나타내고 있다.

표 4.3 ›› k_2 값의 구분

수 역	k_2 (1/day)	f*
작은 연못	0.1～0.23	0.5～1.0
완만한 하천 및 큰 호수	0.23～0.35	1.0～1.5
저유속의 큰 하천	0.35～0.46	1.5～2.0
보통 유속의 큰 하천	0.46～0.69	2.0～3.0
급류 하천	0.69～1.15	3.0～5.0
급류나 낙차가 있는 곳	〉1.15	〉5.0

*$f=k_2/k_1$; 자정 계수(Self-purification constant)

Information

▮ 재포기 계수 산정공식 ▮

① $k_2=f(H,U)=a\cdot U^m\cdot H^n=\dfrac{12.9\cdot U^{1/2}}{H^{3/2}}$ (by O' conner)

여기서, U : 유속(ft/sec)

H : 수심(ft)

k_2 : 재포기 계수(1/day)

② $k_2=\dfrac{11.6\cdot U}{H^{1.67}}$ (by Churchill)

③ $k_2=\dfrac{21.6\cdot U^{0.67}}{H^{1.85}}$ (by Owens)

4.4 용존 산소 곡선

4.4.1 용존 산소 곡선식의 유도

임의의 하천에서 임의의 구간 내 물질수지식을 표현하면 다음 같으며 대개 가정 조건을 다음과 같이 든다.

① 대개 물의 흐름방향만을 고려하는 1차원을 가정한다.

$$\frac{\partial C}{\partial y} = 0 \ , \ \frac{\partial C}{\partial z} = 0$$

② 흐름방향으로 이류(advection)작용이 크므로 흐름방향의 확산(dispersion)은 무시한다.

③ 수식을 보다 단순히 하기 위하여 시간의 변화에 따른 x방향 수질변화는 없는 것으로 가정한다.

→ 정상 상태(steady-state), $\frac{\partial C}{\partial t} = 0$

·Accumulation = In − Out − Decay

$$V \cdot \Delta C = Q \cdot C \cdot \Delta t - (Q + \Delta Q)(C + \Delta C) \cdot \Delta t - k \cdot C \cdot V \cdot \Delta t \ (V = \Delta x \cdot A)$$

$$V \cdot \Delta C = -Q \cdot \Delta C \cdot \Delta t - \Delta Q \cdot C \cdot \Delta t - \Delta Q \cdot \Delta C \cdot \Delta t - k \cdot C \cdot V \cdot \Delta t$$

$$\frac{\Delta C}{\Delta t} = -\frac{Q}{A}\frac{\Delta C}{\Delta x} - \frac{C}{A}\frac{\Delta Q}{\Delta x} - \frac{\Delta Q}{A}\frac{\Delta C}{\Delta x} - kC$$

그림 4.8 DO해석을 위한 하천의 도식화

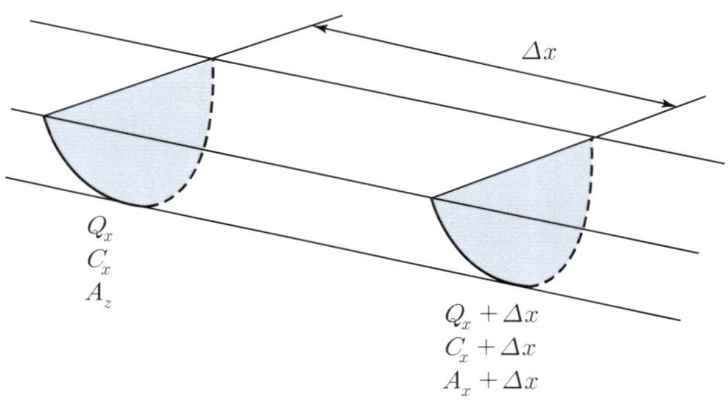

$$\lim \frac{\partial C}{\partial t} = -\frac{Q}{A}\frac{\partial C}{\partial x} - \frac{C}{A}\frac{\partial Q}{\partial x} - kC \ (\Delta t \to 0\ ,\ \Delta x \to 0)$$

$$\therefore\ \frac{\partial C}{\partial t} = -\frac{1}{A}\frac{\partial (C \cdot Q)}{\partial x} - kC \tag{4.1}$$

위의 식을 DO 반응식을 대입한다면 다음과 같다. 즉, DO에 영향을 미치는 영향인자인 재포기, C-BOD, N-BOD, SOD, 광합성 및 호흡작용을 모두 고려하게 된다.

$$D = C_s - C$$

여기서, D : DO부족농도(mg/L)

C_s : DO포화농도(mg/L)

C : 현 DO농도(mg/L)

$$\frac{\partial C}{\partial t} = -\frac{1}{A}\frac{\partial (C \cdot Q)}{\partial x} - kC$$

$$\frac{\partial D}{\partial t} = -\frac{1}{A}\frac{\partial (D \cdot Q)}{\partial x} - k_2 D + k_1 L + k_N L_N + \frac{S}{H} + R - P$$

여기서, L : BODu (mg/L)

L_N : NOD = 4.33 · TKN(mg/L)

k_1 : 탈산소계수(1/day)

k_2 : 재포기계수(1/day)

k_N : NOD 제거계수(1/day)

H : 수심(m)

S : SOD(g/m² · day)

R : 호흡율(mg/L · day)

P : 광합성율(mg/L · day)

U : 유속(m/s)

위의 식에서 정상상태를 가정하고 k_1, k_2, A, Q가 일정하다고 가정하면 다음식과 같다.

$$\frac{dD}{dx} + \frac{k_2}{U} \cdot D = \frac{k_1}{U} \cdot L_0\, e^{(-k_1/U)x} + \frac{k_N}{U} \cdot L_N + \frac{S}{HU} + \frac{R}{U} - \frac{P}{U} \tag{4.2}$$

위의 식에서 우선 재포기나 C－BOD만을 고려하여 일차선형 미분방정식을 풀 수 있으며 다음과 같다.

$$\frac{dD}{dx} + \frac{k_2}{U} \cdot D = \frac{k_1}{U} \cdot L_0 e^{(-k_1/U)x} \tag{4.3}$$

앞의 식은 일차선형 미분방정식으로 다음을 참고하여 풀 수 있다.

Information

$\frac{dy}{dx} + P \cdot y = Q$ (일차선형미분방정식) (4.4)

$\frac{\rho dy}{dx} + \rho \cdot P \cdot y = \frac{d}{dx}(\rho \cdot y)$로 가정한다면

$$\frac{\rho dy}{dx} + \rho \cdot P \cdot y = \rho \frac{dy}{dx} + y \frac{d\rho}{dx}$$

$$\therefore \frac{d\rho}{dx} = \rho \cdot P$$

$$\frac{d\rho}{\rho} = P \cdot dx$$

$\rho = e^{\int Pdx}$가 존재한다. 그러므로 식 (4.4)에 ρ를 양변에 곱하면,

$$\therefore \frac{\rho dy}{dx} + \rho \cdot P \cdot y = \rho \cdot Q$$

$$\frac{d(\rho \cdot y)}{dx} = \rho \cdot Q$$

$$\rho \cdot y = \int \rho \cdot Q dx + C$$

$y = \frac{1}{\rho}\left(\int \rho \cdot Q dx + C\right)$가 된다.

즉, y는 식 (4.3)의 D에 대입하여 풀 수 있다.

참고내용을 고려하여 식 (4.3)을 풀면 다음과 같다.

$$D = e^{-\int (k_2/U)dx}\left\{\int e^{\int k_2 dx} \frac{k_1}{U} L_0 e^{-\frac{k_1}{U}x} dx\right\}$$

$$= e^{-\frac{k_2}{U} \cdot x}\left\{\left[\frac{k_1 \cdot L_0}{U} \int e^{\frac{k_2 - k_1}{U}x} dx\right] + C\right\}$$

$$= e^{-\frac{k_2}{U} \cdot x}\left\{\left[\frac{k_1 \cdot L_0}{U} \frac{U}{k_2 - k_1} e^{\frac{k_2 - k_1}{U} \cdot x}\right] + C\right\}$$

$$= \frac{k_1 \cdot L_0}{k_2 - k_1} e^{-\frac{k_1}{U}x} + C \cdot e^{-\frac{k_2}{U}x} \tag{4.5}$$

정상상태에 $t = 0$일 때 값인 $D = D_0$를 식 (4.5)에 대입하면 $D_0 = \frac{k_1 \cdot L_0}{k_2 - k_1} + C$ $C = D_0 - \frac{k_1 \cdot L_0}{k_2 - k_1}$ 이며, 이를 (식 4.5)에 대입하여 정리하면 다음의 **용존산소곡선식**(DO sag curve)인 Streeter & Phelps식이 얻어지며, 자연대수를 상용대수로 전환하면 식 (4.7)이 된다.

$$\therefore\ D = \frac{k_1 \cdot L_0}{k_2 - k_1} \left\{ e^{\frac{-k_1}{U} \cdot x} - e^{-\frac{k_2}{U}x} \right\} + D_0 e^{-\frac{k_2}{U} \cdot x} \tag{4.6}$$

$$\therefore\ D = \frac{k_1 \cdot L_0}{k_2 - k_1} \left\{ 10^{-k_1 \cdot t} - 10^{-k_2 \cdot t} \right\} + D_0 10^{-k_2 \cdot t} \tag{4.7}$$

하천에 유기물질이 유입되면 그 유하시간에 따라 하천의 DO가 점차 감소되며 소비되는 산소량보다 대기로부터 공급되는 산소량이 커지면 수중의 DO농도는 증가하게 된다. 하천의 수질을 평가할 때는 언제나 최악의 수질상황을 기준으로 해야 하며 이에 따라 갈수기 때와 최악의 수질악화시점과 그 공간적 지점을 중요시해야 한다.

따라서 그림 4.9에서 보는 바와 같이 DO가 최소가 되는 지점인 D_c지점의 파악은 대단히 중요하며 항상 하천의 DO수준은 이 임계지점의 DO농도를 기준으로 삼아야 할 것이다. 또한 DO최소지점에 도달하는 시간(임계시간, t_c)을 알면, BOD부하의 영향이 하천의 어느 지점에서 가장 크게 영향을 나타내는가를 예측할 수도 있다.

그림 4.9 용존 산소 곡선(DO sag curve)

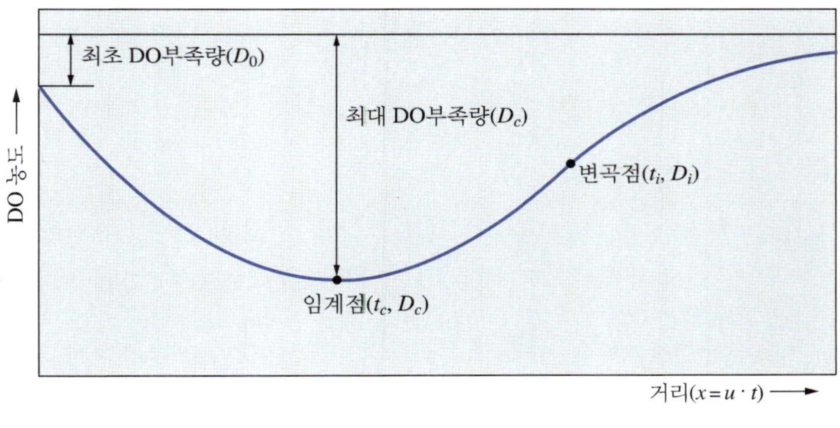

임계지점(critical point)의 D_c와 t_c는 $\frac{dD}{dt}=0$이므로

$$D_c = -\frac{k_1}{k_2} L_0 10^{-k_1 \cdot t_0} \quad \text{또는} \quad D_c = \frac{1}{f} L_0 10^{-k_1 \cdot t_0} \tag{4.8}$$

$$t_c = \frac{1}{k_1(f-1)} \log\left\{f\left[1-(f-1)\frac{D_0}{L_0}\right]\right\} \tag{4.9}$$

따라서 임계점을 넘으면 DO는 점차 재포기에 의해 증가되기 시작하며 재포기율은 변곡점(t_i, D_i)에서 최대가 된다. 즉, 탈산소작용이 새로 오염원이 유입되지 않는 한 이루어지지 않아 그때 수온에 따른 DO포화치에 다다르게 된다. 변곡점에서 D_i와 t_i는 다음과 같다.

$$\log D_i = \log\left(\frac{f+1}{f^2}\right) + \log L_0 - k_1 t_i \tag{4.10}$$

$$t_i = -\frac{1}{k_1(f-1)} \cdot \log f + t_c \tag{4.11}$$

그러나 위의 모든 용존산소곡선식은 단지 탈산소와 재포기작용을 고려한 미분방정식의 해이므로 SOD, N-BOD, 광합성, 호흡작용이 실제 하천에서 발생하여 DO농도에 영향을 미친다는 점을 고려한다면 그 실효성은 의문시된다. 따라서 하천의 DO에 영향을 미치는 모든 인자를 고려하여 식을 풀어나가면 다음과 같이 된다.

$$D = \frac{k_1 \cdot L_0}{k_2 - k_1}\left(10^{-\frac{k_1}{U}\cdot x} - 10^{-\frac{k_2}{U}\cdot x}\right) + \frac{k_N \cdot L_{0N}}{k_2 - k_1}\left(10 - \frac{k_N}{U}\cdot x - 10^{-\frac{k_2}{U}\cdot x}\right)$$
$$+ \frac{S}{k_2}\left(1 - 10^{-\frac{k_2}{U}\cdot x}\right) + \frac{R}{k_2}\left(1 - 10^{-\frac{k_2}{U}\cdot x}\right) - \frac{P}{k_2}\left(1 - 10^{-\frac{k_2}{U}\cdot x}\right) + D_0 10^{-\frac{k_2}{U}\cdot x} \tag{4.12}$$

예제

4.2 유량이 1.6 m^3/s이고 BOD_5가 5 mg/L, DO가 9.2 mg/L인 하천에 유량이 0.8 m^3/s이고 BOD_5가 50 mg/L, DO가 5.0 mg/L인 지류가 흘러들어가고 있다. 합류된 하천의 유속이 15 m/min이면 합류 지점에서 하류로 54 km 지점에서의 용존산소 부족량은? (단, 온도 20℃, 혼합수의 k_1=0.1/day, k_2=0.2/day 혼합수의 포화산소농도는 9.2 mg/L, 상용대수 적용)

풀이 ① $C_m = \dfrac{(1.6\,\mathrm{m^3/s} \times 5\,\mathrm{g/m^3}) + (0.8\,\mathrm{m^3/s} \times 50\,\mathrm{g/m^3})}{1.6\,\mathrm{m^3/s} + 0.8\,\mathrm{m^3/s}}$

$= 20\,\mathrm{g/m^3} = 20\,\mathrm{mg/L}\,(\mathrm{BOD_5})$

② 혼합지점의 농도 C_m은 BOD_5값이므로 다음 식을 이용하여 BODu로 환산한다.

$$L_0 = \frac{C_m}{1-10^{-k_1 \times t}} = \frac{20\,\mathrm{mg/L}}{1-10^{-0.1/\mathrm{day} \times 5\mathrm{day}}} = 29.249\,\mathrm{mg/L}$$

③ 다음으로 혼합지점의 용존산소량을 계산하면 다음과 같다.

$$D_m = \frac{(1.6\,\mathrm{m^3/s} \times 9.2\,\mathrm{g/m^3}) + (0.8\,\mathrm{m^3/s} \times 5\,\mathrm{g/m^3})}{1.6\,\mathrm{m^3/s} + 0.8\,\mathrm{m^3/s}}$$

$= 7.8\,\mathrm{g/m^3} = 7.8\,\mathrm{mg/L}$

④ 다음으로 혼합지점의 용존산소 부족량을 구하면

$D_0 = C_s - D_m = 9.2 - 7.8 = 1.4\,\mathrm{mg/L}$

⑤ 유하거리 54 km까지 소요되는 시간을 구하면

$$t = \frac{54{,}000\,\mathrm{m}}{15\,\mathrm{m/min} \times 1{,}440\,\mathrm{min/day}} = 2.5\,\mathrm{day}$$

⑥ 유하거리 54 km 지점의 용존산소 부족량을 계산하면

$$D_t = \frac{k_1 \cdot L_0}{k_2 - k_1}(10^{-k_1 t} - 10^{-k_2 t}) + D_0 10^{-k_2 t}$$

$$= \frac{0.1 \times 29.249}{0.2 - 0.1} \times (10^{-0.1 \times 2.5} - 10^{-0.2 \times 2.5}) + 1.4 \times 10^{-0.2 \times 2.5}$$

$= 7.6414\,\mathrm{mg/L}$

4.4.2 동적 상태(Dynamic state)에서의 BOD-DO해석

동적상태일 때, 오늘 서울시 한강의 BOD농도는 어제 팔당호의 BOD농도에 의해 영향을 받게 되며, 시간에 따라 농도가 변화한다.

$$C(x, t) = C_{0\left(t - \frac{x}{U}\right)} e^{-\frac{k}{U} \cdot x}$$

$$D(x, t) = \frac{k_1 \cdot L_{0\left(t - \frac{x}{U}\right)}}{k_2 - k_1}\left(10^{-\frac{k_1}{U} \cdot x} - 10^{-\frac{k_2}{U} \cdot x}\right) + D_{0\left(t - \frac{x}{U}\right)} 10^{-\frac{k_2}{U} \cdot x}$$

(4.13)

그림 4.10 Dynamic상태의 수질변화

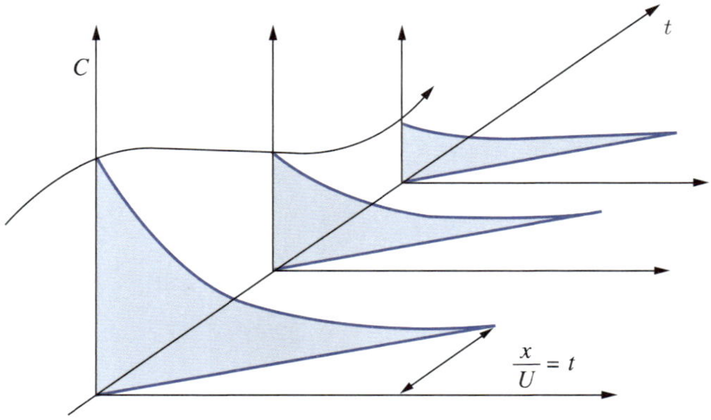

4.5 하천의 수질관리와 수질오염

4.5.1 수질관리 체계(Water quality management system)

하천의 수질을 관리하기 위해서는 해당 하천의 수질을 어느 정도의 수준으로 만들기 위한 일련의 체계적인 작업이 필요하며 그 내용은 다음 그림 4.11과 같다. 우선 대상 하천의 사용 용도를 파악하여야 한다. 즉 상수원수, 공업용수, 농업용수, 수산용수 등의 물의 용도가 결정되어야 한다.

그 다음에는 목표한 물의 용도를 유지시키기 위하여 적절한 수질항목들과 **준거치**(Criteria)를 결정해야 하며, 결정된 수질항목에 대하여 수질기준이나 목표를 마련하여야 한다. 수환경 정책의 목표는 헌법에 규정된 환경권을 구현하는 것으로 세 가지 세부목표로 구분할 수 있다. 즉, 첫째는 상수원을 깨끗이 보전함으로써 국민건강을 보호하는 것이며, 둘째는 상수원이 아니라 하더라도 모든 하천의 수질을 수생태계가 유지될 수 있는 수준으로 보전하고, 셋째는 하천과 물은 생활환경의 일부를 구성하는 요소이므로 수환경(水邊, 水體, 河底)을 쾌적하게 만들어 친수와 경관기능을 창출하여 어메니티(Amenity)를 높이는 일이다.

수질목표와 수질기준치는 앞서 언급된 물의 용도뿐만 아니라 현재의 수질현황, 오염원 조사, 그리고 장래의 수질농도의 예측결과에 따라 적절히 설정되어야 할 것이다. 대상하천의 수질기준설정의 한 예로서는 해당 오염물질의 TLm－94hrs 값의 1/100～

그림 4.11 수질관리 체계의 흐름도

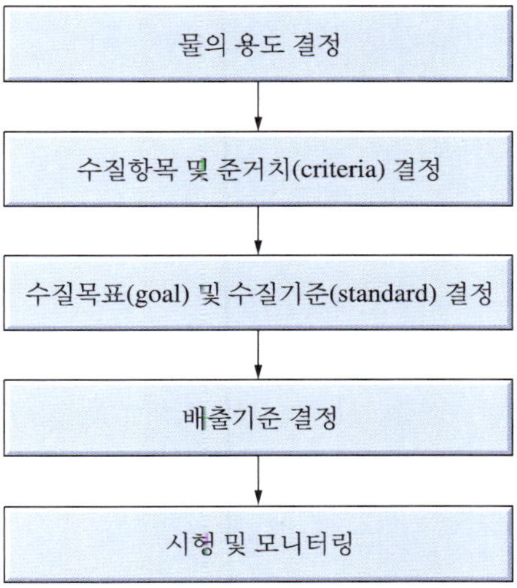

1/10 수준을 하천 수질환경기준치로 도입되기도 한다.

수질목표와 하천 수질기준치가 설정되면 이에 준하여 오염물질 배출에 대한 기준이 마련되어야 한다. **배출기준**(Emission standard)은 현재의 수질오염방지기술의 능력이나 배출량, 배출되는 지역에 따라 다양한 기준이 마련되어야 할 것이다.

배출기준에는 배출허용기준(농도)이나 배출량 혹은 폐수처리시설에 대한 규제방안이 있고 배출지역에 따라 차등을 두거나 특별대책지역의 선정 등과 같은 배출지역 규제방안이 있다. 그러나 우리나라의 경우 수질관리체계는 위와 같은 일련의 과정이 이루어지지 않은 채 다소 무계획적인 정책실행으로 말미암아 많은 부분의 보완과 제도의 개선이 필요할 것으로 보인다.

4.5.2 수질환경기준 및 규제기준

가. 수질 환경 기준(하천)

환경기준이란 쾌적한 환경을 보전하여, 오염으로부터 사람의 건강을 보호함에 필요한 기준을 말하며, 환경행정의 목표가 되고 모든 제도와 행정조치가 환경기준의 유지 달성을 위하여 추진된다.

수질환경기준은 경제적·기술적 달성가능성, 경제성장, 지역의 특성, 국민의 요구를 종합적으로 검토하여 설정되어지며, 우리나라의 수질환경기준은 환경보전법이 1977.

12.31 제정됨에 따라 동법시행규칙의 별표에 마련, 1978.7.1부터 시행되었으며, 환경정책기본법 제정 이후 시행령 별표에 따라 6등급으로 구분하여 '매우 좋음'부터 '매우 나쁨'까지 총 7단계 등급으로 구분하고 있다. 주된 내용은 수역별, 항목별, 등급별로 구분하여 설정하고 있으며 항목과 기준농도가 대체적으로 일본과 유사하며, 유럽과는 항목설정에 약간의 차이를 보이고 있다.

항목별로는 생활환경기준인 pH, BOD, SS, DO, COD, TOC, T-P, 총 대장균군, 분원성 대장균군 등 9개 항목과 사람의 건강보호기준인 Cd, As, CN, Hg, 유기인, Pb, Cr, PCB 등 20개 항목으로 구분되며, 7등급으로 구분하여 각각 차등 설정하고 있다. 그러나 수질환경기준의 항목은 다소 불합리하거나 막연하여 재조정이 필요한 것으로 여겨진다. 우선 pH의 경우 1등급~3등급이 pH 6.5~8.5이고 4, 5등급이 6.0~8.5로 설정되어 있는데, pH 2 정도의 차이는 H^+농도 100배 차이를 나타내는 것으로 기준이 100배 범위안에 들어도 무방하다는 얘기는 불합리하다. 따라서 pH를 다소 축소 조정하는 것이 바람직하다.

사람의 건강보호기준에는 총 20개 항목이 설정되어 있는데, 사람의 건강을 위해서는 좀 더 많은 항목의 보강이 필요하며 일부 '검출되어서는 안됨'으로 명기된 항목들은 실제 하천수 내에서 낮은 농도나마 검출되고 있고, 분석기술과 장비의 발달로 충분히 분석이 가능하므로 적절한 농도를 기준 삼아야 될 것이다. 또한 모든 수질항목의 평가는 평균값이나 최선의 수질상태보다도 최악의 수질농도가 나타나는 지점과 시점을 중심으로 평가되어야 할 것이며, 모든 수질규제방안이 최악의 수질을 개선하기 위한 것으로 마련되어야 할 것이다.

나. 수질 규제기준

수질규제기준은 앞에서 언급된 바와 같이 다양하게 적용할 수 있으며 그 내용은 다음과 같다.

① 배출량 규제
- 배출허용기준(배출농도규제)
- 제품생산량당 오염물질 배출량 규제
- 폐수특성에 따른 폐수처리시설 규제

② 배출지역규제
- 지역 특성에 따라 배출규제를 차별화
- 특별대책지역의 선정－엄격한 배출규제에 따른 총량규제

과거 4대강(낙동강, 금강, 영산강) 특별법이 통과되었으며 그중 오염총량관리제가 의무적으로 도입되게 되었다. 이는 특정의 공공수역을 대상으로 유역으로부터 대상수계에 유입되는 **오염물질의 총량**을 수질환경기준이 준수될 수 있는 일정수준(허용총량) 이하가 되도록 오염원을 통제하는 규제조치로서 지역개발을 친환경적으로 개발하도록 유도함으로써 개발간 조화와 형평성을 꾀하는 제도라고 판단된다. 4대강 유역의 실제 적용구간은 목표수질이 달성·유지된다고 환경부장관이 인정한 지역이나 수질등급이 I 급수 지역일 경우에는 제외하였다.

표 4.4 ➸ 농도규제와 총량규제간의 비교

비 고	농 도 규 제	총 량 규 제
규제대상	농도(C) = 오염부하량(L) / 폐수량(Q) 폐수중 오염물질의 농도를 규제	오염부하량(L) = 농도(C) × 폐수량(Q) 폐수중 오염물질의 총량을 규제
특 징	집행은 용이하나 오염원 밀집시 오염총량이 늘어나는 것은 통제할 수 없음	시행기반구축감시가 쉽지 않으나 오염물질 총량이 환경용량 이하로 통제가능

표 4.5 ➸ 하천수질환경기준(생활환경기준)

등급		상태(캐릭터)	기 준								
			pH	BOD (mg/L)	COD (mg/L)	TOC (mg/L)	SS (mg/L)	DO (mg/L)	T-P (mg/L)	대장균군 (군수/100mL) 총 대장균군	분원성 대장균군
매우 좋음	Ia		6.5~8.5	1 이하	2 이하	2 이하	25 이하	7.5 이상	0.02 이하	50 이하	10 이하
좋음	Ib		6.5~8.5	2 이하	4 이하	3 이하	25 이하	5.0 이상	0.04 이하	500 이하	100 이하
약간 좋음	II		6.5~8.5	3 이하	5 이하	4 이하	25 이하	5.0 이상	0.1 이하	1,000 이하	200 이하
보통	III		6.5~8.5	5 이하	7 이하	5 이하	25 이하	5.0 이상	0.2 이하	5,000 이하	1,000 이하
약간 나쁨	IV		6.0~8.5	8 이하	9 이하	6 이하	100 이하	2.0 이상	0.3 이하	-	-
나쁨	V		6.0~8.5	10 이하	11 이하	8 이하	쓰레기등이 떠있지 않을 것	2.0 이상	0.5 이하	-	-
매우 나쁨	VI	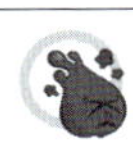	-	10 초과	11 초과	8 초과		2.0 미만	0.5 초과	-	-

※ 화학적산소요구량(COD) 기준은 2015년 12월 31일까지 적용

표 4.6 ➻ 하천수질환경기준(건강보호기준-하천, 호소 공통)

카드뮴 (Cd)	비소 (As)	시안 (CN)	수은 (Hg)	유기인	납 (Pb)	6가크롬 (Cr^{6+})	PCB	PCE	1,4-다이옥세인
0.005 이하	0.05 이하	불검출 (검출한계 0.01)	불검출 (검출한계 0.001)	불검출 (검출한계 0.0005)	0.05 이하	0.05 이하	불검출 (검출한계 0.0005)	0.04 이하	0.05 이하
사염화탄소	**1,2-디클로로메탄**	**디클로로메탄**	**벤젠**	**헥사클로로벤젠**	**클로로포름**	**포름알데히드**	**디에틸헥실프탈레이트**	**안티몬**	**ABS**
0.004 이하	0.03 이하	0.02 이하	0.01 이하	0.00004 이하	0.08 이하	0.5 이하	0.008 이하	0.02 이하	0.5 이하

※ 디에틸헥실프탈레이트(DEHP), 안티몬 : 2009년부터 적용,
1,4-다이옥세인 : 2014년부터 적용, 포름알데히드, 헥사클로로벤젠 : 2015년부터 적용

(1) 해당 수체(Waterbody)의 특성을 고려한 규제

우리나라의 경우 수질규제기준을 배출허용기준과 방류수질기준으로 정하여 규제하고 있으며 해당 오염원이 외딴 곳에 위치하거나 독립적일 때는 별도로 배출규제 방안이 요구된다.

1) 배출허용기준

배출허용기준은 개별배출업소에 적용되는 규제기준으로서 각 업소가 오염물질을 배출할 때 지켜야 하는 최대배출허용치 또는 허용농도를 말한다. 배출허용기준의 설정은 산업폐수를 처리한 후 배출되는 오염물질 농도가 하천에 유입되는 하천수에 희석되었을 때, 수역환경에서 생물이 서식하거나 사람의 건강을 해치지 않는 수준을 감안하여 결정되어지며 대개 하천의 자정능력을 고려하여 결정된다.

각국의 배출허용기준의 설정내용을 살펴보면, 일본은 우리나라와 비슷하게 설정하고 있으며 다만 지방 자치단체별로 전국 기준보다 엄격하게 적용할 수 있도록 하고 있고, 싱가포르는 폐수배출수역에 따라 하수도, 일반수역, 특별관리수역 배출시로 구분하여 차등 규제하고 있으며, 미국은 연방정부(EPA)에서 업종별로 오염물질 및 배출농도를 규정하고 있다.

우리나라는 수질관리목표를 달성하기 위한 수단의 하나로서 생활하수·산업폐수·축산폐수 등에 대한 오염물질 배출기준을 설정하고 있다.

생활하수의 경우, 도시화된 지역에 설치되는 하수처리장의 방류수기준과 비시가화 지역의 개별건축물에 설치되는 오수처리시설의 방류수 기준으로 구분된다. 전자는 '수

질및수생태계보전에관한법률'에서, 후자는 하수도법에서 지역에 따라 차등적으로 규정하고 있다.

산업폐수의 배출허용기준은 '수질및수생태계보전에관한법률'에서 규정하고 있으며 폐수배출량규모(1일 2천톤/일 기준)에 자라 차등화하고, 또한 지역에 따라 '청정'지역(가장 엄격), '가'지역(보통), '나'지역(느슨함), 특례지역 등으로 차등화하여 구분·적용하고 있다. 따라서 폐수배출량 2,000 m³/day 이상의 대규모배출시설이나 특례지역은 더욱 엄격한 배출허용기준을 적용받게 되었다.

한편 배출허용기준을 초과하여 폐수를 배출하거나 배출시설 및 방지시설의 정상운영을 위반한 경우에는 개선명령, 조업정지, 시설이전명령, 배출부과금 등 행정적·경제적 제재를 받도록 규정하고 있다.

표 4.9는 수많은 종류의 화학물질에 대한 개별적인 평가가 어려운 물리·화학 중심의 수질평가의 한계를 극복하기 위하여 수질 등급별 생물지표종을 정하고 있다. 수질상태에 따라 서식하는 저서생물, 부착조류 및 어류, 즉 하천·호소의 하부에서 주로 서식하는 다슬기·가재·지렁이 등을 조사하여 생태계의 건전성을 평가해 나가는 것으로 이미 선진국에서는 1990년대 초반부터 수질오염물질이 생태계에 미치는 영향을 평가하기 위하여 생태학적 수질평가기법을 도입하고 있다.

환경부는 물등급별 생물지표종을 4개 등급으로 구분하였고, 생물지표종은 물리화학적인 수질과의 연계성을 우선 고려하면서 하천 생태계의 건전성을 총체적으로 반영할 수 있는지 여부를 감안하여 선정하였다.

표 4.7 ➻ 배출허용기준(BOD, COD, SS) - I

대상규모 / 항목 / 지역구분	1일 폐수배출량 2천 세제곱미터 이상			1일 폐수배출량 2 천세제곱미터 미만		
	생물화학적 산소요구량 (mg/L)	화학적 산소요구량 (mg/L)	부유 물질량 (mg/L)	생물화학적 산소요구량 (mg/L)	화학적 산소요구량 (mg/L)	부유 물질량 (mg/L)
청정지역	30 이하	40 이하	30 이하	40 이하	50 이하	40 이하
가 지 역	60 이하	70 이하	60 이하	80 이하	90 이하	80 이하
나 지 역	80 이하	90 이하	80 이하	120 이하	130 이하	120 이하
특례지역	30 이하	40 이하	30 이하	30 이하	40 이하	30 이하

표 4.8 ➳ 배출허용기준(2008년 1월 1일부터 적용되는 기준) – II				
항목 \ 지역구분	청정지역	가지역	나지역	특례지역
수온이온농도	5.8~8.6	5.8~8.6	5.8~8.6	5.8~8.6
노말헥산 추출물질함유량 –광유류(mg/L)	1 이하	5 이하	5 이하	5 이하
노말헥산 추출물질함유량 –동식물유지류(mg/L)	5 이하	30 이하	30 이하	30 이하
페놀류함유량(mg/L)	1 이하	3 이하	3 이하	5 이하
시안함유량(mg/L)	0.2 이하	1 이하	1 이하	1 이하
크롬함유량(mg/L)	0.5 이하	2 이하	2 이하	2 이하
용해성철함유량(mgmg/L)	2 이하	10 이하	10 이하	10 이하
아연함유량(mg/L)	1 이하	5 이하	5 이하	5 이하
구리함유량(mg/L)	1 이하	3 이하	3 이하	3 이하
카드뮴함유량(mg/L)	0.02 이하	0.1 이하	0.1 이하	0.1 이하
수은함유량(mg/L)	0.001 이하	0.005 이하	0.005 이하	0.005 이하
유기인함유량(mg/L)	0.2 이하	1 이하	1 이하	1 이하
비소함유량(mg/L)	0.05 이하	0.25 이하	0.25 이하	0.25 이하
납함유량(mg/L)	0.1 이하	0.5 이하	0.5 이하	0.5 이하
6가크롬함유량(mg/L)	0.1 이하	0.5 이하	0.5 이하	0.5 이하
용해성망간함유량(mg/L)	2 이하	10 이하	10 이하	10 이하
플로오르(불소)함유량(mg/L)	3 이하	15 이하	15 이하	15 이하
PCB함유량(mg/L)	불검출	0.003 이하	0.003 이하	0.003 이하
총대장균군(群)(총대장균군수)(mL)	100 이하	3,000 이하	3,000 이하	3,000 이하
색도(도)	200 이하	300 이하	400 이하	400 이하
온도(℃)	40 이하	40 이하	40 이하	40 이하
총질소(mg/L)	30 이하	60 이하	60 이하	60 이하
총인(mg/L)	4 이하	8 이하	8 이하	8 이하
트리클로로에틸렌(mg/L)	0.06 이하	0.3 이하	0.3 이하	0.3 이하
테트라클로로에틸렌(mg/L)	0.02 이하	0.1 이하	0.1 이하	0.1 이하
음이온계면활성제(mg/L)	3 이하	5 이하	5 이하	5 이하
벤젠(mg/L)	0.01 이하	0.1 이하	0.1 이하	0.1 이하
디클로로메탄(mg/L)	0.02 이하	0.2 이하	0.2 이하	0.2 이하
생태독성(TU)	1 이하	2 이하	2 이하	2 이하

지역구분 기준(수질및수생태계보전에관한 법률 시행령 별표 13)

1) 청정지역 : 「환경정책기본법 시행령」 별표 1 제3호에 따른 수질 및 수생태계 환경기준(이하 "수질 및 수생태계 환경기준"이라 한다) 매우 좋음(Ⅰa)등급 정도의 수질을 보전하여야 한다고 인정되는 수역의 수질에 영향을 미치는 지역으로서 환경부장관이 정하여 고시하는 지역
2) 가지역 : 수질 및 수생태계 환경기준 좋음(Ⅰb), 약간 좋음(Ⅱ)등급 정도의 수질을 보전하여야 한다고 인정되는 수역의 수질에 영향을 미치는 지역으로서 환경부장관이 정하여 고시하는 지역
3) 나지역 : 수질 및 수생태계 환경기준 보통(Ⅲ), 약간 나쁨(Ⅳ), 나쁨(Ⅴ) 등급 정도의 수질을 보전하여야 한다고 인정되는 수역의 수질에 영향을 미치는 지역으로서 환경부장관이 정하여 고시하는 지역
4) 특례지역 : 환경부장관이 수질및수생태계보전에관한 법률 제49조제3항에 따른 공동처리구역으로 지정하는 지역 및 시장・군수가 「산업입지 및 개발에 관한 법률」 제8조에 따라 지정하는 농공단지

표 4.9 ➸ 물 등급별 생물지표종

물 등급	생물 지표종			
	어 류		저서생물	
매우좋음 ~ 좋음	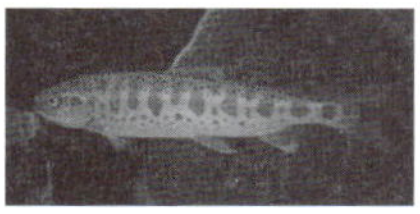 산천어	 금강모치	 보통옆새우	 가재
	 버들치	 열목어	 뿔하루살이	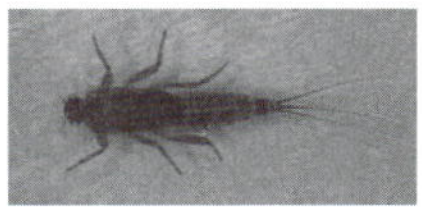 민하루살이
좋음 ~ 보통	 갈겨니	 쉬리	 다슬기	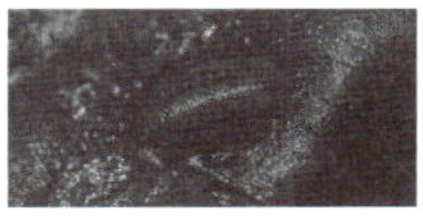 조개넙적거머리
	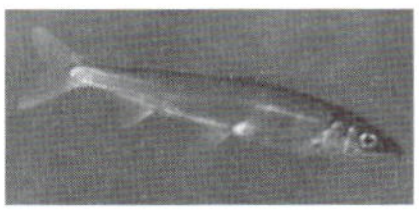 은어	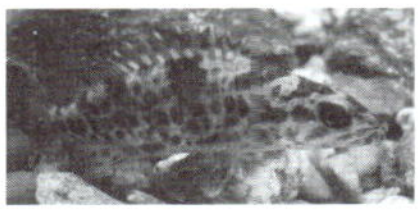 쏘가리	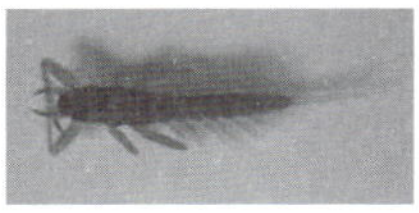 강하루살이	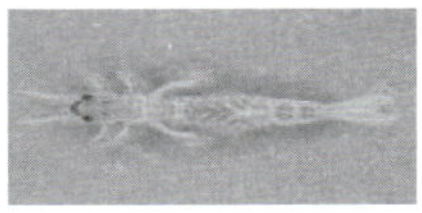 동양하루살이
보통 ~ 약간나쁨	 피라미	 끄리	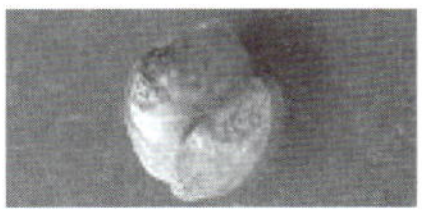 물달팽이	 돌거머리
	 모래무지	 참붕어	 물벌레	 밀잠자리
약간나쁨 ~ 매우나쁨	 붕어	 잉어	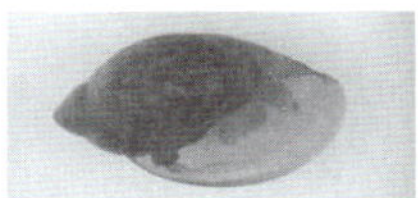 왼돌이물달팽이	 실지렁이
	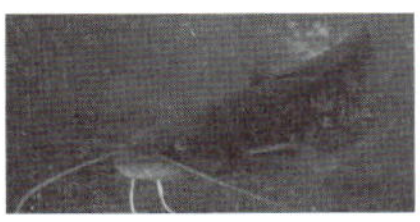 메기	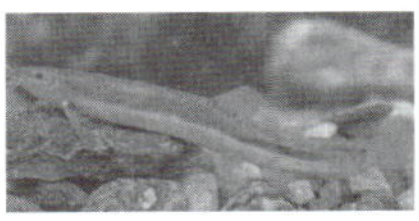 미꾸라지	 붉은깔다구	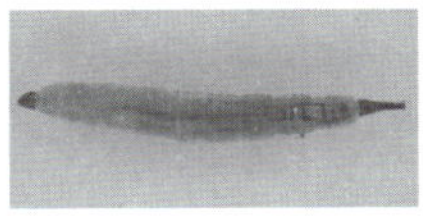 나방파리류

2) 방류수 수질기준

폐수배출허용기준이 개별배출시설에 적용되는 규제기준이라고 볼 때 방류수 수질기준이란 하수, 폐수종말처리장과 같은 종말처리시설에 적용되는 기준이라고 할 수 있다. 방류수 수질기준이 배출허용기준보다 훨씬 엄격한 항목이 있는데 그 이유는 폐·하수 또는 분뇨를 종말처리하여 최종적으로 공공수역에 배출하기 때문이다.

표 4.10 ➸ 방류수 수질기준(공공하수처리시설)

구 분	생물화학적 산소요구량 (BOD) (mg/L)	화학적 산소요구량 (COD) (mg/L)	부유물질 (SS) (mg/L)	총질소 (T-N) (mg/L)	총인 (T-P) (mg/L)	총 대장균군수 (개/mL)
특정지역기준	10 이하	40 이하	10 이하	20 이하	2 이하	3,000 이하
기타지역기준	20 이하	40 이하	20 이하	60 이하	8 이하	

1. 비고 : 공공하수처리시설의 페놀류 등 오염물질의 방류수수질기준은 해당 처리시설에서 처리할 수 있는 오염물질항목에 한하여 「수질환경보전법 시행규칙」 별표 9 제2호나목의 페놀류 등 오염물질의 표중 특례지역에 적용되는 배출허용기준 이내에서 그 처리시설 설치사업시행자의 요청에 따라 환경부장관이 정하여 고시한다.
2. 적용시기
 가. 한강수계지역, 낙동강수계지역, 금강수계지역, 영산강·섬진강수계지역에는 특정지역기준을 적용한다. 다만, 공공하수처리시설의 방류수가 제3호 각 목에 따른 각 수계의 본류(本流)와 그 지류(支流)로 유입되지 아니하는 시설중에서 방류지점 하류에 「수도법」 제3조제17호에 따른 취수시설이 없는 경우에는 기타지역기준을 적용한다.
 나. 특정지역기준을 적용받는 지역 외의 지역은 기타지역기준을 적용하되, 2008년 1월 1일부터는 특정지역기준을 적용한다.
 다. 특정지역기준을 적용받는 경우에도 겨울철(12월 1일~3월 31일)에는 총 질소 와 총 인에 대하여는 기타지역기준을 적용한다.
 라. 다음 각 지역의 대장균군수에 대하여는 방류수수질기준을 1,000개/mL로 적용한다.
  1) 「수질환경보전법 시행규칙」 별표 9에 따른 청정지역
  2) 「수도법」 제7조에 따른 상수원보호구역 및 그 경계구역으로부터 상류로 유하거리(流下距離) 10km 이내의 지역
  3) 「수도법」 제3조제17호에 따른 취수시설로부터 상류로 유하거리 15km 이내의 지역

표 4.11 ➸ 분뇨 종말처리시설의 방류수 수질기준

항목 / 구분	생물화학적 산소요구량 (mg/L)	화학적 산소요구량 (mg/L)	부유물질 (mg/L)	총대장균 군수 (개수/mL)	기타 (mg/L)
분뇨처리시설	30 이하	50 이하	30 이하	3,000 이하	총질소 : 60 이하 총인 : 8 이하

4.5.3 국내 하천의 현황과 수질현황

하천관리의 기본이 되는 하천법에서는 하천을 법으로 지정하는 지정하천과 하천법의 지정을 준용하는 준용하천으로 나누고 있는데 지정하천은 다시 건설부장관이 관리하는 직할하천과 시·도지사가 관리하는 지방하천으로 구분된다. 하천법상의 하천이 아닌 소하천은 1994년 소하천정비법이 제정된 이후로 행정자치부에서 별도로 관리되고 있다.

하천을 통한 용수공급은 연간 172억 m³에 이르는데 용수의 공급 및 운반통로로서 우리생활에 중요한 역할을 하는 하천 총 3,964개의 연장은 30,416 km이며, 직할하천 2,858 km, 지방하천 1,319 km, 준용하천 26,238 km로 구분된다.

우리나라 하천의 종류는 표 4.12와 같으며 자연환경과 수질환경을 관련지어보면 다음과 같은 특성이 있다. 하천의 수질은 강수량과 밀접한 관련이 있는데 풍수기보다 갈수기 시기에 수질의 악화가 심화되는 편이고 연중 강수량의 2/3가 여름철에 집중됨으로써 수자원 확보면에서는 불리한 점이 있다. 그래서 주요 하천에서는 각종 용수의 확보를 위하여 하천의 흐름을 막은 인공댐의 축조가 많은 편이다. 한강의 경우 북한강상류에 화천댐, 춘천댐, 의암댐, 청평댐, 소양댐 등이 있고 남한강에는 충주댐이, 남북

표 4.12 ➤ 수계별 하천현황

수계별	유역 면적 (km^2)	간선 유료연장 (km)	하 천 연 장(km)							
			계		직할하천		지방하천		준용하천	
			개소	연장	개소	연장	개소	연장	개소	연장
한 강	26,018.0 (북한포함) 34,473.2	481.7	705	7,256.67	15	813.50	12	552.80	678	5,890.3
낙동강	23,817.3	521.5	825	7,460.16	10	829.50	10	190.50	805	6,440.1
금 강	9,810.4	395.9	503	3,741.915	11	401.90	20	362.1	472	2,977.9
영산강	3,371.3	136.0	185	1,472.22	5	197.10	2	46.20	178	1,228.9
섬진강	4,896.5	212.3	284	2,071.37	3	237.30	1	22.00	280	1,812.0
안성강	1,699.6	66.4	103	622.205	4	87.60	-	-	99	534.6
만경강	1,570.9	74.1	83	579.80	3	67.80	2	23.80	78	488.2
삽교강	1,611.7	58.6	100	609.608	3	67.30	2	29.30	95	513.0
동진강	1,000.4	40.9	87	446.20	4	69.80	1	18.90	82	357.5
형산강	1,166.8	62.2	31	281.75	1	36.00	-	-	30	245.7
기 타	13,784.6	-	1,058	5,874.26	3	50.50	5	73.90	1,050	5,749.8
계	88,747.5 (97,202.7)	-	3,964	30,416.158	62	2,858.30	55	1,319.50	3,847	26,238.358

자료 ; 건설부, "한국하천일람", 1992

한강 합류지점에는 팔당댐이 있으며, 서울로 흐르는 한강 본류구간에는 잠실 수중보와 신곡 수중보가 있어 한강 유로길이의 80% 정도가 호수화되어 있는 실정이다. 또한 우리나라 자연환경 특성상 유로길이가 비교적 짧고 경사가 급하여 물이 빨리 유출되는 관계로 하천으로 유입된 오염물질이 충분히 정화될 수 있는 시간적 여유가 없이 연안의 수질을 악화시키는 작용을 하천자체가 갖고 있다.

가. 국내하천의 수질현황

국내하천의 수질현황은 한강, 낙동강, 금강, 영산강 등의 4대강을 중심으로 파악하고자 한다. 환경부는 1996년 물관리종합대책 및 4대강 물관리종합대책(1998~2005) 추진효과로 공공수역의 BOD농도는 감소하고 있으나, COD농도는 화학물질 사용 증가, 비점오염원 등 난분해성 오염물질 유입으로 다소 증가하거나 BOD에 비해 적게 감소하였고, 조류발생 및 유기물질 자체생산의 제한 인자인 총인의 오염도는 증가한 것으로 평가하고 있다(환경부, 환경백서 2009).

특히 22조2천억 예산으로 준설과 16개 보가 건설되고 난 이후 4대강은 하천이 호소화되어 조류발생이 더욱 악화되는 수생태계 특성으로 변모하고 있다. 따라서 4대강은 평상시 저수량은 늘어났으나(낙동강은 4배 증가; 총 10억톤), 체류시간이 증대하여 조류(algae)의 성장이 과거에 비해 훨씬 용이해졌다. 이럴 경우 호소화된 4대강 내에서는 비록 총인처리시설(5천억 예산 투여)로 인하여 다소 낮은 총인농도가 유지되고 되더라도 여전히 물의 체류시간만 충분히 보장되는 현재의 조건하에서는 상시 조류가 번무할 수 있는 수질환경을 갖고 있는 셈이다.

그림 4.12 4대강 사업이후 낙동강 횡단면 모습(8개보 건설후)

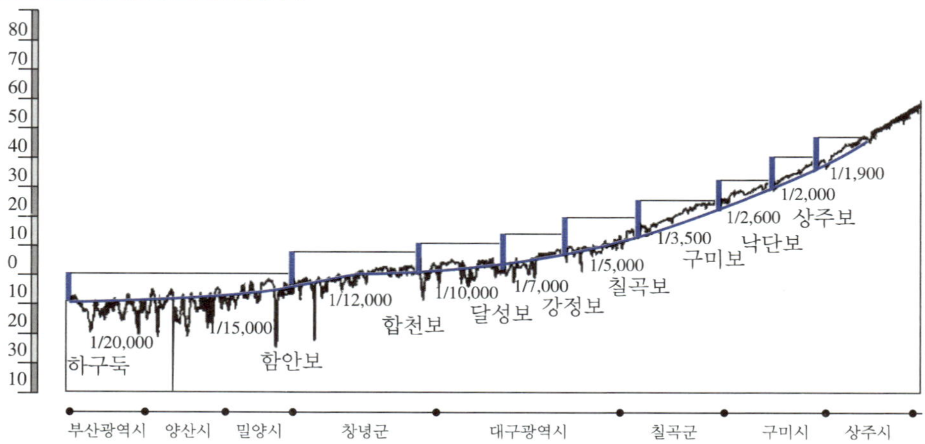

나. 4대강 주요지점의 수질변화와 목표기준 달성현황

그간 4대강 물관리종합대책('98～'05년). 물환경관리기본계획(1차 '06～'15년, 2차 '16～'25년) 등과 추진효과로 공공수역의 BOD 농도와 총인 오염도는 전반적으로 감소하는 추세이다. 한편, 주요 상수원 및 호소에서 사람의 건강보호 기준항목(17개)을 초과하지 않고 있으나, 화학물질 사용 증가, 비점오염원 등 난분해성 오염물질 유입에 따라 사람의 건강보호기준 항목 확대 등 지속적인 노력이 필요하다.

그림 4.13 4대강 주요 지점의 수질변화 (단위 : mg/L·년)

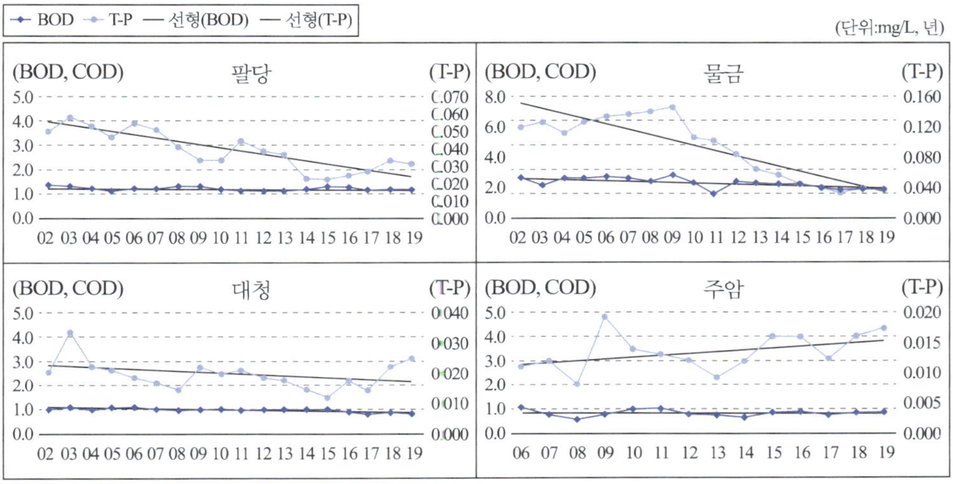

2019년도의 수질평가결과, 전국 하천 115개 중권역의 BOD 기준 좋은물 달성률은 82.6%로 전년보다 소폭 하락하였으며, 총인 기준 좋은물 달성률은 전년대비 소폭 증가(77.4 → 79.1%)하였다.

표 4.13 하천에서의 좋은물(BOD 기준) 달성 현황('19년, 대권역별)(단위 : 개, %)

대권역	중권역 수	좋은물 달성도(BOD)		좋은물 달성도(T－P)	
		달성 증권역 수('17년)	비율('17년)	달성 중권역 수('17년)	비율('17년)
총 계	115	95(97)	82.6(84.3)	91(89)	79.1(77.4)
한 강	29	27(26)	93.1(89.7)	23(23)	79.3(79.3)
낙동강	32	31(32)	96.9(100.0)	30(31)	93.8(96.9)
금 강	21	12(12)	57.1(57.1)	13(12)	61.9(57.1)
영산강	33	25(27)	75.8(81.8)	25(23)	75.8(69.7)

4대강 권역별로 살펴보면, 한강권역의 BOD 기준 좋은물 달성률은 전년대비 소폭 증가(89.7 → 93.1%)하였으며, 총인 기준 좋은물 달성률은 전년과 동일(79.3%)하였고,

낙동강 권역은 BOD 및 총인 기준 달성률은 소폭 하락(100.0 → 96.9%, 96.9 → 93.8%)하였다. 금강권역의 경우 BOD 기준 달성률은 전년과 동일(57.1%)하였고, 총인 기준 달성률은 전년 대비 소폭 증가(57.1 → 61.9%)하였으며, 영산강권역은 BOD 기준 달성률은 하락(81.8 → 75.8%) 하였으나, 총인 기준 달성률은 증가(69.7 → 75.8%)하였다.

제2차 물환경관리기본계획('16~'25년)은 주요 상수원 수질을 좋음(I) 등급 이상으로 달성하도록 목표를 제시하였고, 이에 따라 하천의 수질현황, 상수원 여부 등을 감안하여 중권역별로 2025년까지 달성하여야 할 각각의 목표수질이 설정되었다. 2019년에 조사가 이루어진 115개 중권역 중 87개 중권역이 개별 목표기준을 충족함으로써 목표의 75.7%를 달성하였다.

한강권역은 29개 중권역 중 27개(93.1%), 낙동강권은 32개 중권역 중 24개(75.0%), 금강권역은 21개 중권역 중 12개(57.1%), 영산강권역은 33개 중권역 중 24개(72.7%)의 중권역이 목표기준을 달성한 것으로 나타났다.

목표기준 등급별 달성현황을 살펴보면 목표기준이 '매우 좋음(Ia)'으로 설정된 중권역의 달성률은 73.7%, '좋음(Ib)'은 82.4%, 약간 좋음(II)은 46.7%, '보통(III)'은 90.0%, '약간 나쁨(IV)'은 100%로 나타났다.

그림 4.14 하천에서의 목표기준(BOD 기준) 달성 현황('19년)

구분	총계	목표기준 및 달성현황(달성/목표, 달성률)			
		한강	낙동강	금강	영산강
총계	87/115(75.7%)	27/29(93.1%)	24/32(75.0%)	12/21(57.1%)	24/33(72.7%)
매우좋음(Ia)	28/38(73.7%)	12/14(85.7%)	6/10(60.0%)	4/7(57.1%)	6/7(85.7%)
좋음(Ib)	42/51(82.4%)	9/9(100.0)	14/17(82.4%)	4/5(80.0%)	15/20(75.0%)
약간좋음(II)	7/15(46.7%)	2/2(100.0%)	3/4(75.0%)	1/6(16.7%)	1/3(33.3%)
보통(III)	9/10(90.0%)	3/3(100.0%)	1/1(100.0%)	3/3(100.0%)	2/3(66.7%)
약간나쁨(IV)	1/1(100.0%)	1/1(100.0%)	-(-)	-(-)	-(-)

Information

▌4대강 사업 논평 ▌

4대강은 흘러야 한다.

본시 강은 빗물이 땅을 적신 후 여러 경로를 거쳐 물이 모이는 장소로 그 지역에서 가장 낮은 곳에 위치한다. 가장 낮은 곳에 임하여 모든 것을 포용하고 기억한다. 땅이 건강하면 맑고 깨끗한 물이 모이고, 땅이 병들면 강도 오염되고 생명도 사라진다. 건강한 강은 그 후 바다로 들어가고 물속 여러 영양소들은 바다의 플랑크톤을 키워내고 결국 고래까지 연결되는 생태계 사슬을 엮어내는 중요한 생태학적 실핏줄을 담당한다. 강은 땅의 결과이며 바다의 원인이 되는 셈이다. 섬 주변이나 연안의 높은 생물생산성은 하천에서 공급되는 영양소가 없다면 불가능한 일이다. 즉 강은 살아 움직이는 생태학적 동선을 만들어내고 땅과 바다를 자연스럽게 연결시키는 매개체면서 바닷속 생명을 부양하는 중요한 근간이 되는 셈이다. 땅, 강, 바다가 이렇게 연결되어 있다. 하천을 살리는 일은 그래서 중요하다.

강 생태계는 산림 생태계와는 그 특성이 판이하다. 산림 생태계는 훼손이 쉽지 않지만 복원속도도 상당히 느리다. 반면에 강 생태계는 훼손이 비교적 쉽지만 복원속도 또한 재빠르다. 정치인들이 공약으로 하천복원을 나세워 임기 내에 그 성과를 보려 하는 것도 강 생태계의 이러한 특수성을 잘 알기 때문이다. 강은 예민한 생명체다. 조심스럽게 기다리고 관심을 쏟는다면 자연이 우리 곁으로 되돌아오는 날은 그리 멀지 않다. 그 날엔 많은 생물이 찾아들어 그들 스스로 새로운 생명의 질서를 창출해 낼 것이다. 그러나 이번 4대강 사업은 유사 이래 강을 단시간 내 죽일 각오로 덤빈 최초의 토목사업인 듯하다.

녹조는 수온, 광량, 영양염류(특히 인燐농도), 그리고 체류시간에 좌우된다. 즉 높은 수온과 일사량 및 인농도가 유지되고 긴 체류시간이 보장된다면 녹조가 번성하게 된다. 우리나라에서 녹조가 크게 번성하는 곳은 크게 세 종류다. 첫째, 하천의 흐름을 막아 조성된 댐 호수다. 우리나라 호수의 대부분은 인공호수인데, 이들은 수량 확보, 홍수 통제를 위해 필요한 시설이기도 하다. 그러나 흐르던 하천이 그 흐름을 멈추면서 생기는 부작용이 바로 녹조현상으로, 이곳에선 인농도가 높고 충분한 체류시간이 보장되어 녹조류가 성장하기에 매우 좋은 환경이다.

둘째, 강 하굿둑 탓에 생긴 하천 하류의 정체 구간이다. 우리나라는 하천으로 염분이 침투하는 것을 제어하고 안정된 수량을 확보하기 위해 낙동강, 금강, 영산강에 하굿둑을 조성하였다. 이로 인해 하천 하류는 만성적인 녹조현상이 일상화된 지 오래다. 셋째, 폐쇄성 연안이다. 이곳에는 강으로부터 많은 영양염류가 유입되고 염분농도가 낮아지며 체류시간이 길어져서 적조(Red tide)가 발생하고 있다.

이 세 곳은 모두 물이 정체되어 있는 구간들이다. 아직까지 우리나라 하천의 수질은 물이 고이기만 하면 녹조가 필 수 있는 수준이다. 그래서 녹조예방 방법은 오히려 간단하다. 강을 강답게 해주면 된다. 비록 물속의 인농도가 다소 높더라도 흐르게만 해주면 확실히 녹조가 덜 핀다. 그래서 강은 흘러야 하는 것이다. 세계적으로 더운 지방에 있는 강들이 모두 '녹조 곤죽'이 아닌 것은 흐르기 때문인 것이다. 구미, 상주, 대구 근처 낙동강에 핀 녹조는 이러한 원인 탓이다. 여덟 군데의 보가 낙동강에 들어섰으니 전에는 녹조가 피지 않던 곳에서 체류시간이 길어져 핀 것일 뿐이다.

우리는 '많은 물'을 원하는 게 아니라 '맑은 물'을 원한다. 환경문제에 경종을 울렸던 레이첼 카슨의 소설 『침묵의 봄』 (Silent Spring)처럼 4대강은 흐르지 않아 '침묵의 강'이 되어버렸다. 대신 물속에선 반란이 일어나고 있다. 따뜻하면 녹조류나 남조류가, 추우면 갈색빛 갈조류(규조류)가 피어오른다. 수온이나 햇빛과 상관없이 현재 우리 4대강 수질로는 물이 흐름을 멈추면 녹조가 피게 된다.

불필요한 사업을 벌여놓고 문제가 생겼으니 처방한다고 분주하다. 현재 우리가 취할 수 있는 가장 간편하고 효과적인 대안은 일단 4대강 16개 보의 수문을 열어놓는 일이다. 이 보들에 갇혀 있는 물은 현재 딱히 용도가 없다. 가뭄에도 쓸 수 없고, '고인 물은 썩는다'는 속담만 확인시켜주고 있을 뿐이다. 시화호도 물을 가둬서 용수로 쓰려다 오히려 썩어서 문제가 되었다. 여러 방책을 써봤지만 그중 가장 효과적인 것은 수문을 열어서 해수를 소통시키는 방법이었다. 4대강도 마찬가지다. 지금이라도 시화호의 교훈을 떠올릴 필요가 있다.

-김좌관 著,'창비주간논평', 2013.08

4.6 하천의 수질모델링

4.6.1 수질 모델링의 기초

수계는 각종 폐수의 방류, 유량의 변화, 기상상태의 변동 등에 따라 끊임없이 수질이 변화되는 과정을 겪게 되며, 이 변화는 물의 이동과 복잡한 물리, 화학, 생물학적인 작용을 통하여 발생하게 된다. 따라서 수질연구자들은 이와 같은 복잡한 하천을 하나의 界(System)로 생각하고, 이 system내에서 발생하는 모든 반응기작을 파악함으로써 하천의 수질을 평가하고 예측하고자 생각해낸 것이 **수질모델링**(water quality modeling)기법인 것이다.

하천을 모형화 하는 작업은 우선 해당수체의 수리학적 특성, 오염원의 부하량 및 수질의 현황조사 등이 우선되어야 한다. 하천의 모델링은 하천 생태계내의 물질 순환 또는 에너지 순환을 수식화 하여 구성하게 되며, 이때 하천의 시스템을 어느 정도 정확하게 수식화 하느냐에 따라서 모형의 정확도가 평가된다. 반면 그 수식을 해석하는 기법이 어려우면 어려울수록 모형의 유용성은 반감된다고 볼 수 있으며 보통 수치해석기법을 통하여 모든 반응기작을 해석하는 방법이 이용되고 있다.

모델을 구성하는 수식을 기술할 때 역점이 주어지는 내용은 다음과 같다.

① 모델의 기본형은 어떠한 형태의 공간적 조건을 대표하는가? (모델의 차원)

② 모델은 어떠한 시간적인 개념을 갖는가? (모델의 시간성)

③ 모델은 그 구성요소를 **동적**(Dynamic)으로 가정하는가, 또는 **정상적**(Steady state)으로 가정하는가? (모델의 역동성)

④ 시간에 따르는 오염물의 농도변화를 어떠한 수식으로 기술하는가? 특히 수질 모델링에 있어서는 Simulation 하고자 하는 수체(Waterbody)를 균일성을 갖는 일련의 **구획**(Segments)으로 나누는 과정이 중요하다. 이때 개개의 소구획은 유속에 의한 **이동**(Advective transport)면에서 같은 의미를 지니고 화학적, 생물학적 변수가 일치되는 공간으로 규정된다.

수질 모델링에 있어서 수체중의 오염물질의 농도는 다음 식 (4.14)와 같이 장소와 시간의 함수로 나타낼 수 있다.

$$C_p = f(x,\ y,\ z,\ t) \tag{4.14}$$

가. 모델링의 공간성

(1) 무차원 모델

무차원 모델(Zero-dimensional model)은 Simulation대상의 오염물질이 공간적으로 균일하게 분포하고 있다고 가정된 시스템이다. 즉, 오염물질의 농도 $C_p = g(t)$로 표시되기 때문에 물질이동이나 수리학적 기작(Hydraulic mechanism)들이 묘사되지 않는다.

이 모델의 가장 일반적인 적용은 호수를 연속교반 반응조(CSTR)로 가정하고 호수에 매년 축적되는 인산과 같은 무기물질의 수지(Nutrients budget)를 평가하는 데 적용되지만 식물성 플랑크톤의 계절적 변화와 같은 변동사항은 Simulation이 곤란하다. 가장 일반화되어 있는 무차원 모델의 공식은 다음과 같다.

$$\frac{dC_i}{dt} = \frac{Q_{in}}{V} C_{ii} - \frac{Q_{out}}{V} C_{io} + r_i \tag{4.15}$$

여기서, Q_{in} , Q_{out} : 호수의 유입, 유출물

C_{ii} , C_{io} : 유입수와 유출수에서 오염물 i 의 농도

V : 호수의 부피

r_i : 호수의 오염물 i 의 변화율

(2) 일차원 모델

일차원 모델(One-dimensional model)은 현재 가장 많이 실용화되고 있으며, 하천을 종방향으로 구획을 나누거나(그림 4.15), 호수에서는 수면의 수평방향으로 나누어서(그림 4.16), 나누어진 각 구획이 균일한 수질을 유지한다고 가정하는 모델이다.

즉, 구획의 하나하나는 무차원 모델의 시스템처럼 **CSTR**(Continuous Stirred Tank Reactor)로 가정하며 종방향(하천) 또는 연직방향(호수)으로만 유속과 확산에 의한 유체이동으로 소구획 단위의 수질 변화가 일어난다고 가정하는 모델이다. 이 부류의 모델은 현재까지 가장 유용성이 높고 실용화도 가장 많이 되어 있다.

그림 4.15 하천의 일차원 모델의 기하학적 모형

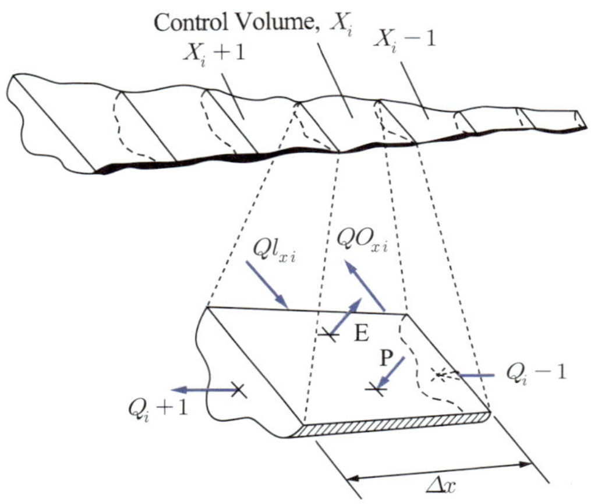

그림 4.16 호수의 일차원 모델의 기하학적 모형

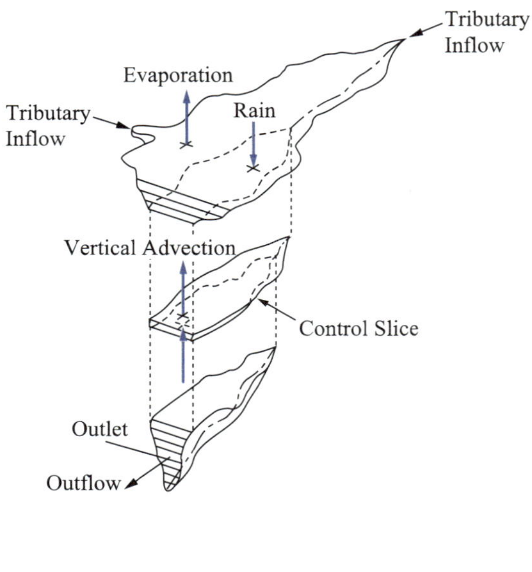

(3) 이차원 모델

이차원 모델이란 한 지역에 있어서 수질의 변동이 일방향성이 아닌, 보다 복잡한 **이방향성**(X−Y, 또는 Y−Z direction)으로 분포한다고 생각하는 개념이다. 즉, 이러한 시스템은 수로연장이 길고 수심이 깊은 댐이나 호수(그림 4.17 참조)에서는 X−Z 방향으로 구획을 나누고, 하구나 만에서는 수심이 깊지 않은 대신 X, Y의 양방향으로 폭이 넓기 때문에 그 방향으로 구획을 나누는 방법이다. 일반적으로 이차원 모델은 일차원 모델보다 훨씬 복잡하다. 현재 많이 실용화되고 있는 이차원 모델의 하나로 **유사이차원방식**(Quasi-two dimensional approach)이 있다.

그림 4.17 호수의 이차원 모델의 기하학적 모형

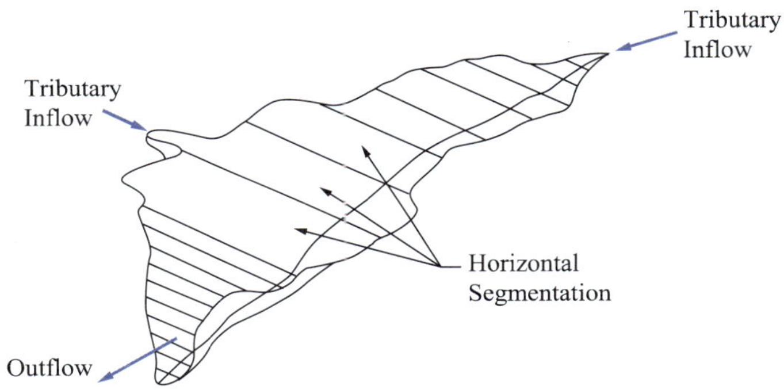

그림 4.18의 방식은 "Link-Node" 시스템으로도 불리는데 오염물이 강을 통하여 바다로 유입되는 하구 지역에 적용되는 모델이다.

그림 4.18 하구의 유사이차원 모델의 기하학적 모형

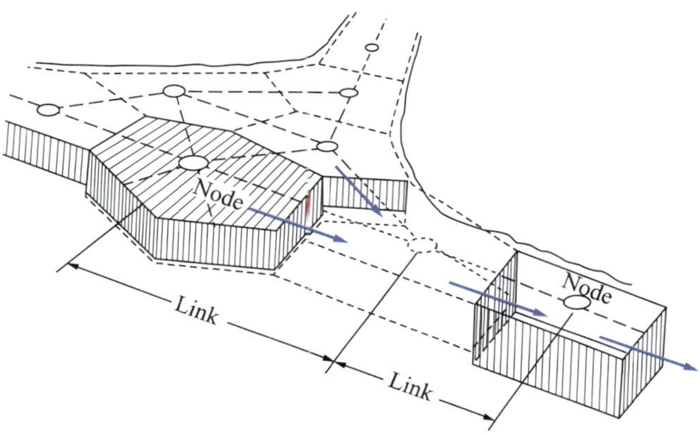

이러한 지역에서는 일차원의 종방향으로 하천을 통하여 오염물이 투입되어 지는데, 수체(Water body)는 부피, 표면적, 깊이, 옆기울기(Side slopes) 등으로 특징 지워지는 Node라는 불연속성 다면체로 분획되는 대신, 오염물은 각 Node의 중심부를 연결하는 link를 통하여 전파된다고 가정한다. 이때 Link를 특징짓는 변수는 길이, 넓이, 단면적, 마찰계수, 수리반경(Hydraulic radius) 등이다. 즉, 오염물의 확산은 일차원적인 Channel을 통하지만 최종적으로 오염물의 분포를 나타낼 때는 이차원적으로 묘사되는 것이다.

(4) 삼차원 모델

일차원 모델 또는 이차원 모델의 개념과 마찬가지로 삼차원 모델도 생각할 수 있다. 이 모델은 대호수의 Circulation Pattern이나 큰 만에서의 hydrodynamics study에 주로 적용되며 따라서 오염물의 확산 연구에도 이용될 수 있으나 일, 이차원에 비하여 훨씬 복잡해지고 실제 적용을 위해서는 방대한 전산작업과 입력자료가 요구된다. 따라서 대상모형은 복잡한 입력자료와 모델구조를 갖게 됨으로써 오히려 예측력을 저하시킬 수 있음을 간과해서는 안 된다.

나. 모델의 시간성

수질의 모델은 여러 가지 개념을 포함하는 시간적 특성을 갖는다. 자연을 simulation 하는데 있어서 시간성을 고려하지 않을 수 없으므로 여러 가지 관점에서 시간개념을 생각할 수 있다.

(1) 장기모델과 단기모델

일차원 모델이 적용되는 시스템에서는 주로 **장기성 모델**(Long-term models)이 이용된다. 자연호수에 있어서 물질수지를 추정하는 경우에는 호수의 복잡한 생물학적 작용을 단순하게 묘사하는 것이 유리한데 이때에는 **단기성 모델**(Short-term models)보다 장기성 모델이 유용하다. 즉, 시간 간격을 계절별, 또는 연별로 하여 물질의 유·출입을 예측하거나 생태계의 점진적인 변화를 평가하는 모델이 이 범주에 속한다.

이와는 상대적으로 단기성 모델은 실제 오염문제를 해석하는데 많이 이용된다. 이 모델에서는 시간 간격이 시간별, 일별, 또는 계절별로 주어지므로 오염 물질에 의한 시스템의 민감한 반응과 예측이 가능하다.

(2) 동적 모델과 정적 모델

모델을 정립하거나 선정하는데 있어서는 모델이 의미하는 상황을 **동적**(Dynamic)으로 할 것이냐 또는 **정상적**(Steady state)으로 할 것이냐는 매우 중요한 문제이다. 정적 모델이란 시스템을 기술하는 수식에서의 변수가 시간의 변화에 상관없이 항상 일정함을 의미하는 모델이다. 그러므로 이 모델에서는 환경 조건을 구성하는 시스템의 외부적 변수가 모두 상수로 정의된다. 예를 들어, 호수에 있어서 유출입 수량, 일사량, 일조시간, 일조강도, 흡수계수, 침전율 등은 모두 시스템 내부의 성질에 관계없이 일정한 상수로 취급될 수 있다. 이때 상수의 개념은 정상적인 시스템 조건하에서의 평균값으로 가정하며, 이러한 모델에서는 주기적인 현상을 Simulation 할 수 없게 된다. 그러나 정적 모델의 가장 큰 장점은 수식의 표현이 극히 단순하며 그 해도 간단히 계산된다는 점이다.

정적 모델의 적용은 주로 어떤 특정 지역의 장기적인 수질 관리 대책을 수립하거나 또는 극단의 환경 조건 변화에 시스템이 반응하는 정도를 추적하는데 유용한 수단이 된다는 점에 있다. 전자의 목적을 위하여 이 모델이 사용될 경우 중요한 수질 인자를 선정하여 이를 모델에 적용하여 봄으로써 미래의 수질 상태를 예측할 수 있다. 예를 들어, 호수에 투입되는 오염물질의 양이 10년 후 5배로 증가한다고 가정하면 그때의 수질을 예측하기 위하여서는 현재 모델에 적용되는 변수를 상수로 취하고 오염물질의 농도만을 변화시켜 조작함으로써 10년 후의 수질 예측을 가능하게 한다.

한편 후자의 목적에서는 극심한 갈수기의 수량상태를 입력으로 처리하면 출력으로 그러한 조건하에서 시스템이 **정상단계**(Steady state)에 도달하였을 때의 상황을 즉시 해석할 수 있다. 정적 모델의 특성은 일단 임의의 초기조건이 정해져서 시스템이 정적 단계에 도달하면 그 이상은 변하지 않고 유지된다는 점이다. 정적 모델이 사용되는 예는 수중에서 박테리아의 사멸율 추적, 특정 조건하에서 용존산소의 변화, 영양염류의 분포나 순환 기작 등에 관한 연구 등 여러 분야이다.

동적 모델은 주로 **부영양화**(Eutrophication)의 예측과 관리 등을 위하여 적용된다. 즉, 계절에 따른 식물성 플랑크톤의 군집변화와 이로 말미암아 발생하는 제반 환경의 변화(예 : 질소와 인의 농도변화)를 추적하는 모델이다. 이때 쓰이는 시간 간격은 1일, 또는 그 이하로서 결과적으로 매일의 수질을 예측할 수 있게 된다.

하구의 수질 모델링에 있어서는 동적 모델이 특히 중요한 역할을 담당하게 된다. 하구에 있어서는 조류의 변동과 하천에서 유입되는 오염물질이 역동적으로 확산되는데 정적모델로서는 Simulation이 만족되지 못하며 시간간격을 5분에서 20분 정도로 하는 동적 모델이 유용하다.

4.6.2 하천의 모형화(Stream Modeling)

수질에 영향을 미치는 모든 환경인자를 고려하여 시스템화된 하천을 **모형화**

(modeling)하게 되는데 그 과정은 **개념적 정의**(Conceptual representation), **함수화 과정**(Functional representation), **전산화 과정**(Computational representation)의 3단계로 이루어진다.

개념과정은 하천을 본류와 지류로 구분하고, 수리학적으로 동일하다고 판단되는 몇 개의 구간으로 나누며, 모든 물리, 화학, 생물학적 기능이 이 기초 구간 단위로 각기 계산하게 된다. 함수화 과정은 각종 반응기작을 BOD, DO, 조류와 영양염류 관계 등의 반응기작을 수식화하는 단계이며, 전산화 과정은 함수화 과정에서 수학적 형태로 표현된 식들을 다양한 수치해석 기법을 통하여 그 해를 구하는 과정이다.

다음 내용은 하천을 모형화할 때 수질에 미치는 모든 환경인자를 고려한 식으로 **유속이동**(Advective transport), **확산이동**(Dispersion transport), **유입**(Input), **유출**(Output), **반응기작**(Reaction kinetics) 등이 이에 해당한다.

$$\begin{aligned}\frac{\partial C}{\partial t} &= \frac{\partial}{\partial x}(CU) - \frac{\partial}{\partial y}(CV) - \frac{\partial}{\partial z}(CW) && \text{; Advection}\\ &+ \frac{\partial}{\partial x}\left(E_x\frac{\partial C}{\partial x}\right) + \frac{\partial}{\partial y}\left(E_y\frac{\partial C}{\partial y}\right) + \frac{\partial}{\partial z}\left(E_z\frac{\partial C}{\partial z}\right) && \text{; Dispersion}\\ &+ \text{Input} - \text{Output} && \text{; Source, Sink}\\ &+ \Sigma R\ (\text{Reaction}) && \text{; Reaction}\end{aligned}$$

하천을 모형화하기 위한 일반적인 가정조건은 다음과 같다.

① 농도 분포가 하천의 흐름방향으로 이루어진다(흐름방향 일차원).

$$\frac{\partial C}{\partial y} = \frac{\partial C}{\partial z} = 0$$

② 유속으로 인한 오염물질의 이동이 커 확산에 의한 영향을 무시한다.

$$E_x = 0$$

③ 정상상태를 가정한다.

$$\frac{\partial C}{\partial t} = 0$$

다음 그림 4.19에 따라 하천의 소구역 내의 물질수지식을 수립하면 다음과 같다.

$$V\frac{\Delta C}{\Delta t} = (QC)_x - (QC)_{x+\Delta x} - k \cdot C \cdot V$$
$$V = \overline{A}\,\Delta x \tag{4.16}$$

$$\frac{\Delta C}{\Delta t} = -\frac{1}{A}\left\{\frac{(QC)_{x+\Delta x} - (QC)_x}{\Delta x}\right\} - kC$$

$$\frac{\partial C}{\partial t} = \frac{1}{A}\frac{\partial}{\partial x}(QC) - kC \qquad (4.17)$$

여기서, C: 농도(ML^{-3})

Q : 유량(L^3T^{-1})

V: Δx부분의 용량(L^3)

A : 단면적(L^2)

k : 반응 계수(T^{-1})

그림 4.19 하천의 모형화

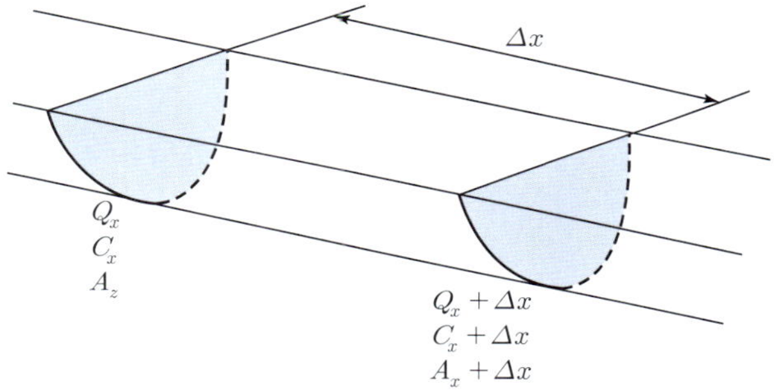

위 식 (4.17)에서 하천의 유량이 일정하다고 가정하면

$$\frac{\partial C}{\partial t} = -U\frac{\partial C}{\partial x} - kC \qquad (4.18)$$

위 식 (4.18)에서 정상상태를 가정한다면

$$0 = -\frac{1}{A}\frac{d}{dx}(QC) - kC \qquad (4.19)$$

양변에 $\frac{A}{QC}dx$를 곱하면

$$0 = -\frac{d(QC)}{QC} - \frac{kA}{Q}dx$$

$$\int_{C_0Q_0}^{CQ}\frac{d(CQ)}{CQ} = -\int_0^x \frac{kA}{Q}dx$$

$$\ln CQ - \ln C_0 Q_0 = -\int_0^x \frac{kA}{Q}\, dx$$

$$\therefore\ CQ = C_0 Q_0 \exp\left\{-\int_0^x \frac{kA}{Q}\, dx\right\} \tag{4.20}$$

위 식 (4.20)에 따라 해석하고자 하는 오염물질의 특성에 따라 그 해는 달라진다.

① **보전성 물질(Conservative Substance)일 때**

$$CQ = C_0 Q_0$$

② **비보전성 물질(Non-Conservative Substance)일 때**

㉮ k, Q, A가 일정할 때

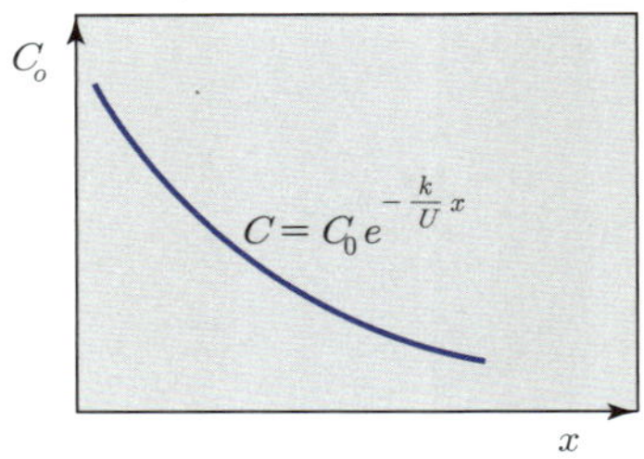

$$\frac{Q}{A} = U$$

$$C = C_0\, e^{-\int_0^x \frac{k}{U} dx} = C_0\, e^{-\frac{k}{U} \cdot x}$$

㉯ k, Q가 일정할 때

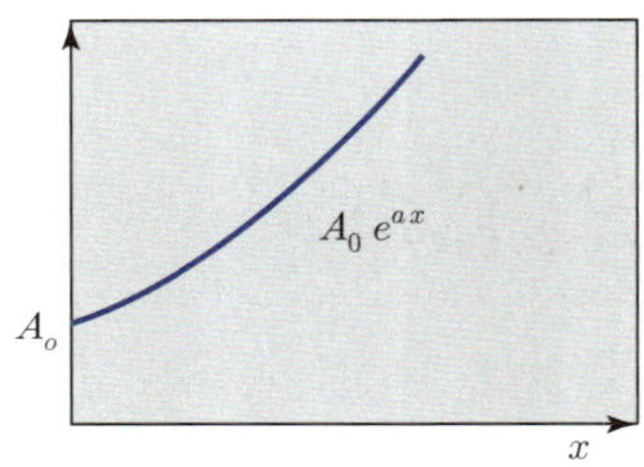

단면적(A)와 거리(x)에 따라 변한다.

$$A = A_0 e^{ax}$$

$$C = C_0\, e^{-\int_0^x \frac{k}{Q} A_0 e^{ax} \cdot dx}$$

$$= C_0 \exp\left\{\frac{-kA_0}{a \cdot Q}(e^{ax} - 1)\right\}$$

$$= C_0 \exp\left\{\frac{-k}{U_0 \cdot a}(e^{ax} - 1)\right\}$$

$$\therefore\ C = C_0 e^{-\frac{k}{U}\frac{1}{a}(e^{ax} - 1)}$$

㉰ k만 일정할 때

→ Q, A는 거리(x)에 따라 변한다.

$$Q = Q_0 e^{qx}$$

$$A = A_0 e^{ax}$$

$$C = C_0 \cdot e^{-qx} e\left\{-k \frac{A_0}{Q_0} \frac{1}{(a-q)} (e^{(a-q)x} - 1)\right\}$$

㉱ k, Q, A가 모두 거리(x)에 따라 변할 때

→ 이때는 대상 하천을 수리학적으로나 반응기작이 동일하게 일어난다고 가정할 수 있는 구간을 잘라서 해석하게 된다. 따라서 잘려진 각 소구획들은 수치해석기법을 통하여 Computer에 의해 보통 계산된다.

4.6.3 하천 모델링의 변천과정

수질 모델은 1920년대 Streeter와 Phelp의 Ohio강에서 BOD－DO에 관한 Model에서부터 시작하여 현재에 이르기까지 많은 발전을 보이고 있다. 특히 복잡한 수학적 기법의 적용과 Computer의 큰 발전과 더불어 정확성과 복잡성이 크게 진전되어 그 효용성이 인정받고 있다.

다음 내용은 주로 미국에서 지속적으로 개발되어 온 모델의 특징이다.

(1) Streeter-Phelps Model

· 하천 수질 모델링의 최초
· BOD-DO반응 고려 : 유기물 분해와 재포기만 고려
· 점오염원으로부터 오염부하량 고려

(2) DO Sag I·II

· Texas Water Development Board에서 개발
· 오염물의 유입, 유출이 어떤 구간의 첫 번째 Element에서 가능함.
· 점 및 비점오염원이 하천의 DO에 미치는 영향을 Simulation
· Sreeter-Phelps식을 기본으로 함.
· 저질의 영향이나 광합성 작용에 의한 DO반응을 무시한 1차원 정상상태 Model

(3) DO Sag Ⅲ

· EPA와 Water Resources Engineers에 의해 DOSAG-I을 변형, 보강함.

· 재포기 계산에 Tsivoglou식 사용함.
· 농도 계산식 : Chl-a, NH_3-N, NO_2-N, NO_3-N, 인, BOD, SOD, DO, Coliform, 3-Conservative materials을 포함함.

(4) QUAL-I

· Texas Water Development Board에서 개발함.
· 1차원 Transport를 Finite Difference 해법으로 이용함.
· 유속, 수심, 조도계수에 의해 확산계수 계산함.
· 하천과 대기사이의 열복사를 고려한 열교환 고려함.
· 어떤 Element에서든지 오염물질의 유입 및 용수 취수 고려 가능함.

(5) QUAL-II

· EPA와 Water Resources Engineers에 의해 QUAL-I을 보강함.
· QUAL-I에서 다루지 못한 질소(NH_3-N, NO_2-N, NO_3-N), 인, Chl-a를 고려함.
· QUAL-I과 같이 **음해법**(implicit difference method)으로 미분방정식의 해를 구함.
· QUAL-I보다 계산시간이 짧고 입력자료가 하나의 서브루틴으로 입력되어 취급이 용이함.

(6) WQRRS

· 미육군 공병단의 HEC(Hydrologic Engineering Center)에서 개발
· Reservoir Module, Stream Hydraulic Module, Stream Quality Module 세부분으로 구성
· 하천 및 호수의 부영양화를 고려한 생태계모델
· 호수 모델은 수심별 1차원 모델
· Steady state나 Dynamic state

(7) USGS Streeter Phelps Model

· U. S. Geological Survey에서 개발
· Streeter phelps식을 확장시켜 1차원 모델
· 비점오염원 및 Anoxic상태 고려함.
· 대상하천을 수리학적 특성, 반응계수 등을 고려한 Reach 및 Element로 구분함.
· 계산항목 : DO, BOD, 질소 세 가지, 인, Total & Fecal Coliform 및 여러 개의 보존성 물질

(8) AUTO-QUAL MODEL

· 길이 방향에 비해 폭이 상대적으로 작은 하천에 적용가능한 1차원 모델
· 비점오염원을 고려할 수 있는 정상상태 및 동적상태의 Simulation이 가능함.
· 하천의 구간이 Channel-Junction Method로 표현함.

(9) QUAL2E, QUAL2E-UNCAS

· QUAL-Ⅱ모형을 보완하여 PC용으로 개발
· DO수준을 유지하기 위한 희석방류량 및 하천의 수중보 영향을 고려함.
· UNCAS부분은 모형의 불확실성(Uncertainty)을 평가하기 위하여 Sensitivity analysis, First order analysis, Monte Carlo Simulation을 시도함.

(10) WASP7 MODEL

· 하천의 수리학적 모델, 수질모델, 독성물질의 거동모델 등을 고려할 수 있으며 1차원, 2차원, 3차원까지 고려할 수 있음.
· 수질항목간의 상태적 반응기작을 Streeter-Phelps식부터 수정
· Streeter-Phelps식, Full Linear DO 평형식, 3단계의 부영양화 기작 등을 고려할 수 있음
· 수질에 저질이 미치는 영향을 보다 상세히 고려한 모델

(11) HSPF MODEL

· 강우, 강설부터 시작하여 하구까지 다양한 수체에 적용가능한 종합적 모델
· 적용하고자 하는 수체에 따라 필요로 하는 Module을 선택가능함.
· 모든 계산은 Node, Zone, Element로 구분되어 계산되며, TSS(Time Series Store)에서 입·출력자료와 선택 Module을 처리함.

(12) EFDC(Environmental Fluid Dynamics Code) MODEL

· 수리 및 수질 모형 모두 가능하고 3차원 공간 분할까지 가능함
· 4대강 사업효과 분석등 최근에 가장 많이 활용되고 있는 수리-수질 모형임
· 그러나 본 모형내 BOD 예측 항목 등이 빠져있고, 복잡한 생태계 계수값 입력등이 요구됨. 따라서 대상 하천 자체내 생태계 기초 조사 자료 획득이 우선 요구되고 있음

참고문헌

1. 최의소, 조광명, "환경공학", 청문각.
2. 김좌관 외 1명, "부영양화 모형 적용을 위한 인공댐호의 환경요인 분석", 경성대 환경문제연구소 환경년보, 1991.
3. 안욱성, "낙동강 수계의 용존산소 분포에 관한 모델링" 수산대 환경공학과 석사학위 논문, 1992.
4. 환경처, "환경백서", 1999.
5. Smith, D.I., "Water Quality for River-Reservoir Systems" Resource Management Associates, Inc., Lafayette, California. For U.S. Army Corps of Engineers, Hydrologic Engineering Center(HEC), Davis, California. 1.
6. Johanson, R.C., J.C. Imhoff, and H.H. Davis, "User's Manual for Hydrological Simulation Program-Fortran(HSPF)", Hydrocomp, Inc., Mountain View, california, For U.S. Environmental Protection Agency, Athens, Georgia. EPA－600/9－80－015. 1980.
7. Robert B. Ambrose et al, "Wasp4, a hydrodynamic and water quality model, model theory, user's manual, and programmer's guide", environmental research laboratory, 1988.
8. Donald J. O'CONOR, "Basic model of natural water system", 26th summer Institute in water pollution control, Manhattan College, Bronx, New York 1981.
9. Robert V. Thoamann, John A. Mueuer, "Principle of Surface water quality modeling and control", Harper & Row, Publishers, New York, 1987.
10. Newerow, N. L. "Scientific stream pollution analysis" MCGraw-Hill Book Co., 1974.

연습문제

01. 하천에 수질오염물질이 들어오면 자정작용에 의해 분해되어진다. 만약 여름철 미처리 분뇨가 하천으로 유입되었을 경우 일어날 수 있는 자정작용의 종류와 그 특징을 살펴보아라. 또한 분뇨투입지점의 하류에서 물고기의 떼죽음이 발생했을 경우 Whipple의 자정단계에 따라 이 현상을 설명하라.

02. 하천의 DO농도에 미치는 모든 환경인자를 열거하고 주 '+' 요인과 주 '－'요인이 무엇인지 고찰하라.

03. 하천에서 유기질소농도가 질산성 질소농도에 비해 높게 나타났다. 그 이유를 두 가지 가정조건으로 설명하고 유기질소를 측정하는 방법을 설명하라.

04. 질소농도를 측정할 때 하천에서는 주로 TKN을, 호수에서는 TIN 농도를 주로 측정한다. 그 이유를 설명하라.

05. 하천에서 용존산소곡선식을 일차선형 미분방정식형태로 풀어서 유도하라.

06. 유량이 0.8m³/sec이고 BOD가 2.5mg/L, DO가 9.2mg/L인 하천이 있다. 이 하천에 유량이 0.4m³/sec, BOD 25mg/L, DC가 5mg/L인 소지천이 흘러들어오고 있다. 이 지천의 평균유속이 15m/min이면, 하류 54 km지점의 DO농도는 얼마인가? (단, 수온 20℃, $k_1=0.1$/day, $k_2=0.2$/day이다)

답 5.17mg/L

07. 질산화 미생물의 특성과 하천길이별 무기질소농도의 일반적 농도 패턴에 대하여 설명하라.

08. 현행 하천의 수질환경기준에 대하여 설명하고 그 문제점 및 개선방향에 대하여 설명하라.

09. 낙동강중하류부의 수질관리를 위해 총량규제와 특별대책지역으로 수질개선을 시도하고자 한다. 이에 대하여 현장자료를 수집하고 수질관리시스템 과정에 따라 대책수립을 시도하라.

10. Ⅲ등급으로 규정되어 있는 하천의 BOD가 2mg/L이고 유량이 100,000m³/day이다. 이 하천 주변에 양계단지를 조성하고자 할 때 몇 마리까지 사육가능한가? (BOD 배출원단위 : 5g/두·day)

답 80,000마리 이하

11. 유량 24m³/day, 하폭 55m, 수심 3.5m, 수온 17℃인 하천의 BODu 1.8mg/L, DO부족량 0.5mg/L일 때 하수가 다음과 같이 유입될 때 다음의 문제를 풀어라.

1) DO가 최소가 되는 지점을 구하고 이 지점에서 하루중 DO농도가 최대, 최소가 되는 시각과 그 때의 DO농도값을 구하라.
2) DO가 최소, 최대가 되는 시각에서 하천의 BOD와 DO농도 분포를 구하라.
3) 정상상태를 가정했을 때 BOD, DO농도 분포를 구하라.

Chapter 05

호수의 수질관리

5.1 호수의 수질관리

호수에서 물의 성층현상을 설명하기 위해서는 먼저 물의 열적 특성을 우선 파악하여야 한다. 순수한 물은 4℃에서 밀도가 최대가 되며 온도가 그 이상 혹은 이하일 때는 밀도가 감소한다. 이런 현상은 자연계의 다른 물질과는 달리 물만이 갖는 특성으로 4℃일 때의 물이 가장 무겁다는 것이다.

온대 지방의 수심이 깊은 호수에서는 계절에 따른 수온의 변화가 수심에 따른 물의 밀도 차이를 일으키고 이에 따라 물이 가볍고 혹은 무거워져 수심에 따라 여러 층의 물의 분포와 혼합상태를 갖게 된다.

먼저 겨울철에는 **표수층**(Epilimnion)의 물이 빙점인 0℃에 가깝게 되며 깊은 수심의 수온은 물의 최대 밀도인 4℃를 가져 심수층(Hypolimnion)에서는 무거운 물이, 표수층에는 가벼운 물이 존재하여 안정상태를 유지하게 되어 이른바 겨울의 **성층현상**(Stratification)이 이루어진다. 즉, 물의 므게중심이 아래층에 있어 물의 수직적 혼합을 일으키지 않게 한다. 만약 물의 밀도가 보통 물체가 갖는 것과 같이 온도가 낮을수록 밀도가 커진다면 호수나 강 및 해양의 생태계는 유지될 수 없다. 즉, 빙점인 0℃의 물과 얼음이 가장 무겁다면 심수층부터 얼음이 얼기 시작할 것이며 물밑의 모든 생물은 죽게 될 것이다.

봄이 되면 얼음이 녹으면서 표수층의 수온이 높아지기 시작한다. 4℃가 되면 최대의 밀도를 가짐으로서 표수층의 물이 아래로 이동하게 되고 상대적으로 심수층물이 표수층으로 이동하게 된다. 이른바 물의 **전드현상**(Turn over)이다. 즉, 봄철의 호수수온은 수심에 따라 일정하며 미약한 바람에 의해서도 수직방향의 혼합이 일어나게 된다.

봄에서 여름으로 가면 태양방사량은 더욱 증가되어 표수층의 수온이 급격히 증가하고 밀도는 감소하게 된다. 즉, 여름의 표수층에서는 혼합(Mixing)에 의해 열이 전 수층으로 분배되는 것보다도 빨리 가열되며, 표수층은 낮은 밀도, 심수층은 높은 밀도의 물을 갖게 되어 무게중심이 하강하는 안정상태를 이루게 된다. 이때 심수층의 수온은 봄철의 심수층 최종수온에 의해 결정되어지고 특히 깊은 호수에서는 여름동안에 심수층의 수온변화는 거의 없다고 볼 수 있다. 여름의 성층현상은 겨울보다도 더 강력한데 단지 몇℃의 수온차이만으로도 혼합이 발생하지 않는다. 여름철의 수온분포는 다음 그림 5.1과 같이 3개의 층으로 구분할 수 있으며 표수층과 심수층 사이에 수온이 크게 변하는 **수온약층**(Thermocline)이 존재한다. 이 층은 통상 1 m당 1℃ 이상의 수온차이를 갖는 것이 보통이다.

그림 5.1 여름철의 성층현상

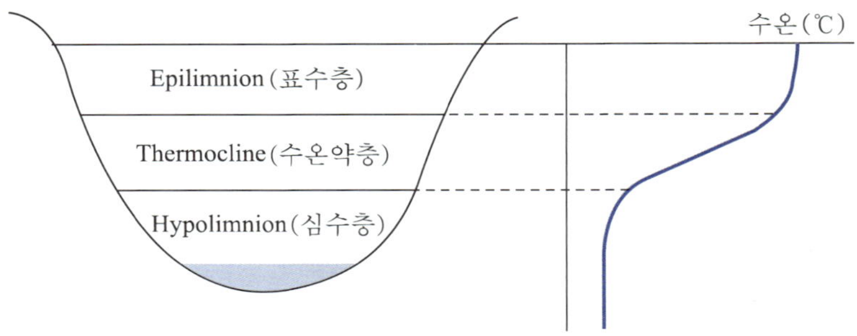

여름철 성층현상은 봄철의 기상 조건에 따라 달라지는 데 봄철 기온이 높고 바람이 약할 경우에는 성층이 늦게 이루어진다. 가을로 접어들면 표수층의 수온은 점차 감소되기 시작하며 대신 밀도는 점차 증대되기 시작한다. 표수층의 수온이 심수층 수온과 비슷해지면 호수물은 약한 바람에 의해서도 완전히 혼합되며, 이 과정은 단 몇 시간만에 발생된다. 즉, 가을의 **전도현상**(Turn over)이다. 이처럼 호수의 물은 물의 밀도 특성과 낮은 열전도율 때문에 봄에는 혼합, 여름에는 성층, 가을에는 혼합, 겨울에는 성층현상으로 하천과는 달리 다양한 변화를 갖게 된다.

위와 같은 호수의 성층화현상은 기후특성, 호수저수용량에 따른 유입유출량의 크기, 호수의 형태, 수표면적의 크기, 바람부는 방향에 따른 호수의 위치 등의 다양한 환경인자에 의해 영향을 받는다.

Hutchinson은 호수의 성층현상에 따라 다음과 같이 분류하였다.

① 수심이 얕은 호수나 연못 : 성층현상이 발생하지 않음.

② Dimictic lakes : 연중 순환이나 전도현상이 계절적으로 두 번 발생한다. 예) 봄, 가을의 전도현상

③ Cold monomictic lakes : 수온이 4℃ 이상으로 상승하지 않고 여름에 계절적인 전도현상이 발생한다. 예) 극지방의 호수

④ Warm monomictic lakes : 수온이 4℃ 이하로 하강하지 않고 여름에는 정체, 겨울에는 순환하는 형태 예) 온대나 아열대지역의 호수

⑤ Polymictic lakes : 성층화 기간 동안 다소 연속적으로 짧은 기간 동안 순환현상이 발생한다. 예) 고위도나 적도지방의 호수

⑥ Oligomictic lakes : 순환현상이 잘 발생하지 않거나 매우 서서히 발생한다. 예) 열대지방의 호수

⑦ Meromictic lakes : 표수층과 심수층의 화학성분 차이로 인하여 수온약층이 연속적으로 지속한다.

우리나라 호수의 경우 소양호, 충주호, 대청호 등 대형댐 호수에서는 보통 4~5월에 서서히 성층이 이루어지기 시작하며 11, 12월에 완전혼합이 이루어지는 수온특성을 갖고 있으며 1년에 1회의 성층구조를 갖는 Monomictic Lakes로 구분지을 수 있다. 또한 호수의 형태가 복잡하고 하천자체가 댐건설로 인하여 호수화된 관계로 호수길이

그림 5.2 변형된 성층구조

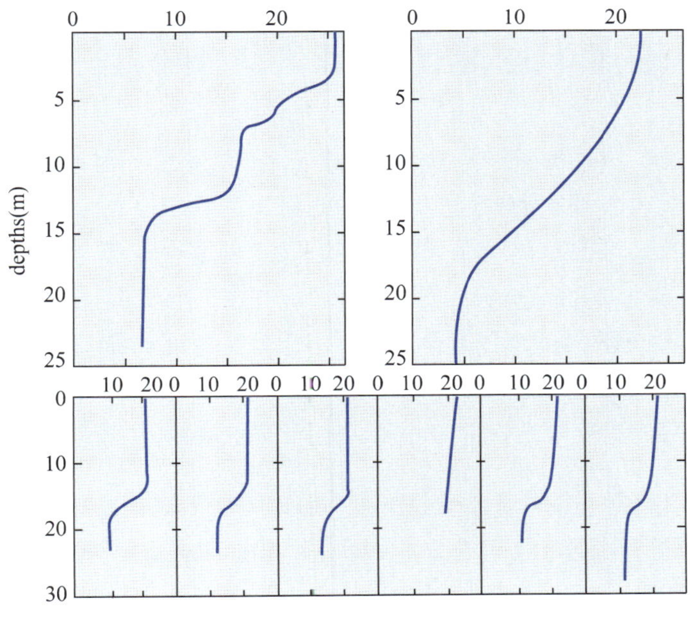

그림 5.3 부산 회동호의 성층구조특성

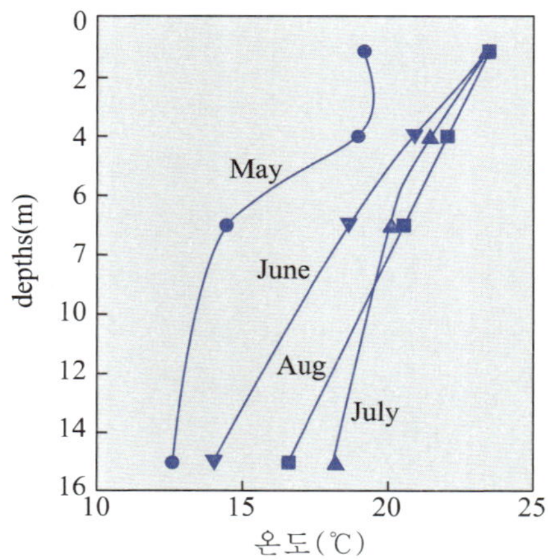

방향으로 각기 다른 성층구조를 갖고 있다. 특히 여름철 성층기간 동안에 연평균 2/3의 강우량과 유입유량 탓으로 전형적인 성층구조의 변형이 잘 이루어진다(그림 5.2 참조). 그러나 장성호, 광주호, 담양호, 회동호 등의 중소규모의 저수지나 호수에서는 비교적 수심이 낮아 단지 깊이에 따라 수온의 감소만 일어난다(그림 5.3 참조).

5.2 호수의 성층과 수질특성

호수가 하천과 다른 점은 물의 흐름이 없거나 완만하다는 것이다. 물이 정체될 경우 동일한 수체가 많은 태양광선을 받을 수 있게 되고 이에 따라 식물성플랑크톤이 크게 성장할 환경이 조성된다. 이 식물성플랑크톤은 정체된 물속의 동물성플랑크톤을 증식시키게 되며 점차 복잡한 생태적 반응기작이 이루어져 하천수질의 중요인자인 BOD−DO관계보다도 식물성플랑크톤을 중심으로 한 일련의 생태적 환경인자가 중요시된다. 또한 수심별 성층현상과 전도작용이 교대로 발생하는 호수의 특성상 하천에서는 볼 수 없었던 수질현상이 발생한다. 호수의 수질특성을 살펴보면 다음과 같다.

① 호수의 유기물량을 측정하기 위한 항목을 BOD보다 COD를 많이 이용하는데 이는 자생적 유기물질의 양인 **조류**(Algae)의 양을 고려할 수 있기 때문이다. 따라서 호수에서 조류생체량을 나타내기 위하여 Chlorophyll-a와 COD측정을 많이

행한다.

② 표수층에서 조류의 활발한 광합성 활동시에는 무기탄소원인 HCO_3^-나 CO_3^{2-}을 흡수하고 OH^-를 내보내므로 호수의 pH는 8~9 혹은 그 이상을 나타낼 수 있으며 수심에 따라 pH의 큰 차이를 나타낸다. 이런 과정에 의한 높은 pH는 수생생물에 독성으로 작용하기도 한다.

③ DO는 일반적으로 대기로부터 용해나 광합성작용에 의해 증가하고 수중동식물의 호흡작용, 미생물에 의한 유기물의 분해작용 등에 의해 감소한다. 하천에서 높은 DO농도는 주로 **재포기**(Reaeration)작용에 의해 유지되나 호소의 경우 수면의 교란을 통한 재포기작용은 작은 반면에 긴 체류시간에 따른 조류의 광합성작용으로 표수층의 DO포화 및 과포화현상이 일어난다. 그러나 심수층에서는 유기물의 침강작용이나 죽은 조류의 분해작용 등으로 DO의 감소현상이나 혐기성상태가 유발되기도 한다.

④ **전기전도도**(Conductivity)는 물이 함유하고 있는 이온 용해염의 농도를 종합적으로 표시하는 지표로서 수온, pH측정과 더불어 호수내 수계의 구분이나 성층구조현상, 수질의 연속적 변화 양상 등을 쉽게 파악할 수 있는 지표이다. 전기전도도는 수온과 용존성분의 두 환경인자에 의하여 변화되며 수온 1℃ 상승에 대하여 전도율 2% 정도 증가하므로 수온의 증감에 따른 전도율의 변화폭이 클 때 물속 용존성분의 성층이 형성되어 있음을 판단할 수 있다. 또한 오염의 정도가 크면 클수록 용존이온농도값이 높아 높은 전도값을 나타내며, 수체가 깨끗할수록 전도값은 낮은 값을 갖는다. 따라서 수심별 전기전도도의 차이는 수온의 효과와 용존된 오염물질의 농도차로 인한 결과로서 호수에서 수질의 성층현상을 파악할 수 있는 간단한 지표가 되는 셈이다.

⑤ 무기질소는 무기인과 더불어 독립영양미생물의 주영양염류의 하나로서 질소고정 미생물, 조류 및 식물에 의해 단백질로 형성된다. 조류의 성장을 제한하는 인자 중의 하나인 무기질소는 수중에서 암모니아(NH_4^+), 아질산(NO_2^-)의 형태를 갖는다. 이들은 수중의 호기성 상태에서 NH_4^+-N → NO_2^--N → NO_3^--N 형태로 산화되어지며, 일반적으로 호수의 긴 체류시간에 따른 질산화작용(Nitrification)과 조류의 암모니아 우선 섭취 작용에 따라 NH_4^+-N농도보다 NO_3^--N가 비교적 높게 나타난다. 또한 호수의 오염이 심하여 심수층의 DO가 낮을 경우에는 질산화작용이 억제되어 NH_4^+-N농도가 NO_3^--N농도보다 높게 나타나는 것이 심수층의 질소분포특성이며, 상대적으로 표수층의 NO_3-N농도가 높게 나타날 수 있다.

⑥ 조류의 일반적 세포구성성분(C : H : O : N : P = 106 : 263 : 110 : 16 : 1)에서 알 수 있듯이 조류의 필수원소는 탄소, 질소, 인, 그리고 미량원소라고 할 수 있다. 이 중 탄소는 자연수체에서 중탄산염의 형태로 충분히 공급되고, 질소도 인에 비해 충분히 존재하는 형태가 많으며, 경우에 따라서는 남조류에 의한 질소고정작용으로 질소의 부족을 보충할 수 있다. 그러나 인은 조류성장에 가장 미량으로 필요하며, 수중에서도 그 존재량이 작기 때문에 조류의 성장을 제한하기에 기술적 통제가 가장 쉬운 특성이 있다.

또한 국내호수뿐만 아니라 외국의 많은 호수들도 무기인의 농도만 풍부하다면 호수내 조류의 급성장을 일으킨다는 연구결과가 발표되어 있어, 인을 조류의 성장을 제한하는 **인자**(Limiting factor)로 판단할 수 있다. 부영양화된 호수내 인 농도는 표수층에서 낮고 심수층에 높은 농도분포를 보인다. 이는 표수층의 광합성작용에 따른 인의 섭취작용과 심수층에서 인의 용출작용 탓인 것으로 생각되며 여름 성층시의 심수층이 혐기성 상태일 때는 인의 용출은 급격히 증대한다.

5.3 호수의 부영양화

수질오염의 역사를 살펴보면 최초의 문제가 수인성 전염병에 관한 것이었다. 고대의 중동이나 로마에서 잘 만들어진 하수도시설이 발견되기도 하지만 중세에 이르기까지는 대개의 나라가 밀집되고 조잡한 주거환경에다 위생관념이 전혀 없었고, 그 결과로 1345~1349년에 흑사병이 유행했을 때는 인도에서 아이슬란드에 이르기까지 전 유럽과 아시아 인구의 거의 1/3이 죽는 참사가 발생했던 것이다. 이어 19세기에 들어 유럽의 대도시들이 거대한 규모의 하수도를 건설하기 시작한 것도 바로 이러한 전염병이 하수와 관계가 있다고 인식하였기 때문이다.

그 후 수질오염은 하천이 오염되어 썩기 시작하자 주관심이 병원균에서부터 유기물 제거쪽으로 옮겨지게 되었으며 이를 처리하기 위하여 폐수처리기술이 발달하기 시작하였다. 그러나 하천이나 호수내 유기물질을 완전히 제거한다 하더라도 물속의 질소나 인 같은 무기영양원소들이 물속에 존재하여 수중생태계를 교란시키게 되었으며, 이러한 현상이 호수의 **부영양화**(Eutrophication)로 80년대 이후의 국내 인공호수의 주된 수질오염현상이 되었다.

5.3.1 부영양화의 정의

호소, 하천 등의 수계생태계는 장구한 세월에 걸쳐 생물군집의 변화, 즉 **천이**(Succession)가 진행된다. 평지 호수의 일반적 천이과정은 빈영양호(Oligotrophic lake) → 중영양호(Mesotrophic lake) → 부영양호(Eutrophic lake) → 저층습원(Low-moor) → 초원(Grassland) → 산림(Forest)의 순서로 진행된다. 호수가 생성된 초기에는 영양염류의 농도가 낮고 수계 내의 생산과 소비가 균형을 이루어 빈영양상태를 유지하나, 시간이 지남에 따라 영양염류의 농도가 점차로 증가하고 호수의 생산성이 높아짐에 따라 부영양화 과정을 겪게 된다.

부영양호에서는 탄소, 질소, 인과 같이 조류(Algae)의 번식에 영양분이 될 물질들이 호수에 축적된다. 이러한 영양염류는 삼림지대에 있는 부식물, 농경지에 사용되는 비료, 축산물의 분뇨, 합성세제뿐만 아니라 가정하수와 공장폐수에도 들어 있다.

이와 같이 유역내의 인간활동이 활발한 호수는 자연의 상태보다 매우 빠른 속도로 부영양화되는데, 이 현상을 **자연요인에 의한 부영양화 과정**(Natural eutrophication)과 구별하여 **인위적 부영양화**(Artificial eutrophication)라 부른다. 따라서 인위적 부영양화 현상은 지질학적 기간을 요구하는 자연적 부영양화와는 달리 대단히 짧은 시간 내에 일어나게 된다. 다양한 형태로 영양염류가 계속 호수로 유입되어 호수 자정능력을 넘으면 점차로 수질오염현상이 일어나며, 이 과정은 저수지의 **성층현상**(Stratification)에 의해 더욱 촉진된다. 유기오염물이 분해 제거된다 하더라도 수중 미생물의 번식에 영양소가 될 무기물은 축적될 수 있기 때문이다. 이 결과 각종 조류가 번식하게 되며 이들 조류의 분해물은 다시 다른 조류의 영양물이 되는 악순환을 거듭하게 된다.

그림 5.4 생태적 천이과정으로서 부영양화

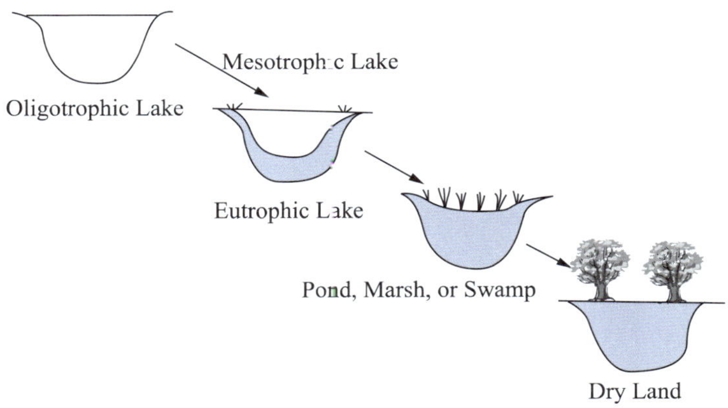

5.3.2 조류(Algae)와 부영양화

일반적으로 하천에서는 영양염류의 유입으로 인한 조류의 번성은 큰 문제가 되지 않고 유기물농도에 따른 용존산소량의 결핍이 문제가 된다. 그와 반면 호수는 하천과는 달리 수체의 정체로 인한 조류의 과잉번성이라는 부영양화가 큰 문제가 되고 있다.

조류(Algae)는 **진핵생물**(Eucaryote)계통으로 **독립영양생물**(Autotroph)이며 광합성을 할 수 있는 Chlorophyll을 지니고 있는 다양한 종류의 미생물을 총칭한다. 담수에서 주로 발견되는 조류의 특성은 다음과 같다.

부영양화에서 주로 문제가 되는 조류는 **남조류**(Blue Green algae)로, 남조류는 세포내 기포의 발달로 부력이 생겨 수표면에 밀집하는 특성이 있으며 이들은 매우 단순한 형태로 박테리아와 여러 면에서 유사하다. 남조류는 단세포이고 **편모**(Flagella)가 없으며, 엽록소가 **엽록체**(Chloroplast)에 있지 않고 세포 전체에 분포해 있다. 또한 남조류는 세포 합성을 위해 공기를 통한 **질소 고정**(Nitrogen fixation)을 할 수 있기 때문에 수중의 질소 성분을 제거하여도 남조류의 성장에 큰 영향을 끼치지 못한다.

녹조류(Green algae)는 주로 담수에서 서식하며 단세포 또는 다세포의 세포 구조를 지니고 있다. 녹조류는 Chlorophyll과 색소가 엽록체 내에 존재한다는 점에서 다른 조류와 구분된다.

규조류(Diatoms)는 갈조류라고도 하고, 수온이 낮은 겨울철 중심으로 주로 번식하며, 대부분 단세포로 **규산**(Silica)으로 이루어진 껍질을 지니고 있는데, 이들의 침전물이 규조토를 형성하는 것이다. 그리고 이들 조류는 여러 종류의 냄새 및 맛을 유발한다. 녹조류는 생선 비린내나 썩는 듯한 냄새나 맛을, 규조류는 생선 비린내나 곰팡이 냄새나 맛을, 남조류는 썩는 듯하거나 풀 같은 냄새나 맛을 풍긴다.

그림 5.5 Green algae의 일종인 *Chlamydomonas mucosa*

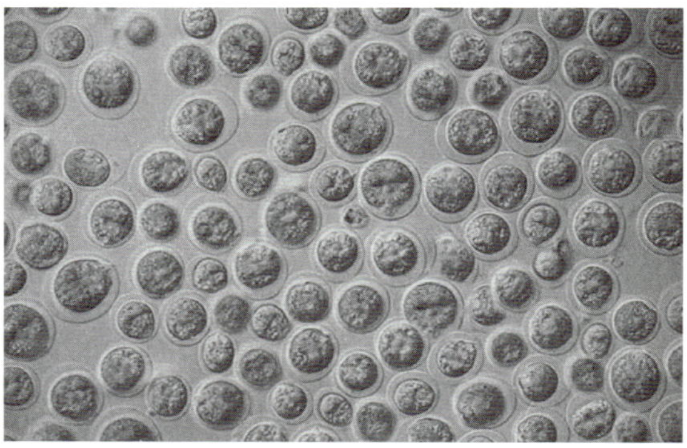

그림 5.6 Blue-green algae 일종인 *Anabaena*

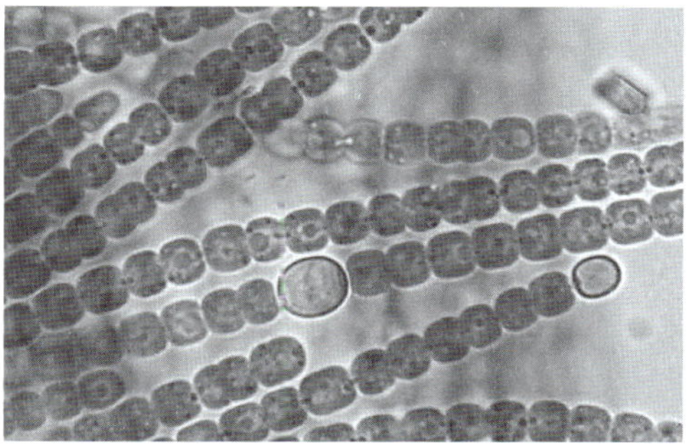

그림 5.7 규조류의 일종인 *Stephanodiscus hantzschii*

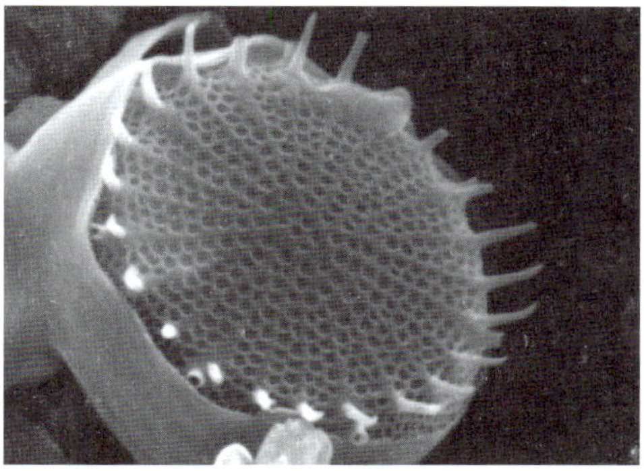

조류는 광합성 작용을 하는 식물로서 탄소를 얻기 위하여 탄산가스나 수중의 HCO_3^- 이온을 이용하고 산소를 생성한다. 이외에도 조류의 성장을 위해서는 암모니아(NH_4^+), 아질산(NO_2^-), 질산(NO_3^-) 상태의 질소, 인산 상태의 인(PO_4^{3-}) 등을 섭취하며 호흡을 하기 위해서는 산소를 이용한다. 이러한 조류, 영양염류, 용존산소, 동물성 플랑크톤 및 퇴적물 사이의 상호관계는 그림 5.8과 같다. 조류는 영양염류를 섭취하고 광합성과 호흡으로 산소를 생산, 소비한다. 그리고 이들은 분해되어 유기질소 및 유기인의 원천이 되어 다시 조류의 영양분이 되는 과정을 반복하게 된다. DO에 미치는 인자는 재포기, SOD, C-BOD, 질산화, 광합성, 호흡작용 등이 있다.

일반적으로 조류의 생체량이 많아지면 호수는 혼탁해지고 심미적으로도 불쾌하게 보인다. 만일 조류의 우점종이 남조류로 변하게 되면 각종 독성물질, 불쾌한 맛 냄새가 발생한다. 호수가 부영양화되면서 용존산소의 변동폭이 심하게 되는데, 그것은 조류가 낮에는 광합성을 하여 산소가 과포화되나, 밤에는 조류가 호흡을 하여 용존산소를 많이 소모하기 때문이다.

그림 5.8 조류와 영양염류 및 용존산소와의 상호관계

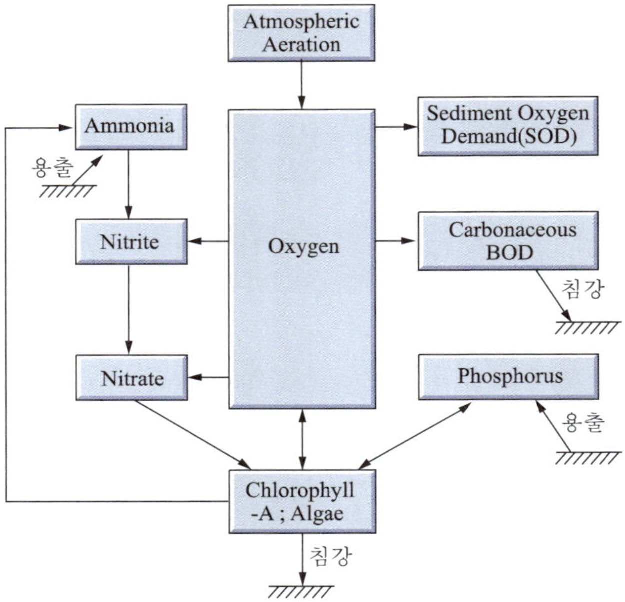

용존산소의 극심한 변동은 수중 동물생태계에 커다란 압박요인이 된다. 부영양화된 호수의 어류는 과다한 농도의 조류 및 심한 용존산소 변동율에 적응할 수 있는 종류만 살아남게 된다. 일반적으로 부영양화된 호수의 생태계는 **다양성**(Diversity)이 낮고 또한 이로 인해 **안정성**(Stability)이 낮아지게 된다. Odum은 광합성의 화학평형식을 다음과 같이 나타내었다.

$$106CO_2 + 16NO_3^- + HPO_4^- + 122H_2O + 18H + \text{미량원소 및 에너지}$$
$$\leftrightarrow \; C_{106}H_{263}O_{110}N_{16}P_1 + 138\ O_2$$

이 화학 평형식에서 CO_2, NO_3^-, PO_4^{3-}가 조류의 원형질 및 산소로 전환되는 것이 광합성이고, 원형질이 그 역방향으로 무기영양염류로 변환되는 것이 호흡이다.

조류 원형질의 탄소, 질소, 인의 일반적 구성비가 106 : 16 : 1이므로 각 원소는 **리히비의 최소량의 법칙**(Liebig's law of the minimum)에 의한 비율로 조류의 성장 제한인자가 된다.

광합성 대 호흡의 비율을 호수가 얼마나 부영양화 되었는가에 대한 지표로 활용할 수 있다. 균형을 이루는 호수 생태계에서는 광합성과 호흡율이 거의 같고, 이 때문에 용존산소의 변화율도 작다. 부영양화된 호수에서는 과다한 조류에 의하여 광합성 비율

이 호흡율보다 훨씬 높다. 반면에 가정하수 같이 유기오염물을 다량함유한 물이 호수에 유입되면 호흡율이 광합성보다 더욱 높아지고 용존산소가 감소하게 된다(그림 5.9 참조).

그림 5.9 부영양화와 오염에 관한 기준

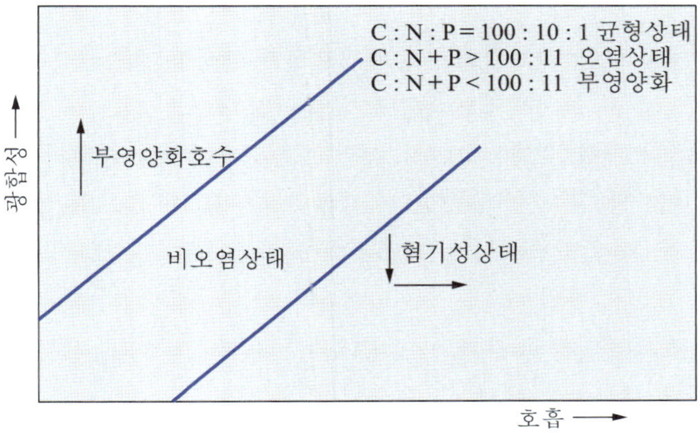

5.3.3 부영양화의 영향

부영양화된 호소가 수질오염의 문제틀 발생시키는 것은 부영양화 자체에 있는 것이 아니고 호소의 물이 부영양화되어 1차 생산성이 증가하여 조류의 번성(Algal blooming) 가능성이 높다는 의미이다. 조류가 호소 표면에 대규모로 형성되면 빛이 호소내로 투과하는 것을 막아 다른 수중식물의 광합성이 저해되며 대기중의 산소가 수중으로 용해되지 못해 수중의 용존산소량을 감소시킬 수 있다. 또한 호소 표면에 형성된 조류가 죽어 심수층으로 가라앉으면 미생물에 의한 분해작용으로 심수층의 용존산소가 결핍되며 결국에는 저층에 혐기성 상태가 유발된다. 따라서 이에 따른 영향을 관광, 위락 측면에서 보면, 우선 이끼가 끼게 되어 수영을 할 수 없게 되며 뱃놀이도 어렵게 될 것이고 더욱 심해지면 심한 냄서가 나서 호반을 산책할 수도 없게 된다. 어류의 생존문제를 보면, 부영양화란 전술한 바와 같이 수중의 영양분이 증가되는 것을 말하므로 이에 먹이연쇄 과정의 높은 영양단계에 속하는 어류의 생산량도 증가한다고 보나 어종의 상황이 좋지 않게 된다. 즉 맛이 좋아 상품 가치가 높은 송어, 은어, 황어 등의 생존에 위협을 주게 되며 잉어, 붕어처럼 비교적 값이 싸고 오염에 강한 어종으로 바뀌게 된다. 또한 부영양화가 점점 더 진행되면 호소의 하층에 무산소층이 형성되므로 결국은 어류를 사멸시키게 되며 수질은 점점 악화되어 농업용수나 공업용수로도 사용할 수 없는 쓸모없는 늪으로 변하게 된다. 부영양화의 영향을 각기 상세히 고찰하면 다음과 같다.

가. 호수생태와 수질의 변화

(1) 조류의 대번성으로 물꽃현상(Water bloom)이 발생하고 동식물성 플랑크톤, 세균 등의 증가로 수중의 현탁물질이 증대된다.

(2) 과잉 번성한 조류가 사멸되고 분해됨으로써 자생적 유기물질이 증대된다.

(3) 조류에 의해 물이 착색되고 투명도가 낮아진다.

(4) 호수연안대에 대형수초가 번성하고 얕은 호수일 경우는 호수전체에 대량 번성한다.

(5) 활발한 광합성작용이 일어남으로써 표수층에는 DO의 과포화, 심수층에는 DO의 고갈현상이 뚜렷이 발생하며, 퇴적층이 환원상태가 됨으로써 다음의 현상이 나타난다.

① 유기물의 불완전한 무기화 및 CH_4가스 발생

② 질산염, 황산염의 환원(N_2, H_2S)과 황화철의 생성

③ 인, 질소, 망간의 용출

나. 상수도에 미치는 영향

(1) 여과지나 스크린의 폐쇄

조류가 여과지나 스크린을 폐쇄시키는 예는 상수처리장에서 드물지 않게 발생하며 특히 *Synedra*, *Asterionella*, *Melosira* 등의 규조류나 또는 편모조류에 의해 쉽게 여과지 등에서 막힘현상이 일어난다. 규조류는 죽은 후의 껍질이 문제를 일으키며, 여과지의 역세척(Backwashing) 횟수를 증가시킬 뿐만 아니라 오니발생량도 증가시켜 전체 상수처리공정의 효율을 저감시키는 요인이 되고 있다.

(2) 응집의 장애현상

부영양화된 호수에서 취수한 상수원수는 현탁오염물질이나 미량의 부식물질이 많으며 이를 제거하기 위한 응집제로 보통 Fe^{3+}, Al^{3+} 등을 사용한다. 그러나 킬레이트작용을 하는 조류의 대사산물 또는 분해산물이 응집작용을 방해하고 부영양화 호수의 pH가 8~9 이상일 때에도 응집작용을 방해하기도 한다. 특히 황산반토($Al_2(SO_4)_3 \cdot 18H_2O$; Alum)는 응집이 일어나는 적정 pH가 5.5~8.5이므로 많은 양의 응집제가 요구되기도 한다.

(3) 맛, 냄새 문제

부영양화된 상수원수가 냄새를 발생하는 일은 직접 조류가 내는 것과 조류의 사후에 조류를 영양원으로 취하는 방선균이나 세균류에 의해 2차적으로 발생하는 경우가 있다. 보통 비린내, 흙 냄새, 곰팡이 냄새를 내며 최근 국내 호수를 상수원수로 이용하는 수도꼭지에서 자주 발생하고 있으며 그 발생기작은 밝혀지지 않고 있으나, 원인물질로 이메틸이소보르네올(2-methylisoborneol), 지오스민(Geosmine) 등이 검출된 바 있다.

(4) 농수산물 피해

부영양화란 1차생산자인 식물성플랑크톤의 생산량이 증가되는 현상이고 이를 먹이로 하는 동물성플랑크톤, 어류 등의 생산량을 증대시킬 수 있다. 그러나 부영양화가 진행될수록 상품가치가 높은 연어, 송어 등이 사라지고 저급어종인 붕어, 잉어 등으로 종의 대체현상이 생긴다. 따라서 어회수익은 오히려 저하된다고 볼 수 있다. 부영양화가 계속 진행되면 생물에 독성을 갖는 조류의 분비물이 배출되고 저수층에는 죽은 조류의 분해작용으로 무산소층이 형성되는 등 어류의 생존에 심각한 영향을 주기도 한다.

부영양화된 물은 일반적으로 영양염류농도가 높다. 질소의 과잉은 작물성장에 장애를 일으키는 데 일반적으로 1 ppm 이하이면 피해가 없으나 1～5 ppm이면 보통의 피해를, 5 ppm 이상이면 피해의 정도가 크게 나타난다. 관개용수내 유기물의 농도가 높으면 토양이 환원상태가 되어 메탄, 황화수소, 유기산 등이 생성되고 그 때문에 작물의 양분흡수 활동을 방해하거나 뿌리의 성장에 장애를 일으키기도 한다.

(5) 레크리에이션에 영향

호수가 부영양화되면 조류의 과다번성으로 물이 투명하지 못하고 녹색이나 녹갈색으로 탁한 물 색깔을 띠게 되어 미관을 손상시킨다. 특히 남조류는 수표면에 일종의 녹색융단(Mat)을 깐 것처럼 막을 형성하여 수영이나 보트놀이를 방해하고 특유의 냄새로 관광적 자원가치를 상실케 한다.

5.3.4 부영양화 평가방법

수체내에서 부영양화의 발생 여부와 진행정도를 평가하는 것은 부영양화의 예측 및 대책 수립에 관한 연구에 있어서 필수적인 단계로 이들 부영양화 평가자료는 부영양화 연구에 있어서 가장 기초적인 자료로 사용된다. 부영양화의 정확한 평가를 위해서는 다양한 수질 항목의 측정자료를 수집하는 것이 중요한 요소이나, 수집된 수질 자료의 분석 및 해석 또한 매우 중요한 요소이다.

부영양화 평가 방법은 수집된 수질 자료를 분석 및 해석하는 방법에 따라 정성적 평가 방법, 정량적 평가 방법, 부영양화 지수에 의한 평가 방법으로 대별되며, 이들중 정량적 평가 방법은 단일 항목에 의한 평가 방법과 복수 항목에 의한 평가 방법으로 다시 세분할 수 있다. 이들 부영양화 평가 방법은 다음과 같다.

가. 정성적 평가 방법

부영양화 현상이 발생한 담수호는 영양염류 농도의 증가, 녹색 내지 황색으로서의 변화, 투명도의 저하, 저수층의 혐기성화 등의 현상이 나타나며, 수체내에 남조류 등 식물성 플랑크톤의 농도의 증가 및 윤형동물류의 증가 등 생물학적 특성이 변화한다. 그리고 수리수문학적으로는 수심이 얕고, 폭이 넓은 평지의 호수에서 발생하기 쉽다. 이에 비하여 빈영양호는 영양염의 농도가 낮으며 수색은 청색이고 투명도가 높은 특징을 보인다. 생물상에 있어서는 식물성 플랑크톤의 농도도 비교적 낮으며 갑각류가 많이 존재하나 전체적으로 동물의 수가 빈약하고 저서생물의 종류와 양은 풍부하며, 수리수문학적 측면에서 보면 대부분 수심이 깊고 폭이 좁은 수체이다.

이상과 같은 부영양호와 빈영양호의 특징을 기초로 하여 다수의 전문가가 부영양화의 발생여부 및 진행정도를 평가한 결과를 집적하여 종합적으로 부영양화를 평가하는 방법을 만들었는데, 이를 부영양화의 정성적인 평가 방법이라고 한다. 부영양화의 정성적인 평가 방법은 부영양화에 수반되어 나타나는 변화와 특성을 모두 포함하고 있어 이론적으로는 정확한 평가라고 할 수 있지만, 연구자의 주관이 개입되기 쉬우며 부영양화의 진행정도에 대한 정확한 양적 판단이 어렵고 번잡하다는 단점이 있다.

나. 단일 항목에 의한 평가 방법

단일 항목에 의한 평가 방법이라 함은 수체의 물리 화학적, 생물학적 특성을 잘 나타내는 수질 항목중 부영양화 현상과 밀접한 관계를 가지고 있는 대표적인 항목 한 개를 선택하여 이 항목을 중심으로 부영양화를 평가하는 방법이다. 이와 같은 단일 항목에 의한 부영양화 평가 방법은 하나의 수질 항목만을 측정하여 부영양화를 평가하므로 매우 간단하다는 장점은 있으나 수체가 갖고 있는 고유한 특성을 고려할 수 없다는 단점이 있다. 단일 항목에 의한 부영양화의 평가 방법으로 자주 사용되고 있는 대표적인 수질 항목으로는 투명도, 영양염류, 1차 생산력, 클로로필-a 농도, 용존 산소 농도, 지표 생물 등이 있으며, 이들 각 항목에 의한 부영양화 평가 방법에 대하여 살펴보면 다음과 같다.

(1) 투명도

투명도(Secchi Depth)라 함은 직경 30 cm의 흰색 원판을 수체 내에 담가 이 원판이 보이지 않게 되는 깊이를 말하는 것으로 수질측정항목 중에서 가장 간단한 측정 방법이다. 이와 같은 수체의 투명도는 일반적으로 식물성 플랑크톤의 농도와 부유물질의 농도에 따라 결정된다.

투명도와 식물성 플랑크톤의 농도 및 부유물질 농도와의 관계를 식으로 나타내면 다음과 같다.

$$z = \frac{\ln(I_0 / I_z)}{k_w + \alpha C} \tag{5.1}$$

여기서, z : Secchi Depth

I_0 : 수면에서의 광도

I_z : Secchi Depth에서의 광도

k_w : 부유물질에 의한 광 감소율

α : 단위 식물성 플랑크톤 농도 당 광 감소율

C : 식물성 플랑크톤의 농도(mg/m³)

표 5.1 ➻ 투명도에 의한 부영양화 평가기준(OECD)

	극빈영양	빈영양	중영양	부영양	과영양
연평균 투명도	≥ 12.0	≥ 6.0	6~3	3~1.5	〈 1.5
최 소 투명도	≥ 6.0	≥ 3.0	3~1.5	1.5~0.7	〈 0.7

자료 ; OECD, "Eutrophication of Assessment and Control", 1982.

표 5.2 ➻ 투명도에 의한 평가기준 (단위 : m)

	빈영양	중영양	부영양
EPA	〉 3.7	2.0~3.7	〈 2.0
Carlson	〉 4	2~4	〈 2
Rast	〉 4.6	2.7~4.6	〈 2.7
Forsberg	〉 4	2.5~4	〈 2.5

자료 1) U.S. EPA, "An approach to a relative trophic index system for classfying lakes and reservoir", The National Eutrophication Survey Work. Pap. 24, Pacific Northwest Envir, Res. Lab. Corvallis, 1974.

2) R.E. Carlson, "A trophic state index for lakes," Limnol. Oceanogr., Vol(22), 1977, pp.361-369.

3) W. Rast and G. R. Lee, "Summary analysis of the North American OECD eutrophication project : Nutrient loading-lake response relationships and trophic state indices", "U.S. EPA, EPA0600/3-78-008, Corvallis, Ore., 1978.

표 5.3 ➸ 총인 농도에 의한 부영양화으 평가기준 (단위 : mg/m^3)

	극빈영양	빈영양	중영양	부영양	과영양
EPA		≤ 10	10~20	〉 20~25	
Carlson		≤ 12	12~24	〉 24	
Rast		≤ 10	10~20	〉 20	
Forsberg		≤ 15	15~25	25~100	≥ 100
OECD	≤ 4.0	≤ 10	10~35	35~100	≥ 100

자료 1) 표 5.1, 표 5.2의 참고자료

2) C. Forsberg and S. O. Ryding, "Eutrophication parameter and trophic state indices in 30 Swedish receiving lakes", Arch. Hydrolbiol. 89, 1980.

상기 식에 나타나 있는 바와 같이 투명도와 식물성 플랑크톤의 농도는 반비례하므로 투명도를 측정함으로써 부영양화 현상의 발생 여부 및 진행정도를 쉽게 파악할 수 있다. 투명도에 의한 부영양화의 평가기준을 살펴보면 다음 표와 같다. 그러나 투명도에 의한 부영양화 평가방법은 수체내에 식물성 플랑크톤 이외의 부유물질이 많이 존재할 경우 식물성 플랑크톤의 농도와 투명도의 상관관계가 감소하여 정확성이 감소된다.

(2) 영양염류

부영양화는 영양염류의 비정상적인 증가로 인하여 발생하는 현상이므로 수체내의 영양염의 농도는 부영양화의 발생여부 및 진행 정도를 평가하는 좋은 기준이 된다. 부영양화의 대표적 현상인 식물성 플랑크톤의 성장에는 C, H, O, N, P 등을 함유한 다양한 종류의 영양염류가 필요하며 이들 중 C, H, O를 함유한 영양염류는 수체내에 그 양이 제한되어 있어, 식물성 플랑크톤의 성장은 영양염류들 중 N, P를 함유한 영양염류의 농도에 의하여 결정되며, 특히 P를 함유한 영양염류의 농도가 부영양화 발생과 밀접한 관계가 있는 것으로 알려져 있다. 그러므로 이들 N 또는 P를 함유한 영양염류의 농도를 측정함으로써 부영양화의 발생여부 및 진행정도를 평가할 수 있다.

(3) 클로로필-a 농도

부영양화 현상이 일어나면 식물성 플랑크톤의 양이 급격히 증가하므로 식물성 플랑크톤의 농도를 측정함으로써 부영양화의 발생 여부 및 진행 정도를 평가할 수 있다. 식물성 플랑크톤의 농도를 측정하는 방법으로는 현미경 상에서 직접 식물성 플랑크톤의 종류와 개수를 측정하는 방법과 식물성 플랑크톤의 부피 또는 중량을 측정하는 방법이 있다. 그러나 식물성 플랑크톤을 현미경 상에서 직접 측정하는 경우에는, 각 식물성 플랑크톤의 종류를 구분하기 위해서 이에 관한 전문적인 지식이 필요하며 자료의 양이 많아지는 문제점이 있다. 또한 식물성 플랑크톤의 부피 또는 중량을 측정하는 경우에는 Seston 등의 부유물질과 동물성 플랑크톤에 의한 오차가 발생할 수 있는 문제점이 있다.

이와 같은 문제점을 해결하기 위하여 식물성 플랑크톤의 농도와 높은 상관관계를 갖는 클로로필-a의 농도를 측정하는 방법이 많이 사용되어 왔다. 클로로필-a는 다른 색소와 달리 모든 식물성 플랑크톤에 함유되어 있으며 측정하기가 비교적 간단하여 부영양화의 발생 여부 및 진행 정도를 평가하는 좋은 기준이 된다. 클로로필-a의 농도에 의하여 부영양화를 평가하는 기준을 살펴보면 다음과 같다(표 5.4). 그러나 클로로필-a의 농도에 의한 부영양화 평가방법은 이미 사멸한 식물성 플랑크톤에 포함되어 있는 클로로필-a까지 포함하여 측정하므로 현존하는 식물성 플랑크톤만을 정확하게 측정할 수 없으며, 식물성 플랑크톤의 종류에 따라 클로로필-a의 함유량이 달라 이로 인한 측정 오차가 발생할 문제점이 있다.

표 5.4 ➻ 클로로필-a의 농도에 의한 부영양화 평가기준 (단위 : mg/m^3)

	극빈영양	빈영양	중영양	부영양	과영양
EPA		〈 4	4 ~ 10	〉 10	
Forsberg		〈 3	3 ~ 7	7 ~ 40	〉 40
Rast & Lee	≤ 2	2.1 ~ 2.9	3 ~ 6.9	7 ~ 9.9	≥ 10

자료 ; 표 5.1의 자료 1.3 및 표 5.3의 자료 2

표 5.5 ➻ 클로로필-a의 농도에 의한 부영양화 평가기준(OECD) (단위 : mg/m^3)

	극빈영양	빈영양	중영양	부영양	과영양
연평균 농도	≤ 1.0	≤ 2.5	2.8 ~ 8	8 ~ 25	〉 25
최대 농도	≤ 2.5	≤ 8	8 ~ 25	25 ~ 75	〉 75

자료 ; OECD, Eutrophication of Assessment and Control, 1982

다. 복수 항목에 의한 평가 방법

단일 항목에 의한 부영양화 평가방법은 수질 특성을 나타내는 항목 중 한 항목을 측정함으로써 간단하게 수체의 부영양화 발생 여부 및 진행 정도를 평가할 수 있다. 그러나 이와 같은 단일 항목에 의한 평가 방법은 평가에 사용된 수질 항목에 따라 평가 결과가 다르게 나타나는 경우 또는 부영양화의 인과관계를 파악하여 수질 대책을 수립하려는 경우에는 사용이 불가능하다. 복수항목에 의한 부영양화 평가 방법은 이와 같은 문제점을 보완하는 방법으로서, 부영양화 형상과 밀접한 관계를 갖는 여러 개의 수질 항목을 동시에 측정하여 평가하는 방법이다.

복수 항목에 의한 부영양화 평가 방법은 수체의 수리 수문학적, 물리 화학적, 생물학적 특성을 종합적으로 고려함으로써 수질 항목간에 존재하는 일반적인 상관관계를 추정할 수 있다. 또한 수질 항목간에 모순되는 자료가 나타나더라도 이를 이용하여 그 모순의 원인을 분석할 수 있어 보다 정확하게 부영양화를 평가할 수 있다. 그러나 이와 같은 복수 항목에 의한 부영양화 평가 방법은 시간과 인력이 많이 소요되며 번잡하다는 단점을 안고 있다.

일반적으로 복수 항목에 의한 부영양화 평가 방법에 사용되는 수질 항목은 총인, 클로로필-a, 투명도, 용존산소, 총질소 등이 있다. 복수 항목에 의한 부영양화의 평가 기준을 살펴보면 다음과 같다.

표 5.6 ➻ 복수 항목에 의한 부영양화 평가 기준(EPA)

	빈영양	중영양	부영양
총 인 (mg/m^3)	〈 10	10～20	〉 20～25
클로로필-a (mg/m^3)	〈 4	4～10	〉 10
투명도 (m)	〉 3.7	2.0～3.7	〈 2.0
심수층의 포화산소농도 (포화 %)	〉 80	10～80	〈 10

자료 ; OECD, Eutrophication of Assessment and Control, 1982

표 5.7 ➻ 복수 항목에 의한 부영양화 평가 기준(Forsberg and Ryding)

	빈영양	중영양	부영양	과영양
총질소(mg/m^3)	〈 400	400～600	600～1500	〉 1500
총 인(mg/m^3)	〈 15	15～25	25～100	〉 100
클로로필-a (mg/m^3)	〈 3	3～7	7～40	〉 40
투명도(m)	〉 4.0	2.5～4.0	1.0～2.5	〈 1.0

자료 ; C. Forsberg and S. O. Ryding, "Eutrophication parameters and trophic state indices in 30 swedish waste receiving lakes," Arch Hydrobiol. 89, 1980.

표 5.8 ➻ 복수 항목에 의한 부영양화 평가 기준(OECD)

	극빈영양	빈영양	중영양	부영양	과영양
연평균 인	≤ 4.0	≤ 10	10～35	35～100	≥100
연평균 클로로필(mg/m^3)	≤ 1.0	≤ 2.5	2.5～8	8～25	≥ 25
최대 클로로필(mg/m^3)	≤ 2.5	≤ 8	8～25	25～75	≥ 75
연평균 투명도	≥ 12	≥ 6	6～3	3～1.5	1.5～0.7
최소 투명도	≥ 6	≥ 3	3～1.5	1.5～0.7	≤0.7

자료 ; OECD, Eutrophication of Assessment and Control, 1982

라. 부영양화 지수에 의한 평가 방법

부영양화 지수라 함은 부영양화의 발생 여부 및 진행정도를 0에서부터 100사이의 단일의 연속적인 수치로 표시하는 부영양화 평가 방법이다. 단일 항목에 의한 부영양화 평가 방법은 측정이 간단하고, 복수항목에 의한 부영양화 평가방법은 수체의 여러 특성 중에서 종합적으로 고려할 수 있다는 것이 장점이라고 했다. 그러나 단일 항목에 의한 부영양화 평가 방법은 서로 다른 수질 항목간에 부영양화 평가 결과가 모순될 경우 부영양화의 정확한 평가가 어렵고, 복수항목에 의한 부영양화 평가 방법은 많은 수질의 항목을 측정하기 때문에 번잡하다는 단점이 있다.

부영양화 지수는 단일 항목에 의한 평가 방법과 복수 항목에 의한 평가 방법이 가지고 있는 상기한 단점들을 지양하고 장점들만을 취한 부영양화 평가 방법으로, 부영양화 지수에 의한 평가 방법은 측정이 간단하면서 수체의 특성을 종합적으로 고려할 수 있다. 그리고 부영양화에 전문적인 지식이 없는 일반인들은 측정된 수질의 상태, 예를 들면 총인, 클로로필-a 등의 농도를 알더라도 과연 그 수치가 어느 정도의 부영양화 진행정도를 나타내는지 또는 이들 항목 사이에 어떤 상관관계가 있는지 파악할 수 없다. 그러나 부영양화 지수를 사용하여 부영양화를 평가하였을 경우 각 수질항목에 대한 사전 지식이 없어도 해당 수체의 부영양화 발생 여부와 진행 정도 및 수질 항목간의 상관관계를 쉽게 파악할 수 있다.

또한 상기한 정성적 평가 방법, 단일 항목에 의한 평가 방법, 복수 항목에 의한 평가 방법은 수체의 부영양화 발생 여부 및 진행 정도를 단순히 빈영양, 중영양, 부영양 등으로 대별하는 정도였으나, 부영양화 지수에 의한 평가 방법은 부영양화의 진행정도를 연속적인 수치로 표현함으로써 훨씬 구체적으로 표현할 수 있다. 뿐만 아니라 부영양화 지수는 세계 각국에 있는 담수호의 부영양화 상태를 각 호수의 수리수문학적, 물리화학적, 생물학적 특성에 관계없이 쉽게 파악할 수 있어 전문가들 사이에 자료 및 의견 교환을 쉽게 할 수 있다.

부영양화 지수는 Carlson에 의하여 최초로 고안되었으며 투명도, 클로로필-a, 총인 등에 관한 부영양화 지수가 각각 개발되었으며 Carlson의 부영양화 지수에 대하여 살펴보면 다음과 같다.

Information

▌Carlson 부영양화 지수 ▌

Carlson은 부영양화 현상을 가장 잘 반영하는 식물성 플랑크톤의 농도를 측정하여 지수화함으로써 부영양화의 발생 여부 및 진행 정도를 평가하고자 하였다. 그리고 Carlson은 수체의 특성을 나타내는 수질 항목간에 높은 상관관계가 존재한다는 사실에 착안하여, 부영양화 평가시에 모든 수질 항목을 측정할 필요 없이 한 개의 수질 항목만을 측정하여도 여러 수질 항목을 측정한 것과 같이 종합적으로 부영양화를 평가할 수 있다고 생각하고, 식물성 플랑크톤과 높은 음의 상관관계를 갖고 있으며 식물성 플랑크톤의 농도를 직접 측정하는 것 보다 훨씬 간단하게 측정할 수 있는 투명도만을 측정함으로써 부영양화의 발생여부 및 진행정도를 평가할 수 있는 부영양화 지수를 작성하였다. 또한 Carlson은 투명도와 클로로필-a의 농도, 총인의 농도 중 어느 한 항목만을 측정하여도 부영양화 지수를 표현할 수 있도록 투명도, 클로로필-a, 총인에 관한 부영양화 지수를 각각 작성하였다. Carlson은 부영양화 지수 작성시에 식물성 플랑크톤만이 투명도에 영향을 주는 유일한 요소이고, 투명도가 64 m일 때 부영양화 지수가 0이 된다는 가정 하에 부영양화 지수를 산정하였다.

표 5.9 Carlson 부영양화 지수(TSI)

TSI	SD(m)	Chl(mg/m^3)	TP(mg/m^3)
0	64.00	0.074	0.75
10	32.00	0.12	1.50
20	16.00	0.34	3.00
30	8.00	0.94	6.00
40	4.00	2.62	12.00
50	2.00	7.25	24.00
60	1.00	20.09	48.00
70	0.50	55.66	96.00
80	0.25	154.26	192.00
90	0.13	427.52	381.00
100	0.06	1184.81	768.00

자료 ; R. E. Carlson, "A trophic state index for lakes," Limnol & Oceanogr., Vol(22), 1977, pp.361-369.

부영양화 지수 작성의 기초 자료로 이용된 투명도(m)와 클로로필-a (mg/m^3), 클로로필-a와 총인(mg/m^3)간의 회귀식은 다음과 같다.

$$\ln(SD) = 2.04 - 0.68 \ln(Chl) \quad (r = 0.93, \ n = 147)$$
$$\ln(Chl) = 1.449 \ln(TP) - 2.424 \quad (r = 0.846, \ n = 43)$$

이때 상기한 클로로필-a와 총인간의 회귀식을 이용하여 투명도와 총인과의 회귀식을 구하면 다음과 같다.

$$\ln(SD) = 3.876 - 0.98 \ln(TP)$$
$$SD = 48 (1/TP)$$

이와 같은 투명도와 클로로필-a, 투명도와 총인과의 상관관계를 이용하여 Carlson이 작성한 부영양화 지수는 다음과 같다.

$$\mathrm{TSI(SD)} = 10\left\{6 - \frac{\ln(SD)}{\ln 2}\right\}$$

$$\mathrm{TSI(Chl)} = \left\{6 - \frac{2.04 - 0.68\ \ln(\mathrm{Chl})}{\ln 2}\right\}$$

$$\mathrm{TSI(TP)} = 10\left\{6 - \frac{\ln(48/\mathrm{TP})}{\ln 2}\right\}$$

일반적으로 부영양화지수가 40 이하이견 빈영양호, 40~50이면 중영양호, 부영양화 지수가 50 이상이면 부영양호로 구분할 수 있다.

5.3.5 부영양화 방지 및 관리

앞에서 언급한 바와 같이 우리나라 호소의 부영양화 원인은 주로 영양염류의 과다 유입에 있으므로 부영양화를 방지하기 위해서는 영양염류 특히 인, 질소 유입량의 저감에 주안점을 두어야 할 것이며, 이미 부영양화되어 영양염류 부하량의 저감만으로는 영양상태를 낮출 수 없는 호소는 호소내로 유입된 영양염류와 성장조류를 제거하는 대책을 수립해야 할 것이다. 이와 같은 부영양화 방지를 위한 주요 대책은 다음과 같다.

가. 영양염류의 과다 유입 억제

우리나라의 주요 호소는 대부분이 질소와 인이 제한인자이므로 질소 및 인 성분에 대한 저감대책이 필요한 바, 주요 저감대책을 열거하면 다음과 같다.

(1) 총량규제 도입

현재 우리나라 오염배출 규제는 두 가지 형태로 적용하고 있다. 개별 공장의 폐수는 폐수배출허용기준으로, 하수, 폐수 등 종말처리장은 방류수 수질기준으로 오염물질 배출을 지역에 따라 차등적으로 '농도규제'를 적용하고 있다. 그러나 농도규제만으로는 다량의 오염배출원이 한 수계에 존재할 경우 대상 수계의 수질환경기준을 만족시키기가 쉽지 않은 편이다. 따라서 농도와 유량의 곱으로 정의되는 '총량규제'로 대상지역의 절대 오염총량(kg/day)을 줄임으로써 대상 수계의 수질환경상태를 개선할 수 있다. 현행 수질 및 수생태계보전에 관한 법률 제4조에 따르면, 수질 및 수생태계의 목표기준 달성 여부를 평가한 결과 그 기준을 달성·유지하지 못한다고 인정되는 수계의 유역에 속하는 지역이나, 수질오염으로 주민의 건강·재산이나 수생태계에 중대한 위해를 가져올 우려가 있다고 인정되는 수계의 유역에 속하는 지역에 대하여 총량규제를 실시할 수 있다고 규정하고 있다. 2010년 초 기준으로 한강을 제외한 3대강(낙동강, 금강, 영산강 · 섬진강)에서는 BOD 총량규제를 의무적으로 시행하고 있다.

특히 낙동강 중류 금호강 유역은 하수처리율이 90% 이상임에도 불구하고 낙동강으로 유입하는 총 BOD의 52%, T-N의 52%, T-P의 61%를 점하고 있어 총량규제를 통한 추가적인 오염부하 삭감이 절대적으로 필요한 실정에 있다.

(2) 하·폐수의 고도처리

재래식 2차 처리공정으로는 만족시킬 수 없는 유기물질, 영양소, 유해물질의 제거를 위하여 고도처리방안 모색이 중요시되고 있다. 특히 하폐수를 재이용시에는 필수적이다. 일반적으로 재래식 활성슬러지공법으로 BOD 80~95%가 제거가능하나 부영양화 원인물질인 총인(T-P)은 10 ~25%밖에 제거되지 않고 유기질소도 15~50%, NH_4^+-N도 8~15% 정도밖에 제거되지 않는다. 따라서 호수의 부영양화를 사전억제하기 위해서는 고도처리를 통한 질소, 인의 추가제거가 필수적이다.

환경정책기본법 제 10조에 따르면, 특별시 · 광역시 · 도는 지역환경의 특수성을 고려하여 필요하다고 인정하는 때에는 당해 시 · 도의 조례로 환경기준보다 확대 · 강화된 별도의 지역환경기준을 설정할 수 있다.

(3) 수변구역의 설정 및 유입하·폐수 우회방안

호소주변의 각종 배출시설로부터 직접 유입되는 오염물질을 통제하기 위하여 호소주변에 수변구역(Buffer zone)의 설정이 필요하다. 음식점, 숙박시설, 축사, 공장 등의 신축을 금지하고 수변구역내 토지를 매입하여 초목지대와 인공습지대를 조성함으로써 호소주변으로부터 직접 유입되는 오염물질을 막을 수가 있다. 현재 팔당댐 상류의 남한강(충주조정댐까지), 북한강(의암댐까지), 경안천(발원지까지)의 양안 일정거리내의 토지(특별대책지역은 양안 1 km 이내, 그밖은 500 m 이내)가 지정되어 있다.

유입배수의 우회(Bypass)는 직접 유입되는 하·폐수나 지천수를 우회시켜 유입을 원천적으로 차단하는 방법이다. 미국 워싱턴호의 경우 시애틀에서 방류되는 처리되는 하수를 직접 인근 연안으로 방류함으로써 호수 수질개선을 일정량 달성시킨 사례가 있다.

나. 부영양호에 대한 수면관리 대책의 수립·시행

현재 부영양화가 진행중인 호소 등은 수중의 영양염류 및 조류를 제거하는 대책을 수립하여야 한다. 중요한 수면관리대책은 다음과 같다.

(1) 준설

서구의 많은 자연호수의 경우 유입하천내 영양물질을 제거했음에도 불구하고 호수내 조류번성이 계속 지속되는 것을 발견하게 되었다. 즉 퇴적층으로부터 용출되는 질소, 인의 내부부하가 지속적인 조류번성을 야기한 탓이었다. 이는 체류시간이 길며 호수수심이 낮은 자연호소에 주로 발생함에 따라 준설이 효과적 대안이 될 수 있다. 준설은 처리비용이 비교적 비싸다는 점과 준설토의 이차오염문제 등이 있지만 호수수질 개선에는 확실한 방법중 하나다. 그러나 유입하천의 철저한 영양물질 유입억제가 우선해야만 그 실효성을 담보받을 수 있다.

(2) 약품에 의한 영양염류의 침전 및 살조제 투여

호수내 인농도 감소를 위하여 황산알루미늄 등을 살포하는 방법이다. 인과 착염을 형성한 알루미늄은 저층의 무산소 상태에서도 환원·용출되지 않아 안정하다. 그러나 수심이 낮아 전 수층에서 활발한 광합성이 일어날 시에는 pH가 상승하여 인이 재용출될 수도 있다. 이 방법 또한 외부로부터 부하량이 충분히 통제된 이후에나 적용가능한 방법이다. 또한 인과 결합하지 못한 알루미늄이 수중에 높게 존재할 시 알루미늄 독성도 문제시되므로 신중하게 적용해야 한다.

조류제거를 위하여 살포하는 살조제는 황산동($CuSO_4$)을 주로 많이 쓴다. 그러나 황산동 살포는 수온이 15℃보다 낮거나 pH가 9 이상일 때는 그 효과가 크지 않으며 조류 외에 다른 생물체에 독성을 미칠 수 있다.

황산동살포 가이드라인으로서 알칼리도가 40 mg/L 이상일 때는 0.58 g/m² ($CuSO_4 \cdot 5H_2O$ 1mg/L, 수심 0.6 m 이내)가 적절하고 알칼리도가 40 mg/L 이하일 경우는 0.3 mg/L $CuSO_4 \cdot 5H_2O$ 살포를 일반적으로 권유하고 있다.

(3) 수중폭기

호소의 성층현상은 각 수층별로 다른 수온과 수질특성을 야기하며 특히 심수층에서는 SOD의 영향으로 용존산소가 고갈되고 영양염류가 용출되며, 저서생물의 폐사 등이 유발된다. 따라서 이를 방지하기 위하여 폭기를 행하는데 전수층 폭기방식과 심수층 폭기방식이 있다. 심수층 폭기방식은 저수층의 무산소현상을 해소함으로써 저서생물보호, 영양염류 용출억제, 유무기성물질 산화 등을 유도할 수 있다. 전수층 폭기방식은 표층수에 남조류 증식억제와 저층수에 산소공급을 동시에 유도할 수 있다.

(4) 수생식물의 이용

수생식물의 이용방안은 특별한 동력을 요구하지 않고 환경친화적이며, 다양한 곳에 적용가능하다는 장점이 있다. 호수수질개선을 위해서는 유입하천, 호수수표면, 호숫가 연안 등지에 생육가능한 수생식물을 재배함으로써 영양물질을 제거한다. 실제 이용되는 식물은 크게 나누어 부수식물(free-floating plants), 정수식물(emergent plants), 침수식물(submerged plants)로 다음 표 5.10, 그림 5.11과 같다. 부유식물은 수중에 부유하여 직접 잎과 줄기를 통하여 광합성하게 되며 뿌리는 영양염류 흡수 및 미생물의 서식처 역할을 한다. 부유식물은 수표면에 널리 퍼져 있기 때문에 수중 조류의 광합성작용을 억제할 수 있게 된다. 침수식물은 수표면하 빛이 충분히 투과되는 곳에서 자란다. 그러나 탁도가 높거나 조류가 번성할 시에는 빛이 부족하여 성장이 둔화·억제되어 문제가 된다.

정수식물은 수표면에 넓게 뻗는 근채류로서 유속이 비교적 느린 만이나 호수연안지역에 재배가능하며 비교적 낮은 수심을 요구한다. 이들 모든 조류의 식물들을 적용한 인공습지가 조성될 경우, 유입하천의 영양염류 및 탁도제거가 가능하다.

그림 5.10 심수층 폭기장치의 예

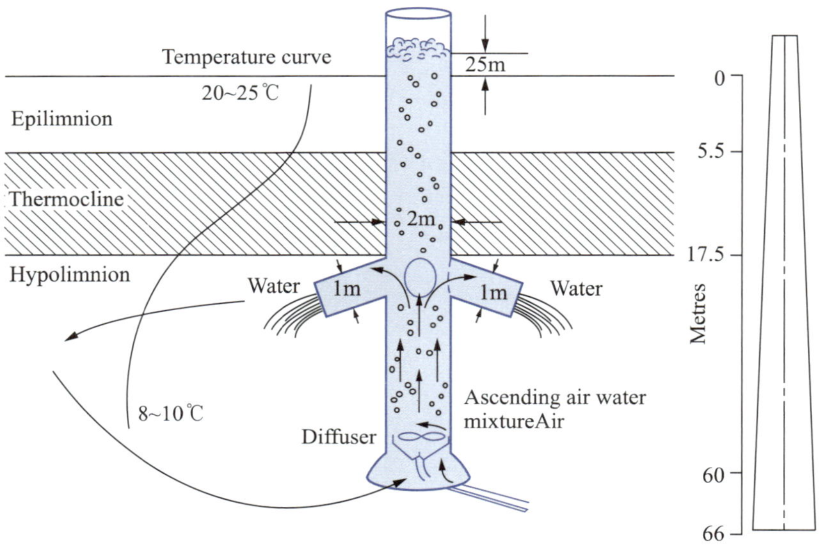

그림 5.11 수처리에 이용되는 습지식물

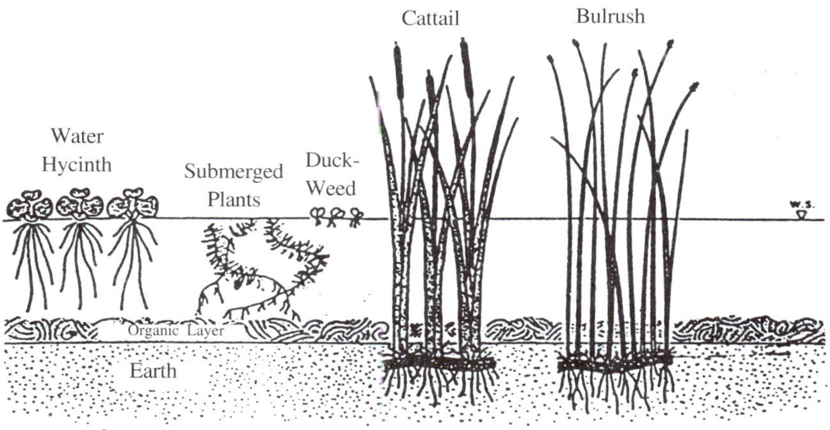

자료 ; EPA, Constructed Wetland and Aquatic Plant Systems for Municipal Wastewater treatment, "Design Manual" EPA/625/1-88/022,September 1988, p.3.

표 5.10 ➸ 수처리에 이용되는 습지식물

	일반명	학 명
부수식물 (free-floating plants)	부레옥잠	*Eichhornia crassipes*
	물개구리밥류	*Azolla caroliniana, Azolla filculoides*
	좀개구리밥류	*Spirodela polyrihiza, Lemna triscula, Lemna obscura, Lemna minor, Lemna gibba*
	생이가래	*Salvinia natans*
	올피아	*Wolofia* sp.
정수식물 (emergent plants)	부들	*Typha* sp.
	갈대	*Phragmites communis*
	골풀	*Juncus* sp.
	매자기	*Scirpus* sp.
	사초	*Carex* sp.
침수식물 (submerged plants)	가래	*Potamogeton* sp.
	물수세미	*Myriophylum* sp.
	Water weed	*Elodea* sp.
	붕어마름	*Ceratophylum demersum*
	어항마름	*Cabomba caroliniana*

또는 부도(floating island)에 정화식물을 식재하여 유입하천 및 호수수표면에 설치 운영하기도 한다. 그러나 수생식물을 이용한 방법은 생태계를 일부 복원가능하고, 처리된 물이 2차 오염을 일으키지 않으며, 생태친화적이라는 장점이 있으나 식재를 위한

넓은 면적을 요구하고 겨울철 식물사멸 등의 문제가 있으며, 넓은 부지를 요구하는 관계로 우리나라에서는 많은 제약이 따른다는 단점도 있다(사진 1 참조).

사진 1 부도(인공식물섬)를 이용한 호수정화방식

가. 아산호 내 부도(인공식물섬)

나. 골프장 연못내 부도(인공식물섬)

다. 국내 하천·호소의 녹조 관리대책

(1) 개요

녹조(綠潮)현상은 강이나 호수에 남조류가 과도하게 성장하여 물의 색깔이 짙은 녹색으로 변하는 현상을 말한다. 이는 부영양화, 체류시간, 수온, 광도 등 여러 가지 요인의 복합적인 작용으로 발생한다. 녹조를 일으키는 남조류는 잠재적인 독성을 지니고 있으며*, 인간이나 동물에게 직・간접적인 위협물질로 노출될 수 있다. 남조류의 대량증식은 경제적(정수처리 비용의 증가), 사회적(위락행위 제한) 및 환경생태학적(생물다양성 및 건강성 감소)으로 영향을 미친다. 이에 환경부는 관계기관과 협력하여 조류발생 현황을 모니터링 하고, 사전예방을 위한 제도를 운영하고 있다.

(2) 녹조 관리대책 추진현황

1) 조류경보제

조류 발생을 주기적으로 모니터링하여 적절한 사전 대응을 하기 위해 주요 상수원으로 이용되는 팔당호・대청호・충주호・주암호의 4개 호소를 대상으로 1998년부터 조류경보제를 시행하였다. 2006년도에는 한강 하류 5개 취수장 등 6개 시・도의 호소

* 우리나라는 특히 독성물질을 생산할 수 있는 것으로 알려진 마이크로시스티스(*Microcystis*), 아나베나(*Anabaena*), 아파니조메논(*Aphanizomenon*), 오실라토리아(*Oscillatoria*)의 4개 속(屬)을 유해남조류로 지정하여 관리하고 있다.

및 하천까지 조류경보제를 연차적으로 확대했으며, 2016년부터 상수원으로 사용되는 하천구간과 친수활동 구간을 추가하여 그 목적과 범위를 확대해 가고 있다. 2019년 말 현재 28개 하천 및 호소에서 조류경보제를 실시하고 있다.

조류경보제는 주기적으로 하천 및 호소에서 채수 및 분석을 실시하여(평시 주1회) 일정 기준을 초과하는 경우 신속한 조치와 더불어 관계기관 및 국민에게 알리는 제도이다.

그 기준은 2015년까지는 클로로필-a 농도와 남조류 세포수를 기준으로 발생정도에 따라 주의보-경보-대발생의 단계로 구분하여 발령하였으나 녹조에 대한 국민적 관심과 요구를 반영하고, 제도 운영상 나타난 문제점을 보완하기 위해 2015년 말 발령기준 변경 등 제도개선을 추진하였다.

표 5.11 ➻ 2015년 이전 조류경보제 발령기준*

구분	조류주의보	조류경보	조류대발생
chl-a 농도(mg/m^3)	15 이상	25 이상	100 이상
남조류세포수(세포/mℓ)	500 이상	5,000 이상	1,000,000 이상

2016년도부터는 조류경보제 운영을 위한 모니터링 항목을 남조류 세포수로 일원화하고, 대상지역도 기존 호소뿐만 아니라 상수원으로 이용되는 하천과 친수활동 구간까지 확대하였다. 상수원 구간은 관심-경계-조류대발생의 3단계, 친수활동 구간은 관심-경계의 2단계로 구분하였다.

표 5.12 ➻ 2016년 이후 조류경보제 발령기준

구분	관심	경계	조류대발생
상수원 구간(남조류세포수, 세포/mℓ)	1,000 이상	10,000 이상	1,000,000 이상
친수용 구간(남조류세포수, 세포/mℓ)	2,000 이상	100,000 이상	–

수도권 상수원인 팔당호는 2018년 3년 만에 조류경보가 발령되었으나, 2019년에는 발령되지 않았고, 충주호도 발령되지 않았다. 광교지의 경우 2018년(77일)에 이어 2019년(97일)에도 경보가 발령되었다. 중부권의 대표적인 식수원인 대청호의 경우 1999년과 2004년을 제외하고 매년 조류경보가 발령되고 있으며, 2019년에는 총 117일간 조류경보가 발령되었다. 한편, 경남 진주시, 남해시, 통영시 등의 식수원인 진양호

* 발령기준:2회 연속 측정하여 Chl-a 농도와 남조류세포수 모두가 기준에 해당될 때 발령
해제기준:2회 연속채취 시 Chl-a 농도 15mg/m^3 미만이거나, 남조류 세포수 500세포/mℓ 미만인 경우

의 경우 총 35일간 조류경보가 발령되었으며, 그 외 영천호(13일)에서도 경보가 발령되었다.

한편, 상수원으로 이용되는 하천에 대해서도 조류경보제 적용 필요성이 제기됨에 따라 2013년 2월부터 낙동강 8개 보 중 하천수를 직접 상수원수로 취수하는 칠곡보(해평취수장 상류 2km), 강정고령보(고령광역취수장 상류 2km), 창녕함안보(칠서취수장 상류 4km)의 3개 보 구간을 대상으로 '낙동강 조류경보제'를 시범운영하였고, 2016년부터는 한강(강천)구간을 포함하여 상수원으로 이용되는 4개 하천구간에 대하여 조류경보제를 운영하였다.

2019년도에는 낙동강(칠곡)구간에서 34일, 낙동강(강정고령)구간에서 97일, 낙동강(창녕함안)구간에서 99일간 경보가 발령되었다. 2019년도에는 6월 20일에 낙동강(창녕함안)구간에서 최초 조류경보 "관심"단계가 발령되었다.

2019년 한 해 동안 총 7개소에서 경보가 발령되었고, 경보는 6월말 최초 경보(창녕함안, 6.20)를 시작으로 12월말(대청호, 12.23)까지 총 492일이 발령되었다.

표 5.13 ➻ 상수원 구간 조류 발령 단계별 조치사항

단계	관계기관	조치사항
관심	4대강(한강, 낙동강, 금강, 영산강을 말한다. 이하 같다)물환경연구소장 (시·도 보건환경연구원장 또는 수면관리자)	1) 주 1회 이상 시료 채취 및 분석(남조류 세포수, 클로리필 a) 2) 시험분석 결과를 발령기관으로 신속하게 통보
	수면관리자(수면관리자)	취수구와 조류가 심한 지역에 대한 방어막 설치 등 조류 제거 조치 실시
	취수장·정수장 관리자 (취수장·정수장 관리자)	정수처리 강화(활성탄 처리, 오존 처리)
	유역·지방 환경청장(시·도지사)	1) 관심경보 발령 2) 주변오염원에 대한 지도·단속
	홍수통제소장, 한국수자원공사사장 (홍수통제소장, 한국수자원공사사장)	댐, 보 여유량 확인·통보
	한국환경공단이사장 (한국환경공단이사장)	1) 환경기초시설 수질자동측정자료 모니터링 실시 2) 하천구간 조류 예방·제거에 관한 사항 지원
경계	4대강 물환경연구소장(시·도 보건환경연구원장 또는 수면관리자)	1) 주 2회 이상 시료 채취·분석(남조류 세포수, 클로리필 a, 냄새물질, 독소) 2) 시험분석 결과를 발령기관으로 신속하게 통보
	수면관리자(수면관리자)	취수구와 조류가 심한 지역에 대한 방어막

		설치 등 조류 제거 조치 실시
	취수장·정수장 관리자 (취수장·정수장 관리자)	1) 조류증식 수심 이하로 취수구 이동 2) 정수처리 강화(활성탄처리, 오존처리) 3) 정수의 독소분석 실시
	유역·지방 환경청장 (시·도지사)	1) 경계경보 발령 및 대중매체를 통한 홍보 2) 주변오염원에 대한 단속 강화 3) 낚시·수상스키·수영 등 친수활동, 어패류 어획·식용, 가축 방목 등의 자제 권고 및 이에 대한 공지(현수막 설치 등)
	홍수통제소장, 한국수자원공사사장 (홍수통제소장, 한국수자원공사사장)	기상상황, 하천수문 등을 고려한 방류량 산정
	한국환경공단이사장 (한국환경공단이사장)	1) 환경기초시설 및 폐수배출사업장 관계기관 합동점검 시 지원 2) 하천구간 조류 제거에 관한 사항 지원 3) 환경기초시설 수질자동측정자료 모니터링 강화
조류 대발생	4대강 물환경연구소장(시·도 보건환경연구원장 또는 수면관리자)	1) 주 2회 이상 시료 채취·분석(남조류 세포수, 클로로필 a, 냄새물질, 독소) 2) 시험분석 결과를 발령기관으로 신속하게 통보
	수면관리자(수면관리자)	1) 취수구와 조류가 심한 지역에 대한 차단막 설치 등 조류 제거 조치 실시 2) 황토 등 조류제거물질 살포, 조류 제거선 등을 이용한 조류 제거 조치 실시
	취수장·정수장 관리자 (취수장·정수장 관리자)	1) 조류증식 수심 이하로 취수구 이동 2) 정수 처리 강화(활성탄 처리, 오존 처리) 3) 정수의 독소분석 실시
	유역·지방 환경청장 (시·도지사)	1) 조류대발생 경보 발령 및 대중매체를 통한 홍보 2) 주변오염원에 대한 지속적인 단속 강화 3) 낚시·수상스키·수영 등 친수활동, 어패류 어획·식용, 가축 방목 등의 자제 금지 및 이에 대한 공지(현수막 설치)
	홍수통제소장, 한국수자원공사사장 (홍수통제소장, 한국수자원공사사장)	댐, 보 방류량 조정
	한국환경공단이사장 (한국환경공단이사장)	1) 환경기초시설 및 폐수배출사업장 관계기관 합동점검 시 지원 2) 하천구간 조류 제거에 관한 사항 지원 2) 환경기초시설 수질자동측정자료 모니터링 강화

※ 관계기관 란의 괄호는 시·도지사가 조류경보를 발령하는 경우의 관계기관을 말한다.

2) 수질예보제

4대강 사업으로 인한 하천환경변화 및 기후변화에 따른 기온 상승 등 하천에서의 조류발생 가능성이 증대됨에 따라 장래의 조류발생 상황을 미리 예측하고 발표하는 수질예보제를 2012년부터 실시하고 있다. 수질예보제는 오염원, 하천 유량, 기상관측 자료 등을 토대로 IT 기반의 수치모델링 기법을 활용해 수온, 클로로필-a 농도 등 수질 정보를 1주일 간격으로 예측하여 관계기관에 예보하는 지도이다.

2012년 최초 시행 당시 4대강 본류 구간의 16개 보를 대상으로 시작하였으나, 2013년부터 조류경보제 시범운영 대상이 된 낙동강의 칠곡보, 강정고령보, 창녕함안보 구간과 2016년 조류경보제 운영 대상이 된 한강의 강천보에 대해서는 중복으로 인한 혼란을 방지하기 위하여 수질예보를 발령하지 않는다. 이에 2019년 말 기준으로 4대강 본류구간 12개의 보를 대상으로 운영 중에 있다.

수질개선조치가 필요할 정도로 조류 발생이 예측될 경우 국립환경과학원장은 그 정도에 따라 관심, 주의, 경계, 심각의 4단계로 예보를 발령하고 관계기관은 단계별로 대응조치를 취하게 된다. 대표적으로 인근 취·정수장 운영 강화와 상하류 댐·보·저수지의 방류조치를 들 수 있다. 수질관리 단계별 발령기준과 조치사항은 아래 표와 같다.

표 5.14 ➻ 수질관리단계 발령 기준

남조류 세포수 (세포/mL) / 클로로필-a 예측 농도(mg/m^3)	10,000 미만[1]	10,000 이상	50,000 이상	2×10^5 이상
$35mg/m^3$을 초과하고 7일 중 4일 이상 유지	–	관심단계[2]	주의단계	경계단계
$70mg/m^3$을 초과하고 7일 중 4일 이상 유지	관심단계	주의단계	경계단계	심각단계
$105mg/m^3$을 초과하고 7일 중 4일 이상 유지	주의단계	경계단계	심각단계	심각단계
$140mg/m^3$을 초과하고 7일 중 4일 이상 유지	경계단계	심각단계	심각단계	심각단계
$175mg/m^3$을 초과하고 7일 중 4일 이상 유지	심각단계	심각단계	심각단계	심각단계

1) 남조류 세포수는 유해남조류인 *Anabaena, Aphanizomenon, Microcystis, Oscillatoria* 속 세포수의 합으로 한다.
2) 클로로필-a 농도가 $70mg/m^3$을 초과하여 수질관리 단계 최초 발령 시에는 초과한 날 이후 전반적으로 농도 상승이 예상될 경우 발령한다.
3) 1)남조류 세포수가 10,000 미만일 경우, 수질관리 단계 발령을 위한 클로로필-a 농도 기준은 각각 $70mg/m^3$, $120mg/m^3$, $160mg/m^3$, $200mg/m^3$ 초과 시로 완화한다.
4) 2)남조류 세포수가 10,000 초과 시에는 클로로필-a 예측 농도 값과 관계없이 '관심'단계를 발령한다.

표 5.15 ➸ 수질관리단계별 조치사항

구분	관심단계	주의단계	경계·심각단계
국립환경 과학원장	-수질관리 강화 통보 -하천수질 변화 모니터링 강화 -수질관리 강화기준 원인 및 실태조사	-관심단계 조치사항 이행	-수질개선방안 및 수질 개선효과 분석
유역·지방 환경청장	-수질관리협의회 운영 -수질오염물질 배출원 점검 -관계기관 대응조치 점검 및 총괄	-관계기관 유량조절 사전 협의 -수질오염물질 점검강화 및 합동 점검 실시	-관계기관에 유량조절 요청 및 협의
지방자치 단체	-수질오염물질 관리강화 -취·정수장 수질 모니터링 강화	-취·정수장 시설·장비 점검 -취·정수장 운영강화	-상수도시스템 위기상황 대응시행
관계기관	-댐·보·저수지 감시활동 강화 -취·정수장 관리 강화	-적정 방류량 산정 -상수도 위기평가 및 예방조치 시행	-댐·보·저수지 방류량 조정 -댐·보·저수지 조류제거 실시

2019년의 경우 한강을 제외한 낙동강, 금강, 영산강 수계에 위치한 보에서 수질관리단계가 발령되었으며, 대부분은 6월 초~8월 하순 사이에 집중되었다. 이 중 40일 이상 수질관리단계가 발령된 구간은 낙동강의 달성보와 합천창녕보, 금강의 공주보, 영산강의 죽산보이다. 단계별로는 금강 공주보에서는 주의단계가 14일 동안 발령되었고, 그 외 지점은 관심수준에서 머물렀다.

5.4 우리나라 호수의 현황

5.4.1 국내 호수의 자연환경 특성

가. 국내 호소현황

우리나라는 용수의 대부분을 지표수에 의존하고 있어서 해방이후 현재까지 지표수, 특히 하천수의 확보에 국가적 심혈을 기울여 왔다. 그 결과 우리나라 주요 하천수계마다 크고 작은 많은 댐들이 건설되었는데, 이러한 댐들은 용수의 지속적인 공급뿐만 아니라 홍수의 통제와 전력의 생산에도 지대한 공헌을 한 것이 사실이다. 그러나 최근에 이르러서는 인구의 증가와 함께 급속히 진행된 산업화의 영향으로 이들 댐호의 대부분이 극심한 수질오염과 부영양화현상을 겪으면서 그 유용성이 위협받고 있다.

현재 우리나라의 호수의 수는 만수면적 10 km² 이상인 호수가 21개소, 1 km² 이상인 호수가 25개소인데 이들 대부분이 댐건설로 조성된 인공호수들이다(다음 표 5.16, 17 참조). 좁은 국토에 이처럼 많은 댐들이 건설됨으로 인하여 주요하천 수계의 중상류부에는 댐이 없는 곳이 거의 없게 되었는데 특히 북한강 수계에 있어서는 댐호의 유로연장이 전체 하천 유로길이의 80% 이상을 차지하게 되었다.

표 5.16 ➻ 한국의 주요 호소의 제원

수 계	호 소 명	유역면적 (km²)	만수면적 (km²)	총저수량 ($\times 10^6$ m³)	유효저수량 ($\times 10^6$ m³)	평균수심 (m)	이수목적
한 강	파로호	3,901	38.15	1,018	658	26.7	발 전
	춘천호	4,736	14.32	150	61	10.5	발 전
	의암호	7,709	15.00	80	39	5.3	발 전
	소양호	2,703	70.00	2,900	1,900	41.4	발 전
	청평호	9,921	17.60	186	83	10.6	발 전
	칠성지	671	5.8	15	6	2.6	발 전
	충주호	6,648	97.0	2,750	1,789	28.4	공 업
	팔당호	23,800	37.5	244	18	6.5	발, 수
	신덕지	28.7	28.7	4.5		0.2	
낙동강	안동호	1,584	51.5	1,248	1,000	24.2	발, 수
	진양호	2,285	23.55	136	109	5.8	수 도
	하구언	23,860					농, 공
	달창지	56.3	1.3	7.6		5.8	
	주남지	35.1	2.99	5.1		1.7	
	조양호	235	5.0	103	86	20.6	공 업
	합천호	925	25	790	560	31.6	다 목
	공산지		0.37			19	수 도
	가창지		0.54			19	수 도
금 강	대청호	4,134	72.8	1,490	790	19.1	다 목
	하구언	9,828	26.5	138		5.2	농 업
	탑정지	219	6.36	31.6		5.0	농 업
	뇌호지	130	2.58	13.85		5.4	
	백곡지	84.8	12.78	6.9		0.5	농 업
영산강	장성호	122.8	6.87	89.3	85	13.0	
	나주호	104.7	7.8	91.2	88	11.7	
	담양호	65.6	4.05	66.7	65	16.5	
	광주호	41.3	1.86	17.4	15	9.4	
	영산호	3.471	34.6	235	181	6.8	
섬진강	주암호	1,010	33.0	457	412	12.5	다 목
	옥정호	763	26.51	466	370	17.6	농, 발
	보성강지	275	1.8	6	5	3.3	발 전
	동복호					26.2	농, 수

만경강	경천지	87.3	3.19	25.4		8.0	농 업
	구이지	62.1	1.78	10.9		6.1	
안성천	아산호	1,634	28.0	142	107	5.1	농 업
	이동지	93	3.26	17.2		5.3	농 업
	고삼지	71	2.79	15.0		5.4	농 업
삽교천	삽교호	1,639	20.0	184	63	9.2	농 업
기 타	보문지	75.6	1.42	9.9		7.0	위 락
	덕동호	51.7	2.0	32.7	22.6	16.4	수 도
	예당지	373.6	10.88	46.1		4.2	농 업
	옥구지		3.22	11.1		3.4	농, 수
	사연호	125	1.62	25		15.0	공 업
	대암호	77		10		8.8	공 업
	연초호	11.7		5			공 업
	수어지	49		28		52.0	수 도
	회동지		1.85			8.5	수 도
	남양호	209.1	7.6	32	21	4.2	농 업
	대 호		21.8	122			농, 공
	청천지	70.1	2.36	20.8		8.8	농 업

표 5.17 ➻ 만수면적별 호수구분

만수면적	〉10 km^2	1~10 km^2
계	21	25
호소명	파로호, 춘천호, 의암호, 소양호, 청평호, 충주호, 팔당호, 안동호, 진양호, 합천호, 대청호, 백곡지, 금강하구언, 영산호, 옥정호, 아산호, 삽교호, 예당지, 임하호, 주암호	침성지, 달창지, 주남지, 조양호, 탑정지, 뇌호지, 장성호, 나주호, 담양호, 광주호, 보성강지, 경천지, 구이지, 이동지, 고삼지, 보문호, 덕동호, 옥구지, 사연지, 수어지, 회동지, 남양호, 청천

자료 ; 유재근, "호수수질개선 및 발전방향", International Seminar on The 21st Century Prospects for Policies and Technology for Water Quality Conservation, 국립환경연구원, 1990, p.205

우리나라에는 총 17,433개의 호소가 있으며 대부분 댐 건설로 조성된 인공호소로서 농업용 저수지가 대부분이다. 호소는 대부분 폐쇄성 또는 준폐쇄성 수역공간인 구조적 특성 때문에 하천에 비해 자체정화 능력이 떨어지며 영양염류가 쉽게 축적되어(부영양화, eutrophication) 일단 오염이 되던 녹조가 대발생하는 등 2차 오염의 우려가 크다.

표 5.18 ➻ 호소현황

계	다목적댐	발전 전용댐	생공용수 전용댐	농업용 저수지	하구호	석호
17,433	21	15	54	17,289	12	18

따라서 부영양화의 방지가 중요하며. COD, 총인 및 총질소에 대한 환경기준을 두고

있다. 현재 49개 주요 호소에 대해 목표수질 기준과 달성기간을 설정하여 관리하고 있다.

호소의 수질 관리와 수생태계 보전을 위해 1일 취수량 30만 톤 이상 또는 만수위 면적 0.5km^2 이상인 호소 등에 대하여 호소수의 이용상황, 수질 및 수생태계 현황, 수질오염원 분포상황 및 수질오염물질 발생량 등을 정기적(매년 또는 3년)으로 조사 및 측정하여 호소수질 관리정책수립을 위한 기초자료로 활용하고 있다.

또한 상수원으로 이용되거나 하류에 취·정수장이 있는 호소에는 가두리양식장의 신규면허 및 면허연장을 금지하고 있으며, 시장·군수·구청장이 낚시금지구역 또는 낚시제한구역으로 지정하여 정해진 방법과 시기에만 낚시행위를 허용하고 있다.

나. 국내 인공호수의 자연환경 특성

이 인공호수들은 80년대 초반부터 호수의 수질오염현상이 심화되기 시작하였으며, 수질이 악화되자 호수의 수질 보전 대책을 마련하기 위하여 지난 30년 동안 많은 연구자들이 노력을 경주하여 왔다.

그런데 호수에서 진행되는 수질악화와 부영양화 현상은 호수 외부에서 유입되는 오염부하량 뿐만 아니라, 호수자체가 갖는 제반지형적 특성에 크게 영향을 받고 있다고 판단된다. 일례로 호수 용적이 거의 비슷한 두 호수에 같은 정도의 오염물질이 유입된다고 하더라도 실제의 호수수질은 각기 호수의 형태적, 수문학적 특성에 따라서 크게 차이가 나는 것이 보통이며, 이러한 현상은 실제로 외국의 호수 연구들에서 빈번히 보고되고 있다.

표 5.19 ➸ 국내 호수의 분류

분 류	특 성	해당 호수명
하천형 호수	1. 짧은 체류시간 2. 호수 수질의 수평적 균일성	팔당, 의암, 청평, 춘천
가지형 호수	1. 긴 체류시간 2. 복잡한 연안구조 3. 호수내 만의 발달 4. 호수길이별 수질의 차이	소양, 안동, 대청, 충주, 합천 등
저수지형 호수	1. 작은 저수용량 2. 낮은 수심 3. 비교적 짧은 체류시간	대가미, 호암, 회동, 광주, 장성 등
하구형 호수	1. 하구에 위치로 높은 오염부하량 2. 길이별 큰 수질차이	낙동강하구, 영산강하구 등

이러한 외국의 연구예를 고려할 때, 외국의 호수들과는 특히 형태적 및 유역환경 등에서 많은 차이가 있으며, 이러한 우리나라의 특유한 조건들이 최근의 부영양화현상을 가속화 시키는 데 적지 않게 기여하고 있다고 판단된다. 이러한 관점에서 우리나라 호수들을 호수의 형태에 따라 수 개의 호수군으로 다음 표 5.19와 같이 분류할 수 있다.

우리나라 호수를 크게 네 가지로 파악하였으며 **결가지형 호수**(Dentritic lake), **하천형 호수**(River-run lake), **하구형 호수**(River-mouth lake), **저수지형 호수**(Reservoir lake) 등이다(그림 5.12 참조).

그림 5.12 호수의 다양한 형태적 특성

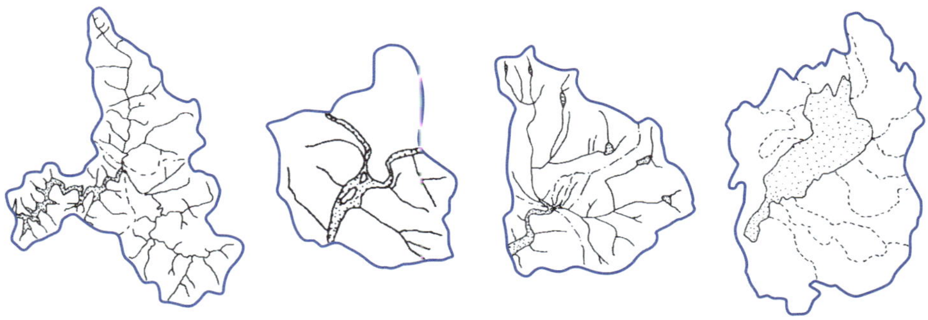

(1) 유역특성 인자

일반적으로 호수의 수질 및 생산성에 영향을 가장 크게 미치는 인자는 대상유역면적으로부터 배출되는 영양염류의 부하량으로, 유역이 가지고 특성에 따라 강우기와 건조기에 각기 유입되는 영양염류 부하량이 달라진다. 호수의 수질 및 생산성에 영향을 미치는 유역특성인자로는 유역면적의 크기 및 인구, 경사도, 토지이용형태, 토양특성 등이 있으며 일반적으로 유역면적이 크고 인구밀도가 높을수록, 경사가 급하고 토양 침식성이 클수록 영양염류 부하량은 높다.

국내 인공댐호의 유역특성인자는 호수에 직 간접적으로 유입되는 영양염류의 양과 비례관계에 있는 유역면적과 호수면적의 값, 총면적값(유역면적과 호수면적의 합)과 총면적으로부터 유입된 영양염류를 희석시키는 역할로 호수생산성과 반비례 관계가 있는 호수용량값, 또한 유입유량의 간접척도인 유역면적과 호수용량의 척도인 호수면적의 비등을 선정하였으며, 외국의 자연호수와 국내의 인공호수를 각기 비교하였으며 그 결과는 표 5.20과 그림 5.13과 같다. 그림 5.13에서 보는 바와 같이 D/L과 총면적 대 호수용량비의 그래프가 지수적 증가함수를 나타내고 있어 호수의 물리적 특성상의

표 5.20 ➻ 호수의 유역특성인자

호 수 명	유역면적(D) (km^2)	호수면적(L) (km^2)	$\frac{D}{L}$	총면적 대 호수용량 ($km^2/10^6\ m^3$)
대 청 호	4134	728	56.8	4.045
소 양 호	2768.3	70.0	39.6	1.494
충 주 호	6648	97.0	68.5	3.77
안 동 호	1584	51.5	30.8	1.636
팔 당 호	19222	36.5	526.6	1069.6
의 암 호	7807	16.6	470.3	134.9
청 평 호	10615	17.6	597.9	122.7
춘 천 호	4853	14.3	338.9	79.79
진 양 호	2285	23.7	96.6	21.18
양 산 호	3471	37.5	92.6	13.87
아 산 호	1634	28.0	58.74	11.70
삽 교 호	1639	20.2	81.1	19.80
해 남 호	181	8.4	21.6	11.16
회 동 호	95	2.171	43.8	5.25
Biwa	3174	674.0	43.71	0.14
Inawasiro	711	104.8	6.78	0.21
Laguna	3820	900.0	4.24	1.45
Michigan	117845	58016	2.03	0.04
Ontario	75272	19009	3.96	0.06

* 총면적 = 유역면적 + 호수 수표면적

그림 5.13 총면적/호수용량 대 D/L의 비

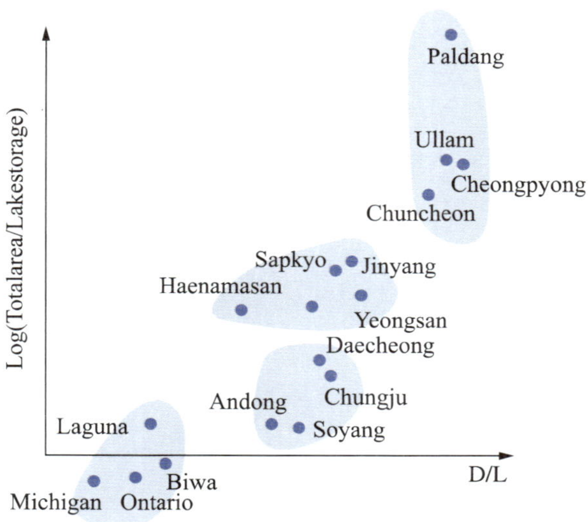

구분없이 호수의 표면적이나 저수용량의 산술적 증가가 유역면적의 대수적 증가를 나타내는 일반적 특성을 나타내고 있다.

외국의 자연호수와 비교할 때 국내의 인공호는 호수면적에 비해 비교적 넓은 유역면적을 지니고 있음이 나타났고, 이에 따라 넓은 유역면적으로부터 높은 영양염류 부하량이 일어나고 더불어 높은 호수생산성이 유발될 유역환경특성을 지니고 있다. 또한 국내 인공호에서도 하천형 호수, 저수지형 호수, 가지형 호수순으로 넓은 유역면적을 지니고 있다.

그러나 하천형 호수의 경우 대부분 강의 중하류에 설치되어 있어 자체유역면적보다도 사실상 상류부 인공호의 더 넓은 유역면적까지 포함되어 자체 유역관리 뿐만 아니라 상류댐의 오염부하량 통제도 수질관리상 중요한 것으로 판단된다. 저수지형 호수의 경우, 가지형 호수에 비해 유역면적은 작지만 작은 호수용량과 호수면적을 가짐으로써 D/L비, 총면적/호수용량비가 상대적으로 큰 값을 나타내고 있어 가지형 호수에 비해 높은 생산성이 유발될 유역환경특성을 지니고 있다.

(2) 수리 수문학적 인자

호수의 수질과 생산성에 영향을 미치는 인자 중 수리 수문학적 특성은 대단히 중요하다. Vollenweider의 경우 호수의 연평균 인농도를 예측하는 경험적 인모형의 작성시, 호수의 평균수와 체류시간 그리고 인부하량을 독립변수로 이용하여 하나의 통계적 모형식을 개발한 바 있다.

이처럼 수리수문학적 인자는 호수의 생산성을 파악하는 데 중요한 역할을 담당하고 있으며 그 인자로는 수심, 체류시간, 표수층과 심수층의 용량, 총 및 유효 저수용량, 수리학적 혼합 정도 및 크기 등이 있다. 국내 호수군에 따른 수리학적 체류시간의 특성은 팔당호, 의암호, 춘천호, 청평호가 **하천형 호수**(Rive.-like lake)로 5~17일 정도의 짧은 수리학적 체류시간을 가지며, 해남호를 제외한 아산호, 영산호, 삽교호 등의 저수지형 호수는 25~55일의 체류시간을 가지며, 가지형 호수인 대청호, 충주호, 안동호, 소양호 등은 5개월에서 약 1년 정도의 체류시간을 가진 호수로 구분할 수 있어 큰 차이를 보여주고 있다.

표 5.21과 그림 5.14는 국내 인공댐호의 수리수문학적 특성을 나타내고 있다. 일반적 호수의 특성이 호수별로 체류시간과 호수용량이 지수적으로 증가하고 있음을 보여주고 있어, 호수 생산성에 반비례로 미치는 인자들이 비례적 관계를 유지함으로써 상호보합적인 관계를 나타내고 있다. 따라서 국내 인공호는 외국의 자연호수에 비해 낮은 수심과 작은 저수용량으로 높은 생산성을 유발할 수리수문학적 특성을 지니고 있

표 5.21 ➻ 수의 수리수문학적 인자

호 수 명	평균수심(m)	호수용량* (10^6 m^3)	평균체류시간(year)
대청호	20.4	1,025	0.47
소양호	25.7	1,900	0.95
충주호	28.4	1,789	0.481
안동호	19.82	1,200	0.516
진양호	5.8	109	0.085
팔당호	6.7	244	0.015
의암호	4.7	80	0.011
청평호	4.72	83	0.027
춘천호	4.26	61	0.0465
영산호	7.31	253.0	0.10
아산호	5.1	142.0	0.07
삽교호	4.2	874.0	0.15
해남호	2.1	17.0	0.6
Biwa	41.0	27,500	5.5
Inawasiro	37.0	3,860	3.8
Laguna	3.6	3,260	0.96
Michigan	84.0	4,871,000	99.1
Ontario	86.0	1,638,000	7.9

* 호수용량은 유효저수용량임

그림 5.14 호수용량 대 체류시간의 비

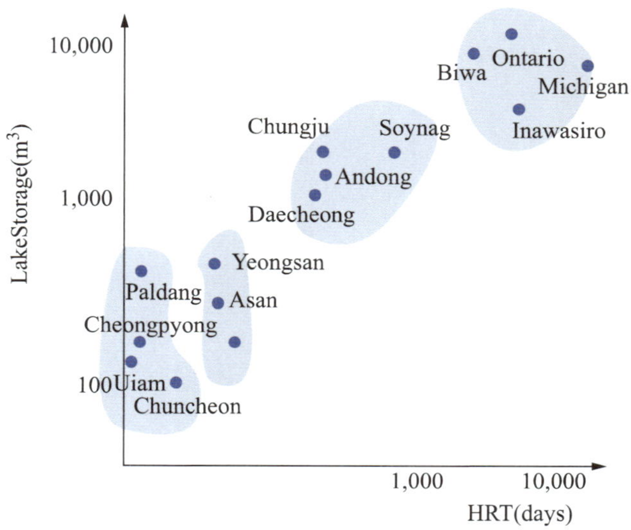

그림 5.15 체류시간 대 D/L의 비

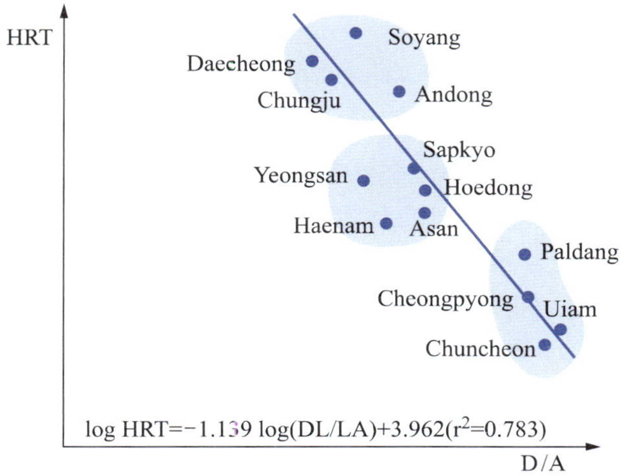

지만, 반대로 짧은 체류시간으로 인한 호수 생산성의 억제도 동시에 이루어지는 특성을 지니고 있다.

국내의 인공호의 유역특성인자와 수리수문학적 인자간의 상호연관성을 파악하기 위하여 호수로의 유입유량(Q_{in})의 간접척도인 유역면적(D)과 호수용량(V)과의 간접척도인 호수수표면적(L)의 비(D/L)를 통하여 수리학적 체류시간($t = V/Q_{in}$)과의 상관성을 파악한 결과 그림 5.15와 같이 높은 상관성을 나타냄으로써 국내 인공호의 체류시간이 유역면적 대 호수용량의 비로 나타낼 수 있다.

이상 살펴본 인공호의 물리적 환경인자들은 비록 영양상태와 호수생산성에 얼마만큼 영향을 미치는 지에 대한 정량적인 결과는 아닐지라도 자연 호수에 비해 현격한 호수의 환경인자를 국내 인공호가 갖고 있고, 더불어 국내의 4가지 인공호수군의 차별성이 확인 가능하다고 생각된다.

5.4.2 국내 호수의 수질현황

가. 호소의 수질환경기준

우리나라 호소환경기준은 하천수질환경기준과 마찬가지로 사람의 건강보호기준과 생활환경기준으로 각기 구분되어있다. 사람의 건강보호기준은 하천 및 호소환경기준이 동일하고 호소 생활환경기준만 달리 설정되어있다. 호소 수질환경기준은 총 6등급 7단계로 각기 구분되어있다. 수질항목으로는 BOD 대신에 COD, TOC농도가 설정되어 있고, T-P(총인), T-N(총질소), 클로로필-a가 하천과는 달리 추가 설정되어있다. 이들 세 항목들은 호소에서 광합성작용에 의해 발생하는 식물성플랑크톤과 연관된 수질 항목들이다. COD, TOC는 식물성 플랑크톤량과 연관되어있고 클로로필-a는 식물성플랑크톤 자체를 대변하는 수질항목이다. T-P(총인), T-N(총질소)은 식물성플랑크톤 성장에 필수적인 영양소로 작용한다. 그러나 하천의 수질기준에서도 언급한 바와 같이 pH는 너무 넓은 범위를 나타내고 있어 문제가 된다. 즉, 호수의 수질기준이 호수의 영양상태를 판별하기 위한 근거라면 DO농도는 부영양화 호수의 저수층에서 발생되는 DO 고갈현상을 대상으로 해야 할 것이고 이에 따라 DO의 적용은 단지 심수층에만 적용되어야 할 것이다. 호수가 부영양화되어 수질이 악화되면 될수록 표수층은 조류과다번성으로 인하여 DO 과포화현상이 발생하기 때문이다.

사람의 건강보호기준의 경우 '검출되어서는 안됨'으로 표시된 것도 실제 분석기기의 발달로 낮은 농도도 검출되고 있는 상황이므로 일정한 농도표시로 재조정되어야 할 것이다.

표 5.22 ➻ 생활환경기준(호소)

등급		상태(캐릭터)	기준 pH	COD (mg/L)	TOC (mg/L)	SS (mg/L)	DO (mg/L)	T-P (mg/L)	T-N (mg/L)	Chl-a (mg/m^3)	대장균군(군수/100mL) 총 대장균군	분원성 대장균군
매우 좋음	Ia		6.5~8.5	2 이하	2 이하	1 이하	7.5 이상	0.01 이하	0.2 이하	5 이하	50 이하	10 이하
좋음	Ib		6.5~8.5	3 이하	3 이하	5 이하	5.0 이상	0.02 이하	0.3 이하	9 이하	500 이하	100 이하
약간 좋음	II		6.5~8.5	4 이하	4 이하	5 이하	5.0 이상	0.03 이하	0.4 이하	14 이하	1,000 이하	200 이하
보통	III		6.5~8.5	5 이하	5 이하	15 이하	5.0 이상	0.05 이하	0.6 이하	20 이하	5,000 이하	1,000 이하
약간 나쁨	IV		6.0~8.5	8 이하	6 이하	15 이하	2.0 이상	0.10 이하	1.0 이하	35 이하	-	-
나쁨	V		6.0~8.5	10 이하	8 이하	쓰레기등이 떠있지 않을 것	2.0 이상	0.15 이하	1.5 이하	70 이하	-	-
매우 나쁨	VI	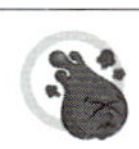	-	10 초과	8 초과		2.0 미만	0.15 초과	1.5 초과	70 초과	-	-

※ 화학적산소요구량(COD) 기준은 2015년 12월 31일까지 적용

표 5.23 ➸ 하천수질환경기준(건강보호기준-하천, 호소 공통)

카드뮴 (Cd)	비소 (As)	시안 (CN)	수은 (Hg)	유기인	납 (Pb)	6가크롬 (Cr^{6+})	PCB	PCE	1,4-다이옥세인
0.005 이하	0.05 이하	불검출 (검출한계 0.01)	불검출 (검출한계 0.001)	불검출 (검출한계 0.0005)	0.05 이하	0.05 이하	불검출 (검출한계 0.0005)	0.04 이하	0.05 이하
사염화탄소	**1,2-디클로로에탄**	**디클로로메탄**	**벤젠**	**헥사클로로벤젠**	**클로로포름**	**포름알데히드**	**디에틸헥실프탈레이트**	**안티몬**	**ABS**
0.004 이하	0.03 이하	0.02 이하	0.01 이하	0.00004 이하	0.08 이하	0.5 이하	0.008 이하	0.02 이하	0.5 이하

나. 국내 호소의 수질현황

2019년 호소 수질평가결과, 전국 주요 호소(49개)의 TOC 기준 좋은물 달성률은 87.8%로 전년과 동일하며, 총인 기준 달성률은 79.6%로 전년 대비 증가하였다.

한강권역 호소의 '19년 TOC 기준 좋은물 달성률은 84.6%로 전년보다 감소하였으며, 총인 기준 좋은물 달성률은 전년보다 증가한 76.9%의 달성률을 나타냈다. 낙동강권역의 TOC 및 총인 기준 달성률은 전년보다 증가(85.7 → 92.9%, 78.6 → 85.7%)하였다. 금강권역의 경우 TOC 기준 달성률은 전년과 동일(80.0%)하고, 총인 가준 달성률은 증가(50.0 → 70.0%)하였다. 영산강권역의 경우도 TOC 기준 달성률은 전년과 동일(91.7%)하며 총인 기준 달성률은 증가(66.7 → 83.3%)하였다.

전국 주요 호소 49개 중 18개가 목표기준을 달성하여 목표기준 대비 36.7%의 달성률을 보였다.

표 5.24 ➸ 호소에서의 목표기준(TOC기준) 달성 현황('19년)

구분	총계	목표기준 및 달성현황(달성/목표, 달성률)			
		한강	낙동강	금강	영산강
총계	18/49(36.7%)	6/13(46.2%)	2/14(14.3%)	6/10(60.0%)	4/12(33.3%)
매우좋음(Ia)	14/35(40.0%)	6/11(54.5%)	1/8(12.5%)	4/6(66.7%)	3/10(30.0%)
좋음(Ib)	2/8(25.0%)	-(-)	1/6(16.7%)	-(-)	1/2(50.0%)
약간좋음(II)	2/4(50.0%)	0/1(0.0%)	-(-)	2/3(66.7%)	-(-)
보통(III)	0/2(0.0%)	0/1(0.0%)	-(-)	0/1(0.0%)	-(-)

목표기준별 달성현황을 살펴보면, 목표기준이 '매우좋음(Ia)'로 설정된 호소는 40.0% 달성, '좋음(Ib)'은 25.0%, '약간좋음(II)'은 50.0%의 달성률을 나타내었다.

우리나라 호수는 대부분 하천의 흐름을 막아 만들어진 호소들로서 수량 확보, 홍수통제, 전력생산등 각기 다양한 이유로 건설되어져 왔다. 호소의 수질은 Ib (좋음)~IV(약간 나쁨)까지 다양한 수질 특성을 보이고 있다. 특히 연도별로는 점차 오염도가 증대되고 있는 추세에 있다. 고인 물은 썩을 수밖에 없다는 일반적인 상식이 확인되고 있는 셈이다. 특히 대규모 용수확보를 위해 하구에 설치한 시화호나 아산호 등은 수질이 대단히 악화된 상태를 보이고 있으며, 우리나라 호소의 전반적인 수질특성은 다음과 같다.

첫째, 우리나라는 호소의 4계절 수온차가 뚜렷하고 6, 7, 8월에 강우가 집중되어 왔다. 따라서 비점오염원 발생량이 여름철에 집중되어 높은 영양염류농도가 호소내 유지가능하며, 강우 후 충분한 광량과 체류시간만 보장되면 조류번성은 항상 발생 가능하다.

둘째, 조류발생이 호소의 오염상태 뿐만 아니라 호소의 형태에 따라서도 발생특성이 다르다. 소양호, 충주호, 대청호처럼 체류시간과 호수저수용량이 큰 경우는 여름철 높은 인 농도 유입으로 호소내 N/P가 감소되어 남조류가 대량 발생한다(그림 5.16 참조). 이에 비해 팔당호, 의암호, 춘천호와 같이 유속이 빠른 하천형 호소는 여름철 집중호우 이후에 탁도 증가, 이에 따른 광량 부족으로 광합성 둔화, 그리고 짧은 체류시간 등으로 조류번성이 둔화되는 특성을 갖는다. 하천형 호소의 조류번성은 갈수기가 장기화될 때 긴 체류시간 탓으로 주로 발생한다. 이런 현상은 하구언이 조성된 낙동강 하류, 금강 하류, 영산강 하류에서도 비슷하다.

셋째, 뚜렷한 계절적 특성으로 국내 수계에서 주로 발생하는 우점종 조류로는 여름철 남조류와 겨울과 초봄의 규조류로 크게 구분된다(그림 5.17 참조). 남조류로는 Microcystis, Anabaena, Oscillatoria이 있으며, 호소 표면층에 마치 녹색 융단(mat)을 깐 것과 같은 형상을 갖는다. 규조류는 Synedra, Stephanodiscus, Asterionella, Melosira 등이 있다.

그림 5.16 인 농도와 조류(Chl-a) 농도간의 일반적 상관관계(낙동강하류)

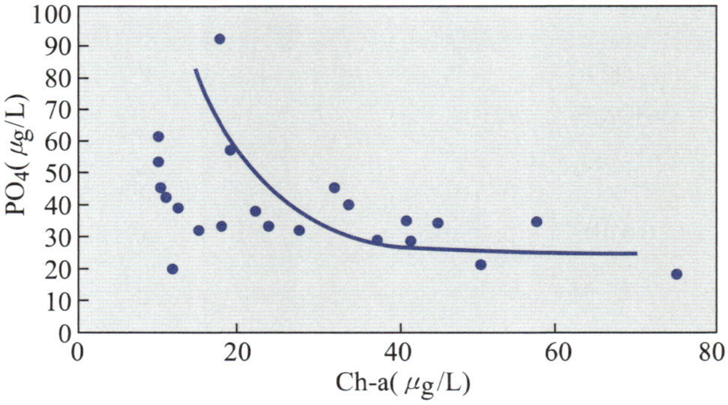

그림 5.17 낙동강 하류(물금)에서 남조류(*Microcystis*)와 규조류(*Stephanodiscus*)의 번무와 천이모습

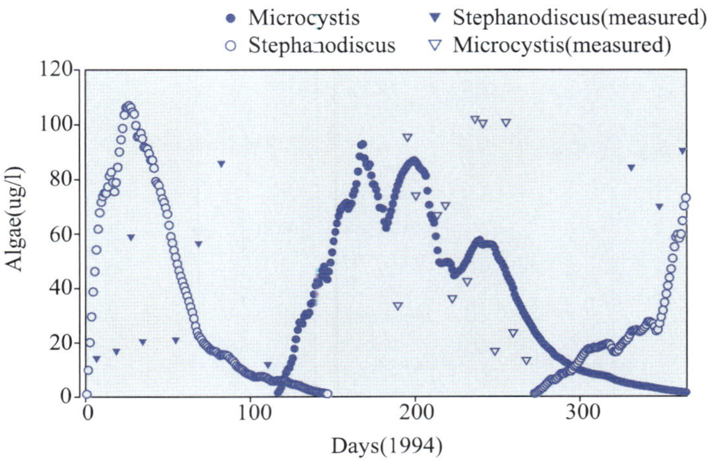

5.5 호수의 수질모델링

5.5.1 호수수질모형의 개념적 정의(Conceptual Representation)

호수수질모형의 작성은 호수 내에서 발생하는 각종 반응의 해석이나 장례예측 등을 위한 수단으로 이용되며, 모형을 통해 알고자 하는 내용에 따라 대상모형의 구조가 달라진다.

부영양화현상과 더불어 호수를 대상으로 한 수질모형연구는 다양한 방향으로 연구되어져 왔으며, 일반적으로 총인 농도를 대상으로 한 정상상태 모형과 호수생태계의 반응기작을 해석하기 위한 생태계 모형 등이 많이 적용되고 있다. 호수 내 총인농도를 예측하는 정상상태 모형은 각종 반응기작을 고려하지 않고 단지 일련의 호수군에서 수리수문학적 특성과 총인농도간의 관계를 정량화한 모형임에 반해, 생태계 모형은 호수내에서 일어나는 각종 반응기작을 일련의 물질수지식을 통하여 작성하여 호수의 생태적 반응기작이나 수질특성을 해석하는 모형이다. 따라서 이와 같은 모형들의 선택은 연구 목적과 대상호수의 특성, 그리고 모형 작성자의 주관에 따라 달라진다. 모형 구

조의 결정(Model Resolution)은 모형개발의 초기단계에 결정되는 것으로 우선 해당 수체 내에 적용할 모형의 목적을 정하고 이에 따라 파악하고자 하는 수질인자를 상태변수(State Variables)로 결정하며, 대상 호수의 형태적 수리수문학적 특성과 상태변수의 특성에 따라 시간적 규모와 공간적 규모의 결정이 다음 그림 5.18과 같이 이루어지게 된다.

그림 5.18 호수수질 모형화의 개념적 모식도

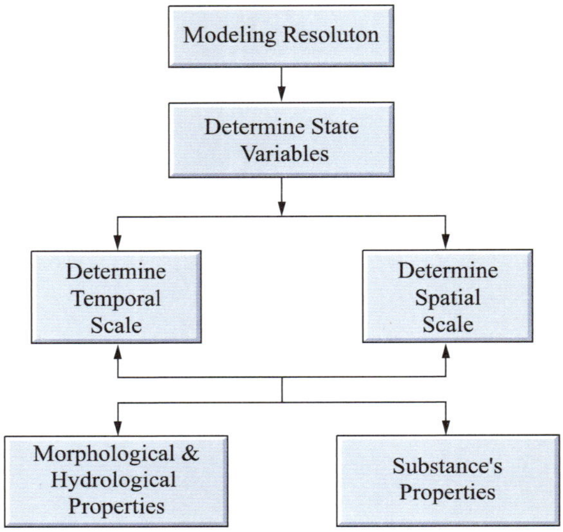

가. 호수수질모형의 목적 설정과 상태변수(State Variables) 결정

호수수질모형의 작성자는 우선 그 모형의 작성 목적을 설정하여야 한다. 즉, 모형의 목적에 따라 상태변수를 결정하게 되며 이에 준한 일련의 모형구조의 결정과정이 이루어지게 된다. 일반적으로 장래 장기적 수질 예측과 호수관리대책을 검토하기 위한 수단으로 이용되는 모형은 상태변수인 호수의 연평균 인농도와 chl-a 농도를 추정하는 정상상태 모형이고, 조사할 대상호수내에 일어나는 생태학적 반응기작을 해석할 목적으로 이용되는 모형의 특징은 식물성플랑크톤 증식을 중심으로 한 여러 가지 생태적 인자와 이에 관련된 많은 환경요인들간에 상호관계를 정량적으로 나타낸 생태계모형으로서 매우 상세한 호수내 생태적 기작 해석을 목적으로 작성된 **동적생태계 모형**(Dynamic ecological model)이다. 현재 국내에서 많이 이용되고 있는 호수 수질모형의 목적과 이에 따른 상태변수들을 살펴보면 다음 표 5.25와 같다.

표 5.25에서 보는 바와 같이 상태변수는 호수수질모형의 이용목적에 따라 달라지고,

모형이 장기적일수록 상태변수는 총괄적이 되며, 호수전체내 평균값을 일정한 시간적 크기 내에서 택하게 되고, 상세한 생태계모형에서는 가용성 인, 비가용성 인, 식물성 플랑크톤내 인 등으로 구분하거나 식물성플랑크톤을 종별로 나누어 각기 상태변수로 정의하기도 한다. 일반적인 생태계 모형은 호수내 일어나는 복잡한 현상을 가정조건을 통하여 비교적 단순화시킴으로써 이에 따른 상태변수 수를 결정하며, 보다 많은 상태변수의 부정확한 값의 입력에 따른 불확실성은 피해야 할 것이다.

표 5.25 ➻ 호수수질모형의 분류

모형의 종류	모형의 특성	상 태 변 수
경험적인 모형	정상상태 평균인농도 예측	총 인
Two-Box인 모형	동적상태(Dynamic) 성층고려	입자성 인 용존성 인
생태계 모형 (WQRRS, WASP5, LARM, MINLAKE 등)	동적상태 성층고려 다상자(Multi-Box)	BOD, DO, PO_4-P, T-P, Org-P, Org-N, NH_4-N, NO_2-N, NO_3-N, Phytoplankton, Zooplankton 등

나. 시공간 규모의 결정

자연생태계의 물질순환 또는 에너지순환을 수식화하여 구성된 모형은 자연의 시스템을 어느 정도 정확하게 수식화 하느냐에 따라서 모형의 정확도가 평가되며 대상 모형의 공간적 형태와 시간성을 어떻게 가정하느냐에 따라서 대개 그 정확도와 응용의 범위가 특징지어진다.

앞의 그림 5.18에서 보는 바와 같이 우선 호수수질모형의 작성목적과 선정된 목적변수에 따라 대상 모형의 시공간적 규모가 결정되며, 또한 대상 호수체의 특성을 반영하는 호수의 형태적 및 수리수문학적 인자와 파악할 수질인자의 특성(반감기간 등)에 의해서도 영향을 받는다.

모형의 공간성은 대상수체의 이동속도, 확산이동 및 물리화학 생물학적 변수에 따라 균일한 일련의 소구역으로 나뉘는데, 이 소구역들의 집합들이 어떠한 공간적 형태를 갖느냐가 모형의 공간적 차원을 의미한다.

우선 무차원 모형은 물질이나 에너지의 이동이 호수 전구간에 걸쳐 균일하게 분포되어 있음을 가정하는 것으로 호수 저질내로 축적되는 무기물의 평가나 호수의 장기적 부영양화 현상을 예측하는데 잘 적용된다. 즉, 물질의 호수 공간내 이동이나 수리학적 현상이 묘사되지 않는 반면 오염물질의 농도가 단지 시간의 함수로만 표시되는 것으로 Vollen-weider류의 정상상태 모형이 그 대표적인 예이다.

하천과는 달리 호수의 일차원 공간형태의 경우는 호수의 길이 방향보다도 수심방향으로 유속과 확산이 일어남을 가정하는 모형으로서 유로길이가 50 km 이하인 호수에 적합한 공간구조로서, 표수층과 심수층으로 성층만 고려한 공간형태와 수심별로 다층구조를 지닌 일차원 공간형태가 있다. 단지 성층을 고려한 모형은 Imboden과 Snodgrass의 Two-Box모형처럼 호수수질모형 자체가 호수 생태계를 비교적 단순하게 가정하고 상태변수의 수도 비교적 적은 특징을 지니고 있으며, 비교적 수심이 낮은 호수에 적용가능하다. 수심별 다층구조를 지닌 공간형태는 WQRRS모형처럼 수심이 깊은 호수에 적용되고 상세한 호수의 **생태적 반응기작**(Ecological Mechanism)을 해석할 수 있는 특징을 지니고 있다.

표 5.26 ➻ 호수수질모형의 시공간적 규모특성

예 측 변 수	시간적 크기	공간적 크기
강우후 수질 예측	Short Term	Local
호수순환후 수질평가	Short Term	Local
살조제 투입후 수질	Short Term	Local
조류의 수화현상 예측	Short Term	Local
24시간 광합성조사	Short Term	Local
조류의 종의 천이과정	Short Term	Local
연평균 인농도	Lomg Term	Whole
장기간의 조류농도예측	Lomg Term	Whole
호수수질관리방안들의 비교평가	Lomg Term	Whole

* 대상수체의 공간적 특성에 따라 1, 2, 3차원으로 구분가능함.

이차원 형태의 공간적 분포를 가정하는 이차원 모형의 호수의 형태적 특징은 유로연장 길이가 길고 수심이 깊은 호수와 수심은 얕지만 횡방향 폭과 유로길이가 긴 호수에 적용하기 쉬운 공간형태로서, 국내 인공댐호의 경우 대청호, 소양호, 충주호, 안동호와 같이 그 호수형태가 복잡하고 유로길이가 긴 곁가지형 호수에 적용할 수 있는 공간적 형태이다.

호수수질모형의 작성목적과 선택된 목적변수에 따른 시공간적 규모의 결정은 표 5.26에서 보는 바와 같이 일반적으로 시간적 규모가 클수록 공간적 규모도 크며 시간적 규모가 작을수록 호수 공간은 분할되어 파악되는데, 시공간적 규모가 상호밀접한 연관성을 지닌다.

호수내 파악하고자 하는 목적변수인 수질인자는 호수내 최소한의 균일성을 유지하는 시공간적 규모로서 우선 파악되어야 하며, Harris(1980)의 경우 최소한의 조류농도의 균일성을 조류성장율과 호수의 **수평확산율**(Horizontal Diffusion)에 근거하여 1일과 1 km의 크기를 갖는다고 한 바 있다. 그러나 우리가 파악하고자 하는 호수수질모형의 목적에 따라 시공간적 최소단위는 변호할 수가 있다. 예를 들면, 정상상태를 가정한 호수의 부영양화 모형을 이용한 연 평균 인농도를 예측하기 위해서는 인농도의 일중 변화나 호수 내 수평 수직변화양태는 무시할 수 있으며 어떤 **보존성 물질**(Conservative Material)을 대상으로 수십 년간의 시간적 범위에 대한 예측작업을 실시할 때, 그 단위의 시간간격은 호수로의 물질유입과 평형농도에 도달하는 시간으로부터 결정되며 장기적 변화에 대한 일별, 월별 변화는 무시할 수 있다.

또한 대상호수의 형태적 및 수리수문학적 특성에 따라 시공간적 규모는 제한을 받게 된다. 예를 들면 하구의 수질예측시 가장 중요하게 고려해야 할 사항은 **조석**(Tidal Flow)으로서 하루중 시간의 변화를 고려한 단기모형의 적용이 요구되고, 호수의 경우 호수의 크기와 형태에 따라 그 공간적 규모가 결정되며 호수의 수리수문학적 조건에 따라 대상모형의 시간적 규모가 결정된다. 시공간적 규모의 결정을 위한 해당 수질인자의 특성도 대단히 중요한데 강우시 유입되는 Storm Water의 영향이나 반감기간이 짧은 수질 인자(bacteria 등)의 호수내 농도 파악 등을 위해서는 시간적 규모가 짧으며 그 공간적 규모도 이에 준하게 된다. 그러나 **보존성 물질**(Conservative Substance)의 장기적 축적을 파악할 시에는 시간적으로 장기적 규모가 결정되며 이에 따라 호수공간도 **완전혼합**(Completely Mixing)을 가정할 수가 있다.

다음은 호수의 공간적 분할특성을 Froude Number에 의하여 판단할 수 있도록 만든 지표로서 호수깊이에 따른 물의 밀도차이를 고려하여 무차원, 일차원, 이차원으로 구분할 수 있다.

$$Fr = \frac{U}{[(\Delta\rho/\rho_0)g \cdot d]^{1/2}} \qquad (5.2)$$

여기서, U : average flow-through velocity
d : average depth
ρ_0 : reference density
$\Delta\rho_0$: density difference over depth d
g : gravity acceleration
Fr : densimetric Froude number

$Fr < 1/\pi$, one-dimensional
$0.1 < Fr < 1.0$, two-dimensional [depth-averaged 2-D / lateral-averaged 2-D]
$Fr > 1$, zero-dimensional

5.5.2 호수수질의 모형화(Modeling)

호수수질모델의 단순화를 위해 우선 무차원 모형을 가정하여 수식으로 표현하면 다음과 같다.

$$V\frac{dC}{dt} = W(t) - QC - kCV$$

$$V\frac{dC}{dt} + (Q + kV)C = W(t)$$

$$V\frac{dC}{dt} + k'C = W(t) \quad (k' = Q + kV) \tag{5.3}$$

그림 5.19 무차원 모형(completely mixing)의 모식도

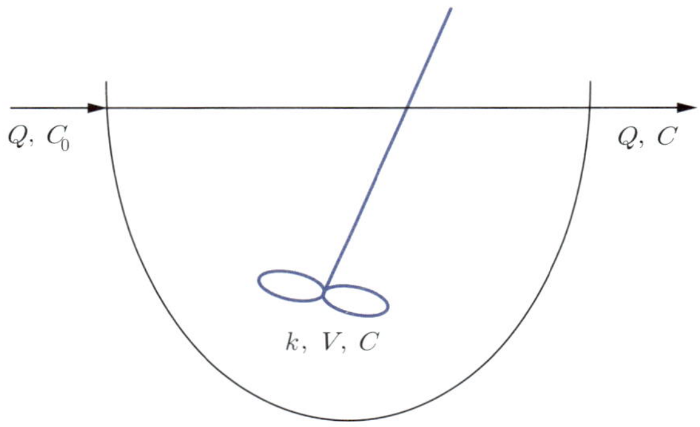

앞의 1차 선형미분방정식은 일반해와 특별히 오염부하량의 특성을 고려할 수 있는 특별해(Particular Solution)로 나누어풀면 다음과 같다.

가. 일반해

$$V\frac{dC}{dt} + k'C_g = 0$$

$$C_g = Ae^{-\left\{\frac{k'}{V}t\right\}} = Ae^{-\left\{\frac{Q}{V}+k\right\}t}$$

$$= Ae^{-k't} \tag{5.4}$$

여기서, $k' = Q + kV$

나. 특수해

(1) Impluse input [t =0에서 M 투입, 그 후 $W(t)$ =0]

$$V\frac{dC}{dt} + k'C = 0$$

$$C = Ae^{-\frac{k'}{V}t}$$

$$t = 0\,,\; C = C_0\frac{M}{V}$$

$$C = \frac{M}{V}e^{-\frac{k'}{V}t} = \frac{M}{V}e^{-\left(\frac{Q}{V}+k\right)t} \tag{5.5}$$

(2) Constant Input (W)

$$V\frac{dC}{dt} + k'C = \overline{W}$$

$$C_p = \frac{\overline{W}}{k'}$$

$$C = C_g + C_p$$

$$\therefore\; C = Ae^{-\frac{k'}{V}t} + \frac{\overline{W}}{k'} \tag{5.6}$$

① t = 0일 때 C = 0이면

$$C(t) = \frac{\overline{W}}{k'}\left(1 - e^{-\frac{k'}{V}t}\right) \tag{5.7}$$

② t = 0일 때 $C = C_0$이면

$$C(t) = \frac{\overline{W}}{k'} - \left[\frac{\overline{W}}{k'} - C_0\right]e^{-\frac{k'}{V}t} \tag{5.8}$$

(3) Periodic input

$$W(t) = \overline{W} + W_0\sin(Wt - \alpha) \tag{5.9}$$

여기서, $W(t)$: 평균 오염부하량(M/T)
W_0 : 진폭(amplitude) (M/T)
α : phase shift(radian)
W : input frequency(T^{-1}) $= \frac{2\pi}{T_p}$, T_p =주기(period)

그림 5.20 주기적 오염부하량

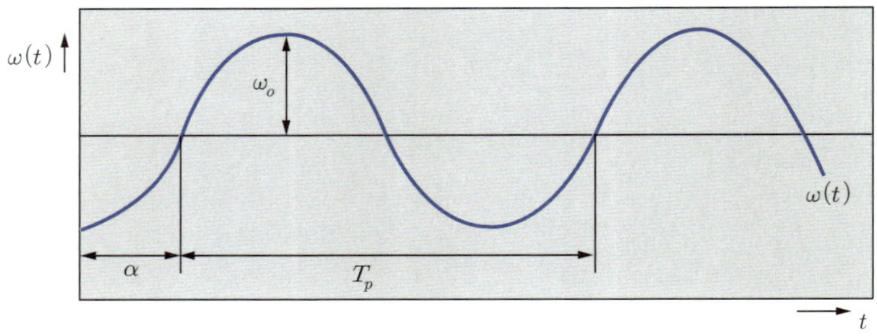

$$V\frac{dC}{dt} = k'C = \overline{\omega} + \omega_0 \sin(\omega t - \alpha)$$

$$V\frac{dC}{dt} + k'C = \overline{\omega}$$

$$C_g = \frac{\overline{W}}{k'}\left\{1 - e^{-\frac{k'}{V}t}\right\} \tag{5.10}$$

$$V\frac{dC}{dt} + k'C = \omega_0 \sin(\omega t + \alpha)$$

$$S_p = \omega_0 A_m(\omega)\left\{1 - e^{-\frac{k'}{V}t}\right\}\sin\{\omega t - \alpha - \theta(\omega)\} \tag{5.11}$$

$$A_m(\omega) = \frac{\frac{1}{V}}{\left\{\left(\frac{k'}{V}\right)^2 - \omega^2\right\}^{\frac{1}{2}}}(TL^{-3})$$

$$\theta(\omega) = \tan^{-1}\left\{\frac{\omega}{k'/V}\right\}(\text{rad})$$

$$\therefore\ C = C_g + C_p = \frac{\overline{\omega}}{k'}(1 - e^{-\frac{k'}{V}t}) + \omega_0 A_m(\omega)\sin\{\omega t - \alpha - \theta(\omega)\}$$

평형상태에서 $(t \rightarrow \infty)$ 농도는

$$C = \frac{\overline{\omega}}{k'} + \omega_0 A_m(\omega)\sin\{\omega t - \alpha - \theta(\omega)\}$$

그림 5.21 완전혼합시스템에서의 진폭과 相(phase)의 변화

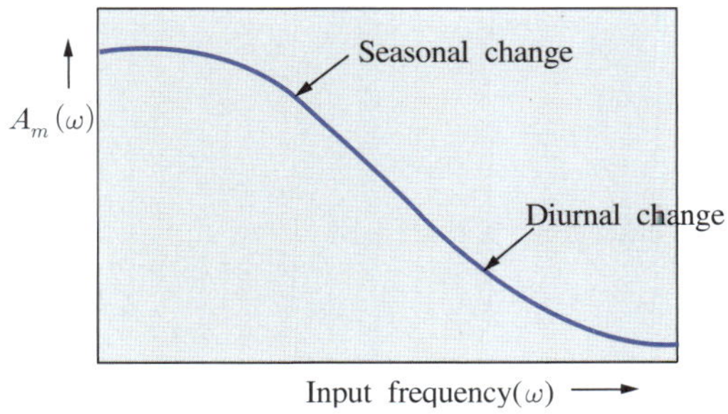

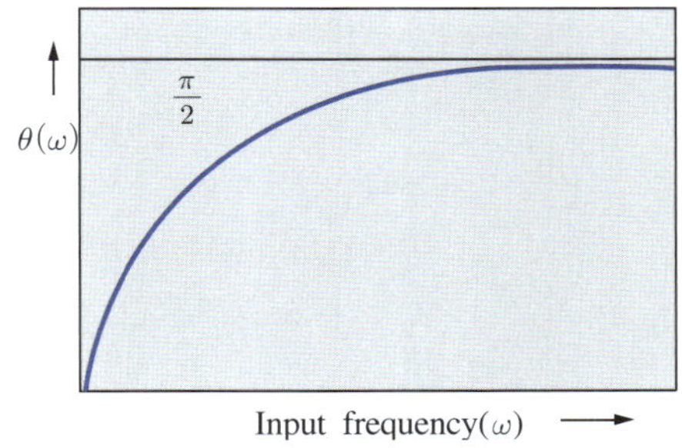

예제

5.1 대청호가 다음과 같은 조건을 갖고 있을 때 호수내 인의 농도를 계산하고 부영양화 수준을 평가하라.

1) 대청호의 제원
   저수용량 : 1.5 km^3　　수표면적 : 73 km^2
   평균수심 : 20.5 m　　연평균 유입량 : 2.6 km^3/yr
2) 유역현황
   유역인구 : 525,000명　　농경지면적 : 700 km^2
   임야면적 : 3,000 km^2　　오염발생량중 유출율 : 18%
3) 배출원 단위
   인구 : 1.2 g/Capita·day　　논 : 0.269 kg/km^2·day
   임야 : 0.027 kg/km^2·day
4) 인의 침강에 의한 제거상수 k(1/yr) = 10/H(m)

풀이

1. 대청호 전체를 완전혼합조로 가정한다.

$$V\frac{dS}{dt} = W(t) - Q\cdot S - k\cdot S\cdot V$$

$$V\frac{dS}{dt} = (Q+kV)S = W(t)$$

오염부하량이 constant input이므로

$$V\frac{dS}{dt} = (Q+kV)S = W$$

$$V\frac{dS}{dt} = k'S = S\ (Q+kV = k')$$

$t=0$일 때 $S=0$으로 초기조건을 가정하면 $S(t) = \frac{W}{k'}\{1-\exp(-(k'/V)\,t)\}$

1.1 W(constant input)의 계산

가. 인구에 의한 오염부하량

1.2 g/capitaday × 525,000 인 × 365 days/yr × 0.18

= 41,391,000 g/yr

나. 논에 의한 오염부하량

0.269 kg/km²day × 700 km² × 365 days/yr × 1000 g/1 kg × 0.18

= 68,729,500 g/yr

다. 임야에 의한 오염부하량

0.0.27 kg/km²day × 3,000 km² × 365 days/yr × 1,000 g/1 kg × 0.18

= 5,321,700 g/yr

그러므로 총부하량은 115,442,200 g/yr = W

1.2 k'의 산정

k (1/yr) = 10/H(m) = 10/20.5 = 0.488 (1/yr)

$k' = Q + kV$= (2.6 + 0.488 × 1.5) = 3.332 km^3/yr

1.3 농도의 계산

$$S(t) = \frac{115{,}442{,}200\,\mathrm{g/hr}}{3.332\,\mathrm{km^3/yr}}\{1-(\exp-(3.332/1.5)t)\}$$

평형상태에 도달했다고 가정하면 $S = 34.647\,\mu\mathrm{g/L}$

1.4 인농도에 따른 영양상태 판정은 다음과 같으므로 중영양상태에 해당한다.

표 5.27 인농도에 따른 영양상태 구분(by VOLLENWEIDER-OECD)

영양상태 구분	농도 범위
빈영양	〈 7.9 μg/L
빈-중영양	8~11 μg/L
중영양	12~27 μg/L
중-부영양	28~39 μg/L
부영양	〉 40 μg/L

2. plotting을 이용한 호수영양상태 판정

2.1 연간 인 부하량 계산(y축 계산) = $\frac{115{,}442{,}200\,\mathrm{g/yr}}{73\times(106)\,\mathrm{m^2}} = 1.587\,\mathrm{g/m^2\cdot yr}$

2.2 x축의 계산

평균수심 = 20.5 m

체류시간 = V/Q = 1.5 km³/2.6(km³/yr) = 0.577(yr)

평균수심/체류시간 = 20.5(m)/0.577(yr) = 35.53(m/yr)

plotting한 결과 그림 5.22와 같이 대청호는 부영양화 상태에 있음을 보여주고 있다.

그림 5.22 대청호의 영양상태 판정

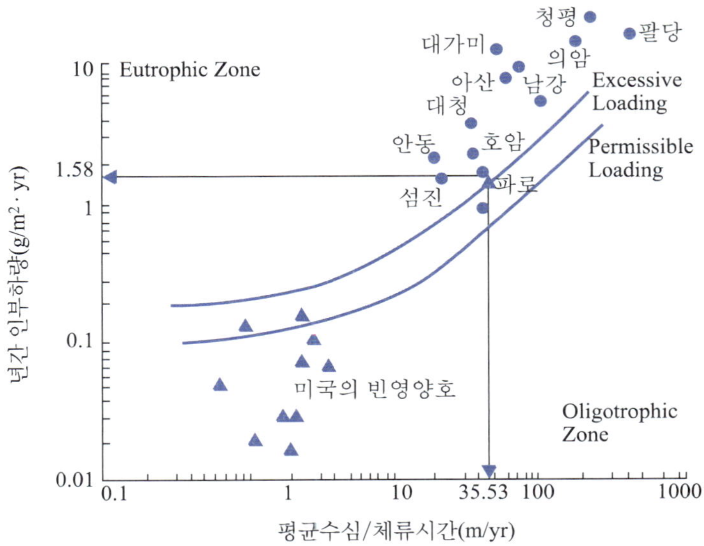

5.5.3 호수수질모델의 적용사례연구

일반적으로 하천은 영양염류의 유입으로 인한 조류의 증식이 크게 문제되지 않는 반면, 유기물농도에 따른 BOD농도와 박테리아 사멸 등이 중요한 편이다. 그러나 호수는 하천과는 달리 수체의 정체로 인하여 생태적 인자의 반응이 중시되며, 특히 일정한 체류시간에 따른 조류의 증식이 유기물에 의한 수질오염보다도 더욱 중요한 환경변화로 파악된다. 따라서 호수의 수질모형에 있어서 가장 크게 고려해야 할 사항은 조류의 성장 및 무기영양염류와 관련된 것들이며, BOD와 DO의 변화는 2차적인 문제라 할 수 있다.

현재 국내에서 이용된 호수모형들은 수리수문학적 특성과 인농도를 통계적으로 분석한 정상상태를 가정할 경험적 인모형과 특정한 수질인자만 파악할 수 있는 단순 생태계 모형, 그리고 호소수내 일어나는 복잡한 현상을 해석해 내는 생태계 모형 등이 있다. 국내의 호수 모형의 적용은 대부분 정상상태와 장기적 인농도를 예측할 수 있는 Vollenweider와 Dillon의 경험적인 모형을 많이 쓰고 있는데, 경험적 인모형의 경우 단순하고 접근이 용이해 국내에서 논문 및 보고서에 많이 이용되고 있는 실정이나 국내의 인공댐호에 적용하기에는 많은 문제점을 다음과 같이 지니고 있다.

첫째, 정상상태의 경험적 모형들이 외국의 다양한 자연호수의 자료를 이용한 회귀분석의 결과이므로 비교적 짧은 체류시간과 연중 큰 수질변화양태를 갖는 국내 인공호수에의 적용은 통계처리상의 문제뿐만 아니라, 연평균 인농도를 예측하는 **정상상태**(Steady state) 인농도만으로는 연중 큰 변화를 갖는 수질특성을 제대로 반영할 수 없다는 점이다.

둘째, 인농도만을 언급함으로써 호수 생산력을 실제 결정하는 영양염류를 파악할 수 없고 다른 수질인자들과의 상호관계를 파악하지 못한다.

셋째, 호수 전체의 완전혼합을 가정하는 무차원 모형이므로 표수층에서의 광합성작용으로 인한 DO의 과포화현상이나 퇴적층으로부터 인의 용출작용 등의 호수내의 중요한 생태적 반응현상을 파악할 수가 없다. 그러나 이러한 단점에도 불구하고 호소수 내 장기적인 수질변화를 파악하거나, 상세한 생태계모형을 적용하기 이전에 개략적인 자료를 미리 얻는 데는 유용할 것으로 판단된다.

일부 개발된 단순 생태계 모형은 호수내 발생되는 모든 물리화학 생물학적인 작용을 포괄하지 못하고 단지 부영양화와 관련된 특정한 값을 예측할 수 있도록 개발된 모형으로서 모형의 보정과 검증등 개발의 여지가 많은 것으로 판단된다.

호수 생태계 모형의 경우, 국내에서는 WQRRS모형과 MINLAKE모형 및 WASP5모형 등이 자주 적용되고 있는데, 그 실효성이 일부 검증된 바 있다. 그러나 이들 모형은 호수내 생태계 반응이나 수질의 변화가 수직적으로만 일어남을 가정하고 뚜렷한 성층구조를 반영하는 일차원모형으로 국내 인공댐호의 적용시에는 다음과 같은 문제점을 갖게 된다(WASP5모형제외).

첫째, 수심고려 1차원 모형은 국내의 인공댐호와 같이 길이방향의 긴 유하 길이를 지닌 호수의 생태적 변화를 고려할 수 없다. 즉, 국내의 많은 호수는 자연 호수와는 달리 하천 자체가 호수화한 관계로, 호수의 폭에 비해 긴 길이를 갖고 있어 수심과 길이방향의 이차원적 수질변화를 고려해야 한다. 또한 중소규모 호수에 적용했을 경우는 낮은 수심 1 m 간격의 **다상자**(Multi-box) 분할요구의 실효성이 의문시된다는 점이다.

둘째, 호수의 **생태계모형**(WQRRS, MINLAKE모형)은 식물성플랑크톤, 저서생물, 어류밀도 등에 관한 상세한 조사가 필요하며 이에 따른 상세한 생태 및 수질분석으로 정확한 반응계수값에 대한 입력자료 획득이 병행되어야 한다는 점이다. 그러나 국내의 호수를 대상으로 한 이러한 기초자료의 파악이 어렵다는 점이다.

셋째, WQRRS모형 등의 생태계모형 등은 수심이 깊고 긴 체류시간을 가진 호수에 적당한 모형으로 비교적 짧은 체류시간을 가진 국내의 인공댐호의 적용은 어렵다는 점이다. 특히 적은 저수용량을 갖고 있는 중소규모의 인공댐호에 적용했을 경우 유입부하량의 변동에 민감한 수질변화를 일으키므로 부정확한 오염부하량의 입력이 큰 수질오차를 일으켜 보정 및 검증작업을 어렵게 하는 문제점 등을 갖게 한다. 따라서 우리나라의 경우 인공호수의 수리수문학적인 특성이 외국과는 달라 우리나라 특성에 맞는 적절한 생태계모형의 개발이 중요하며, 대청호 일부 수역에 적용한 이차원 모형, 아산호와 같이 하구담수호에 적용한 Multi-Box 모형개발 등이 그 좋은 예가 되고 있다. 중소규모의 인공댐호도 낮은 수심에 따른 미약한 성층구조특성을 반영할 수 있고 작은 저수용량에 따른 수질의 큰 변화를 반영할 수 있는 적절한 모형개발이 요구된다 하겠다. 그러나 이에 앞서 생태적모형의 기초자료를 제공하고 인공댐호의 특성을 잘 파악할 수 있는 일련의 호수기초조사가 선행되어야 개발된 모형의 정확도가 증대될 수 있을 것이다.

이상에서 살펴본 바대로 국내의 인공댐호에 적용된 여러 호소수모형들은 많은 문제점을 지니고 있어, 우리나라 수체특성에 따른 적절한 수질측정계획과 모형의 개발작업이 지속적으로 이루어져야 할 것이다.

참고문헌

1. 강원대학교, "부영양화와 수자원의 보존", 제 4회 국제 심포지움 논문집, 1988.
2. 김동군외 6인, "대청호 부영양화에 관한 종합 연구", 국립환경연구소, 1984.
3. 산업기지 개발공사, "다목적댐 저수지 수질조사 보고서", 1997.
4. 대전환경지청, "대청호 수질보전대책 수립을 위한 조사연구보고서" 1988.
5. 부산수산대학교 해양과학연구소, "회동수원지상류오염원 조사 및 개선 대책 연구보고서", 1990.
6. 부산직할시 상수도 사업븐부, "부산시 상수보호구역 조사 및 대책보고서", 1991.
7. 조규송 외 10인, "호수환경조사법", 동화기술, 1991.
8. 한국수자원공사 수자원연구소, "다목적댐 저수지 수질조사 보고서", 1988. 12.
9. 산업기지개발공사, "87 안동다목적댐 유역수질 및 오염원 조사연구", 1988. 3.
10. 부산지방환경청, "부산, 경남 주요상수원의 부영양화 조사", 1991.
11. 김범철 외 3인, "소양호 부영양화의 연변화 추이", 한국 육수학회지, 제22권, 제3호, 1989.
12. 김범철 외 2인, "한강수계 인공호의 부영양화에 관한 비교연구", 한국 육수학회지, 제21권, 1988.
13. 한국 수자원 공사, "댐저수지 오염 부하량에 관한 조사 연구", 1988.12.
14. 부산시, "부산시 상수보호구역조사 및 대책", 부산시 상수도사업본부, 1991.12.
15. 김준호, "생태학 개론", 교문사, 1982.
16. 환경처, "환경년감", 1991.
17. 유재근, "호수수질개선 및 발전방향", International Seminar on The 21st Century Prospects for Policies and Technology for Water Quality Conservation, 국립환경연구원, 1990.
18. 김좌관, 홍욱회, "국내인공댐호의 물리적 환경인자에 의한 호수특성 고찰에 관한 연구", 한국환경과학회 제1권 2호, 1992.
19. EPA, "An approach to a relative trophic index system for classfying lakes and reservoir", The NATIONAL Eutrophication Survey Work. Pap. 24, Pacific Northwest Envir. Res. Lab. Corvallis, Oreg, 1974.
20. R..E.Carlson, "A trophic state index for lakes", Limnol. & Oceanogr., 22: 361-369, 1977.
21. W. Rast and G. R. Lee, "Summary analysis of the North American OECD eutrophication project : Nutrient loading-lake response relationships and trophic state indices", U.S. Env. Prot. Agency, EPA 0600/3-78-008, Corvallis, Ore., 1978.
22. OECD, Eutrophication of Assessment and Control, 1982.
23. C. Forsberg an S.O. Ryding, "Eutrophication parameters and trophic State indices in 30 swedish waste receiving lakes", Arch Hydrobiol. 89:, 1980.
24. Robert G. Wetzel, "Limnology", Saunders College Publishing, 1983.
25. Peter A. Krenkel, Vladimir Novotny, "Water Quality Management", Academic Press, 1980.
26. Brown. L. C. & T.O. Bornwell Jr., "Computer Program documentation for the enhanced stream water quality model QUAL2E", 1986, EPA.
27. Robert V. Thomann, "System analysis and water quality management", Environmental Science Services Division, 1972.
28. Yoon-Soo Suh, "Eutrophication of artificial lakes in korea and proposed countermeasures", Proceduring of The 1st Korea-Japan Environmental science & Technology symposium, Korea Research Council on Environmental Sciences, 1988.
29. Smith, D.I., "Water Quality for River-Reservoir Systems", Resource Management Associates, Inc., Lafayette, California, For U.S. Army Corps of Engineers, Hydrologic Engineering Center(HEC), Davis, California, 1978.
30. Robert B. Ambrose et al, "WASP5 a hydrodynamic and water quality model, model theory, user's manual, and programmer's guide", environmental research labolatory, 1988.
31. George L. Bowie et al, "rates, constants, and kinetics formulations in surface water quality modeling(second edition)", environmental research laboratory office of research and development U.S. Environmental protection agency, 1985.

연습문제

01. 온대지방 호수의 성층현상과 전도현상을 계절별로 구분하여 설명하고 실제 국내호수에서 계절별 발생하는 성층특성을 자료수집하여 분석하라.

02. 호수의 성층현상의 정의(definition)를 언급하고 성층이 수질에 미치는 영향이 무엇인지 언급하라.

03. 부영양화된 호수에서 표수층과 심수층에서 일어나는 각종 수질특성을 설명하라.

04. 부영양화란 무엇이며 관련 수중미생물의 종류와 특성을 설명하라.

05. 부영양 호수가 상수원수로 이용될 경우 정수장에서 발생가능한 피해는 무엇이 있으며 그 대책을 언급하라.

06. 무기물질의 과다유입이 조류의 과다번식을 일으키게 된다. 특히 호수내 인농도가 높을 경우 호수의 생산성이 높아지는 데 그 이유를 설명하라.

07. 부영양화를 방지시킬 수 있는 방법을 유역관리측면과 호수내에서 실천할 수 있는 방안들을 각기 설명하라.

08. 외국의 자연호수와 국내의 인공호수의 자연환경적 특성차이를 언급하고 이런 차이가 호수 수질에 미칠 수 있는 영향을 논하라.

09. 12,150 m^3의 저수용량을 가진 완전혼합형 호수에 반감기가 하루인 방사성 폐기물이 농도 10 mg/L, 유량 0.15 m^3/sec로 유입되고 있다. 호수에서 이 방사성 폐기물의 평형농도를 구하라.

답 $C_e = 6.1$ mg/L

10. 어떤 강이 조류(潮流)의 영향을 받아 염분농도가 3.3%에 이르고 있다. 이때 강의 하구를 막아 호수화 시키고자 한다. 저수용량 253.2×10^6 m^3이고 연평균유량이 $2,190 \times 10^6$ m^3이라고 할 때 염분농도가 300 mg/L가 될 때까지의 기간을 산출하라.

답 $t = 198.3$ days

Chapter 06

토양의 구성

6.1 토양의 구성

토양은 암석이 물리적·화학적·생물학적 풍화작용을 받아 부스러지고 분해된 물질이다. 즉, 암석이 오랜 세월을 지나는 동안 주위환경의 영향을 받아 변화된 것이다. 지표면의 암석은 주로 산소, 규소, 알루미늄, 철, 마그네슘 등으로 구성되어 있는데, 그 화학적 조성은 다음 표 6.1과 같다.

표 6.1 ➻ 지각의 화학적 조성

화학식	SiO_2	Al_2O_3	Fe_2O_3+FeO	MgO	CaO	K_2O	Na_2O	기타	계
중량 %	59.1	15.5	6.9	3.5	5.1	3.1	3.8	3.0	100

토양의 화학적 조성의 함량 순위도 지각의 경우와 같으나 양적으로는 SiO_2 50~60%, Al_2O_3 20%, Fe_2O_3 + FeO 10%, 강 염기류 5% 정도의 조성을 갖는다.

토양을 규정하는 정의(定義)는 학자마다 다양하나 종합적 표현을 빌리자면, "암석의 풍화산물과 분해·부후(腐朽)되어가는 유기물이 섞여있고 기후 생물 등의 작용을 받아 변화되는데, 그 변화는 환경조건과 평형을 이루기 위해 항상 계속되고 토양단면의 형태를 이루고 있는 자연체로서 이것은 엷은 층으로 지구표면을 덮고 있으며, 알맞은 공기와 물이 들어 있을 때에는 기계적으로 식물을 지지하고, 양분의 일부를 공급하여 식물을 길러주는 곳"이라고 정의할 수 있다.

일반적으로 토양은 약 5%의 유기질과 95%의 무기질로 구성되어 있다. 또한 토양은 고체상태인 무기질 입자와 기체상태인 공기, 액체상태인 물의 3가지로 구성되어 있기도 하다. 토양을 절단하여 단층으로 이루어진 형태를 보면 다음 그림 6.1과 같다.

그림 6.1 토양의 단층 식물들

가장 위에 있는 표층(A)은 두께가 몇 인치밖에 되지 않으며 낙엽이 썩은 유기질이 많아 생물학적 활동이 가장 왕성한 곳으로서 대부분의 토양속 유기질이 이곳에 함유되고 있어 색깔이 검은 편이다. 그 다음 층인 용탈층(B)은 주로 광물질로 구성되어 있는데, A층으로부터 씻겨 내려온 점토가 여과되어 있고 부식질은 완전히 분해되어 무기질화되어 있다. 그 다음 C층은 토양생성작용을 거의 받지 않은 모질층(母質層)으로서 큰 덩어리의 돌이 많고 생물의 활동이 미약한 층이다.

그림 6.1과 같이 표토층(A층)은 점토와 유기질이 함께 섞여 있어서 식생을 지탱하는 역할을 담당하게 된다. 생물에 필요한 영양소는 대부분이 이 표토층을 거치게 되며 흙이 영양소의 은행으로서 역할을 하게 된다. 그런데 지구 생태계를 지탱하는 영양소는 단지 지표 50~60 cm의 두께에 깔려 있어 이 흙을 보존하지 못하면 식생이 유지될 수 없고 또 식생이 보존되지 못하면 이 흙속의 영양소도 소실되고 말아 사막화 현상이 발생하게 된다. 비옥한 땅의 나무를 없애면 점토와 부식질이 순식간에 유실되어 나무가 자랄 수 없는 황무지로 쉽게 변하므로 땅의 관리는 대단히 어렵고 중요하다.

6.2 토양의 성질

토양의 물리적 조성은 토양입자의 크기로 분류하며 보통 입자를 입경에 의하여 구분한다. 토양입자의 입경구분은 자갈(gravel), 모래(砂, sand), 미사(微砂, silt), 점토(粘土, Clay)로 구분하며 분류방법에 따라 몇 단계로 더 세분하기도 한다(표 6.2 참조).

표 6.2 ➸ 모래의 입경 구분과 성질의 비교

입 경 구 분	지 름(mm)		1g당 입자수	1g당 표면적
	미국 농무성 기 준	국제토양학회 기 준		
극조사 very coarse sand	2.00～1.00		90	11
조 사 coarse sand	1.00～0.50	2.00 〈0.20	720	23
중간사 medium sand	0.50～0.25		5,700	45
세 사 fine sand	0.25～0.10	0.20 〈0.02	46,000	91
극세사 very fine sand	0.10～0.05		722,000	227
미 사 silt	0.05～0.002	0.02 〈0.002	5,776,000	454
점 사 clay	〈 0.002		90,260,853,000	8,000,000

이중 점토는 그 구조적인 특성으로 인하여 음전하를 띤다. 따라서 전기적인 인력에 의하여 양전하를 띠는 칼륨(K^+), 칼슘(Ca^{2+}), 마그네슘(Mg^{2+}), 나트륨(Na^+), 구리(Cu^{2+}), 코발트(Co^{2+}) 같은 생물에 필요한 광물질들을 흡착하여 저장하게 된다. 만약 이들 광물질이 용탈되고 대신에 수소이온(H^+)이 치환되면 흙은 산성이 되는 것이다.

흙속의 부식질은 점토와는 반대로 질산염(NO_3^-), 인산염(PO_4^{3-}), 황산염(SO_4^{2-})같은 음전하를 띤 영양소들을 붙들고 있다가 식물에게 영양소를 공급하는 역할을 한다.

흙속 부식질은 또한 서서히 분해되는 셀룰로오스와 같은 다당류와 단백질을 포함하는데 흙속에 약간의 물이 공급되면 유기질의 다당류는 응집력을 갖게 되고 점토는 소성을 띠어 공극속에 공기를 가진 채 부스러지지 않고 형체를 유지하게 된다. 따라서 이 공극을 통하여 모세관 현상으로 식물의 뿌리로 수분이 공급되고 대기중의 공기가 유통하게 된다.

6.2.1 토양의 3상

토양은 고상·액상·기상의 3상으로 되어 있는데, 고상은 무기물과 유기물로 되어 있고, 액상은 토양수, 기상은 토양공기이다. 토양 3상이 차지하는 분량은 토양에 따라 일정하지 않을 뿐만 아니라 기상조건의 변화에 따라 그 상대적 비율이 크게 달라진다. 토양이 부식질이 많고 입단형성이 잘된 토양에서는 고상비율이 낮고, 입자크기가 큰 사질토와 고형입자가 서로 밀착되어 있는 하층의 토양은 상대적으로 고상비율이 높다. 밭토양에 있어서 식물의 생육에 알맞은 미사질토양인 표토에서의 용적 조성은 다음 그림 6.2와 같이 고상 50%, 기상 20~30%, 액상 20~30%이고 논토양에서는 고상 30%, 액상 50%로서 토양 3상의 비율은 식물뿌리의 생장, 수분과 산소의 공급 등 식물의 생육에 밀접한 연관이 있다.

그림 6.2 토양의 3상(미사질 양토)

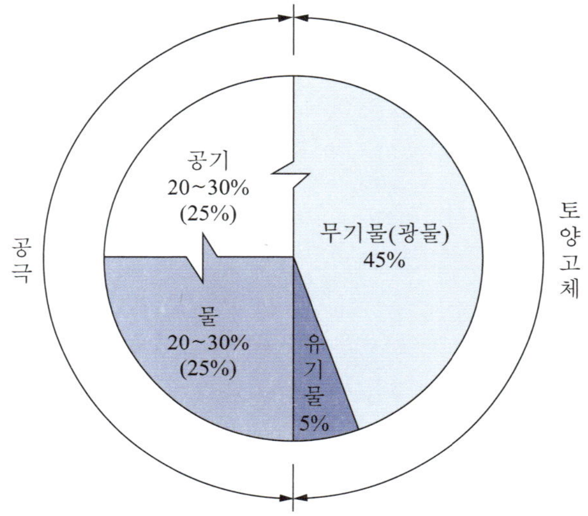

자연상태의 토양에서 고상을 빼고 공기가 물로 채워지는 부분을 공극(pore space)이라고 하며 단위용적당 공극량을 **공극율**(porosity)이라 정의한다. 일반적으로 토양의 공극율은 사질표토가 35 ~50% 정도이고 식질토양은 40~65% 정도이며, 유기물질의 함량이 많고 입단화가 잘 되어 있을 때가 공극율이 높다. 공극은 일반적으로 공기와 물의 통로가 되는데 소공극은 모세관 현상을 나타내어 수분을 유지하고 보유하는 기능을 갖고 있어 수분함량은 높은 반면 소공극내 수분을 배출하는데 많은 에너지가 필요하여 수분의 유통이 불량하다. 주로 토성이 미세한 토양이 이에 해당한다. 대공극은 통기공극이라고도 하여 토양내 공기의 이동이 비교적 쉬운 토양으로 사질토양이 이에 해당한다.

가. 토양수(soil water)

물은 식물체의 75% 이상을 차지하는 주요 성분이기 때문에 원할한 식물생육을 위하여 토양수는 필수적이다. 토양내 물이 유입되면 물이 존재하는 형태는 크게 **흡습수**(hydroscopic water), **모세관수**(capillary water), **결합수**(combined water)의 세 종류로 구분할 수 있다.

① 흡습수(hydroscopic water)

이 물은 토양표면에 하나의 막(film)을 형성하여 흡착된 물을 말하며 모래에서도 무게비로 0.2~0.3%, 부식토에서는 70%에 달한다. 흡습수는 토양표면에 강하게 흡착되어 있으므로 식물이 직접 이용하기 어려운 토양수이다.

② 모세관수(capillary water)

이 토양은 흡습수 외부 및 토양입자 사이에 존재하여 식물에 직접 이용되는 물이다.

③ 결합수(combined water)

이는 토양입자와 화학적으로 결합하여 존재하는 수분이며 식물이 직접 이용할 수 없는 물이다. 만약 토양이 건조해지면 우선 모세관수가 가장 먼저 제거되고 뒤이어 흡습수, 결합수 순으로 없어지게 된다. 그러나 결합수로 인하여 토양속에 수분이 많더라도 식물이 수분부족으로 고사하는 경우도 있다.

점토질의 토양은 미세한 입자로 인한 비표면적의 증가와 작은 공극으로 많은 토양수를 확보할 수 있다. 그러나 토양이 물로 포화되면 기체인 산소가 상대적으로 부족되기 쉬워 식물을 죽게 할 수 있다.

또한 물이 포화된 토양에서는 미생물의 유기물질 분해작용이 활발히 진행되고 이에 산소의 급격한 손실이 일어나기도 한다. 또한 토양의 콜로이드 입자간의 결합력이 약해져 토양구조가 붕괴되는 현상도 일어난다.

나. 토양공기(soil air)

토양공기는 식물의 뿌리와 모든 토양생물에 산소를 공급하며 토양성분과 식물영양물질에 산화적 변화를 일으키는 원인이 된다. 토양공기의 조성을 대기의 조성과 비교하면 다음 표 6.3과 같다.

토양공기의 조성은 대기에 비하여 상대습도와 CO_2의 함량이 높으며 산소는 낮은 편으로 그 이유는 다음과 같다.

표 6.3 ➽ 대기와 토양 공기의 조성 (해수면 건조공기의 mole 비율)

성 분	대기의 조성(%)	토양 공기의 조성(%)
질 소	78.09	75~90
산 소	20.95	2~21
아 르 곤	0.93	0.93~1.1
탄 산 가 스	0.03	0.1~10
상 대 습 도	30~90	95~100

기타 gas : CH_4, C_2H_2, 휘발성 유기산, 암모니아, 휘발성 아민, N_2O, NO, NO_2, H_2, H_2O 등

① 대기중 CO_2는 O_2, N_2보다도 비중이 크기 때문에 소량이나마 토양중에 삼투된다. 토양의 하층은 상층보다 공기의 유통이 원활하지 못해 CO_2의 함량이 높은 편이다.

② 탄산염과 중탄산염의 염기가 흡수됨으로써 탄산이 토양중에 유리된다. 자연상태에서는 그리 큰 편은 아니다.

③ 토양속의 유기물질이 분해될 때 CO_2와 H_2O가 방출되며 미생물이나 식물뿌리의 호흡작용에 의해서도 CO_2가 방출된다. 식물이 생육되는 작은 모래가 섞여 있는 토양의 30 cm 깊이에서는 토양공기 중 산소함량이 10% 정도이며 깊이가 깊어질수록 산소 함량은 더욱 감소한다. 이는 토양속의 유기물질이 분해됨에 따라 산소가 소모되고 CO_2가 생성되기 때문이다. 토양세균은 호기성·혐기성 상태에서 많은 CO_2를 방출하는데, 1g의 세균 세포는 24시간에 0.25 mg, 균사 1 g은 0.13~0.18 mg의 CO_2를 방출한다.

토양 공기는 주로 확산에 의해 대기의 공기가 유입된다. 이에 따라 토양중 CO_2는 대기중으로 확산 이동되고 O_2는 토양중으로 이동한다. 토양중 O_2는 호기성 미생물이나 식물뿌리의 호흡작용시 이용되며 토양중 산소분압이 낮아질 경우에는 환원반응이 지배적으로 일어나서 CO_2, CH_4 및 그 외 유기산이 생성되고 질산화작용과 질소고정작용이 저하되며, 탈질작용과 H_2S 등 황화물의 생성이 촉진될 뿐 아니라 Fe^{3+}와 $Mn^{7+,4+}$가 2가로 환원된다. 또한 토양속에서 다량 생성된 CO_2는 빗물에 씻겨 지하수로 녹아들어가 pH가 저하되고 탄산칼슘과 같은 탄산염 광물질은 침식작용을 하게 된다.

토양의 통기성이 식물 생육에 미치는 영향을 고려할 때, 논 또는 저습지에 생육하는 식물들은 물에 잠겨있는 동안 토양속의 산소농도는 낮지만 뿌리에 통기조직이 발달되어 있어서 지상으로부터 산소를 공급받아 산소부족 환경에 잘 적응하게 된다.

6.3 토양오염

토양오염이란 광의로는 토양을 둘러싸고 있는 물질순환계, 즉 토양환경이 자연적 요인 또는 인위적 요인에 의하여 그 균형이 파괴되어 토양의 재순환 능력이 저하된 상태를 의미하며, 협의로는 인위적인 오염물질이 토양에 유입 흡착되어 토양의 조성을 변화시키고, 이를 이용하는 동식물의 생육을 저해하는 등 통상 자연상태로서 기대되는 바의 수준을 떠난 비정상적인 악화를 의미한다. 즉, 토양의 오염이란 공해의 일종으로서, 사업활동, 기타 사람의 활동에 수반하여 발생하는 상당범위의 토양에 관계된 오염으로, 이에 따라 사람의 건강 및 생활환경에 관계된 피해가 발생하는 것을 말한다. 예컨대, 농용지 토양의 오염이란 사람의 건강을 해칠 염려가 있는 농축산물이 생산되거나 농작물 등의 생육이 저해되는 것이라고 할 수 있다.

토양오염(pollution of soil)은 대체로 지하자원의 이용으로 암석 중의 무기성분이 지표에 쌓이게 되거나, 농약에 의한 합성유기물의 축적, 공업단지 굴뚝에서 떨어지는 먼지, 산성우, 폐합성수지, 산업폐수 및 폐기물 등에 의해서 이루어진다. 그러므로 토양오염은 "인간의 활동에 의하여 만들어지는 여러 가지 물질이 토양에 들어감으로써 환경구성요소(environmental component)로서 토양이 그 기능을 상실하는 것"이라고 정의할 수 있다.

자연조건 하에서 토양은 외적 요인에 대하여 매우 큰 완충능력을 지니고 있는데, 토양오염의 상황은 이 토양계의 완충력이 한계를 넘게 됨으로써 시발된다. 토양오염이 대기오염이나 수질오염과 다른 점은 오염토양이 직접 인간에게 위해를 끼친다기보다는 그곳에서 생산되는 농축산물을 섭취하는 자로부터 이루어지는 간접오염이라는 점이며, 한 번 오염된 토양은 자연적인 제거가 거의 불가능하여 계속적으로 오염이 가중되는 축적성 오염이라는 점이다.

결국 토양의 오염은 그곳에서 자라는 식물체 내에 유해물질이 축적되고, 이를 음식물로 섭취하는 인간의 건강을 해할 우려가 있는 농축산물을 생산하게 된다는 데에 심각한 문제가 있다.

6.3.1 토양오염의 특성

토양은 물·공기에 비해 그 조성이 복잡하고, 유해물질에 대한 반응도 다양하므로, 토양오염의 특징을 수질오염이나 대기오염과 비교하여 그 차이점을 요약하면 다음과 같다.

첫째, 토양오염의 원인이 되는 유해물질은 원재료의 누출이나 폐기물의 매립 등에 의해 직접 토양에 흡입되는 경우 외에 사업활동 등에 의한 수질오염이나 대기오염을 통해 2차적으로 토양중에 부하된 경우가 많다.

둘째, 물이나 공기에 비해 토양의 조성(고체, 액체, 기체 외에 생물을 함유한 복합체)은 복잡하고, 그 자체가 하나의 생태계를 구성한다. 또 토양은 물질이 순환하는 과정에 있어서 유해성분을 흡착 고정 또는 분해 변환하는 등의 정화기능을 가지며 통상 평형상태를 유지하고 있지만 그 정화능력을 넘는 과잉 유해물질이나 난분해성 물질이 부하되면 이들이 축적되어 각종 환경에 영향을 미친다.

셋째, 토양오염의 영향은 식물의 생육이나 토양생물의 증식에는 직접적으로 나타나는데 사람의 건강에 대해서는 주로 수질·대기·식품의 오염을 통해 간접적으로 나타나며, 그 영향은 수질오염, 대기오염에 비해 국지적이고 다양한 양태를 가지고 나타난다.

넷째, 토양중 유해물질의 축적과 그 환경영향의 작용 기능은 복잡하고 양자간의 양적 인과관계에 관한 과학적 지식이 충분하지 않은 점이 많으며, 특히 토양중 유해물질의 축적량(함유량)과 물에 용출되거나 대기중에 비산 또는 식물에 흡수되는 등 다른 환경에의 이행량과의 사이에 일정한 양적 상관관계가 발견되지 않는 경우가 많다.

다섯째, 수질오염·대기오염은 발생원으로부터 유해물질의 배출상황과 대개 관련되어 있고, 각각 배출개선에 따라 그 영향이 비교적 단기간에 일과성으로 끝나는 경우가 많은 데 비해 토양오염의 경우에는 유해물질의 토양에의 배출이나 부하의 상태가 개선되어도 오염상태가 장기에 걸쳐 지속된다.

여섯째, 따라서 수질오염, 대기오염은 배출규제에 의해 오염방지와 오염상태를 어느 정도 개선할 수 있으므로 토양오염에 있어서도 수질오염·대기오염의 방지를 위한 배출규제에 덧붙여 오염상태의 개선을 위해서는 오염물질의 제거, 무해화 등의 처리나 토지이용의 변경 등을 필요로 한다.

끝으로 물이나 대기는 공공재로서 성격을 가지나 토양의 대부분은 사적 재산인 토지를 구성하고 있다는 점 등이다.

6.3.2 토양오염의 원인

토양오염의 원인은 대기오염물질과 수질오염물질 및 각종 폐기물의 토양유입이 주요인이며, 작물의 병해충을 방제하여 식량증산의 수단으로 사용되고 있는 합성농약 및 화학비료 사용량의 증가도 한 요인이 될 수 있다. 산업의 발달에 따른 화학물질의 사용증대로 환경오염이 심화되고 그로 인한 피해 역시 증대되고 있는데 화학물질은 그의 개발, 생산, 사용 및 폐기를 통한 순환과정에서 여러 가지 형태로 토양에 유입되며 화학적 특성에 따라 환경에 미치는 영향은 달라진다.

가. 대기 오염물질

산업체와 가정에서 연료로 사용하는 석유나 연탄의 SO_x 등과 자동차에서 배출하는 매연에 의해 대기오염을 일으키며, 이러한 대기오염물질이 강우나 분진 등으로 식물에 직접 장해를 주거나 토양유입으로 농작물에 피해를 준다.

대기오염 물질로서 식물에 독성이 강한 순으로 분류하면 아래와 같다.

① 독성이 강한 것 : 불소계가스, 염소가스, ethylene, 오존 등
② 독성이 중 정도인 것 : 황화합물, 질소산화물
③ 독성이 약한 것 : 포름알데히드, 염화수소, 암모니아, 시안화수소, 일산화탄소 등

나. 수질 오염물질

수질오염물질이 토양 및 농작물에 미치는 영향을 대별하면 자연에 의한 것과 인공에 의한 것으로 나눌 수 있다. 자연에 의한 것은 주로 화산과 해양에 의한 피해를 들 수 있다. 화산에서는 황화물에 의한 황산과 해양에서는 염류로 인하여 오염되는 것을 말한다. 인공에 의한 수질오염물질로는 유기 및 유기질 공장폐수, 탄광, 석유, 천연가스광폐수, 광산폐수 등을 들 수 있으며, 이들이 농업용수에 혼입 사용될 때 토양 및 농작물이 오염된다.

다. 고형 폐기물

고형폐기물은 그 처리과정에서 소각, 퇴비화 등이 있지만 현재까지는 매립이 가장 손쉽고 경제적인 방법으로 채택되어 왔다. 그러나 매립에 있어 생물학적으로 분해 가능한 오염물은 토양오염의 면에서는 다소 유리하나, 난분해성 유해화학물질 등의 폐기물은 분해하여 안전화 하는데 상당한 시간이 소요된다.

따라서 토양에 대한 부하를 고려할 때, 자연의 충분한 정화능력의 한계를 고려하여야 한다. 최근의 고형폐기물의 매립에는 인근 토양을 오염하지 않도록 매립시에 차단막 등을 사용하는데, 침출수 등이 지하수를 통하여 오염되지 않도록 기술적인 대책을 강구하고 있다.

라. 농약

농약은 농작물을 해하는 균·곤충·응애 선충·바이러스·달팽이·잡초 등의 방제에 사용되는 약제를 의미하며, 그 역할은 토양의 소독으로부터 종자의 살균, 발아에서 결실에 이르기까지 병충해, 잡초 등의 피해를 구제하고 농작물의 생태기능을 조정하는 것이다. 농약은 그 사용목적에 따라 살균제, 살충제, 제초제, 훈증제 등이 있으며, 농작물의 병해충 방제와 생산량 증가에 기여하여 왔다.

그러나 '경제독약'으로서의 농약의 사용증대는 생태계의 파괴와 먹이사슬을 통한 인류의 건강장애 등을 유발하고 있다. 우리나라는 현재 500여 품목의 농약을 사용하고 있으며, 그 사용량은 표 6.4에서 보는 바와 같이 매년 증가하고 있다. 환경중에서 이 농약의 오염으로 문제시되는 것은 환경중에 오랜 시간 잔류하는 DDT, BHC 등의 유기염소계 농약과 유기수은제, 비산납과 같은 중금속을 포함한 농약 등이다. 특히 유기염소계 농약은 다른 농약과 비교해서 사람과 가축에 대한급성독성은 비교적 적었지만 살충력이 강하고 잔류효과가 크다는 점이 특징이며, 제조비용이 싸다는 점에서 2차 세계대전 후에 급속히 보급되었으나 환경중에서 분해되지 않고 오랜 시간 잔류하기 때문에 문제가 되고 있다.

표 6.4 ➞ 연도별 골프장 농약사용량 변화추이

구분 \ 연도별	1987	1988	1989	1990	1991
골프장수	179	198	222	279	314
총사용량(톤)	225.2	229.3	237.9	272.4	322.6
ha당 사용량(kg)	12.2	11.5	10.8	12.03	12.8
잔류농약검출골프장(품목)수	95(21)	91(18)	127(24)	97(16)	161(19)
고독성농약사용(검출)골프장수	2	4	3	2	1

자료 ; 환경부, '환경백서', 2008

마. 중금속에 의한 오염

근년에 이르러 광공업물인 중금속류에 의한 토양 작물계의 오염은 식물의 생육이나 인축에 미치는 해로운 면에서 그 영향이 크기 때문에 관심의 대상이 되고 있다. 환경오염원으로 문제가 되고 있는 무기원소들은 주로 전이원소에 속하는 금속, 즉 As, Cd, Co, Cu, Hg, Ni, Pb, Zn 등이다.

작물, 인간, 가축 등에 여러 가지 영향을 미치는 유해금속의 발생원으로는 우선 지각중에 있던 것이 용출되어 나오는 것을 꼽을 수 있고 공장폐수, 산업폐기물, 쓰레기

매립장에서 용출되는 침출수 등도 농경지에 유입되어 토양의 오염원이 되고 있다. 특히 금속광산에서 대량 발생하는 광재의 비산유실과 금속제련소에서 발생하는 중금속 분진 등은 대기 및 수질오염의 원인이 되고, 이것들이 토양표면에 이르게 되면 중요한 토양 오염원으로 작용한다.

6.3.3 토양오염의 피해

가. 관개용수의 오염피해

관개용수의 수질은 직접 작물의 생육뿐만 아니라 토양의 물리적, 화학적 성질 및 토양미생물의 활성에도 크게 영향을 미친다.

관개용수의 오염현상은 일반적으로 공장폐수나 도시하수 및 축산폐수, 농작물에 살포된 농약 등이 하천 및 호수로 유입되어 관개용수로 쓰일 때 발생한다고 볼 수 있다. 오염된 관개용수는 토양의 물리적 특성을 악화시키거나 토양의 환원상태 및 산성화 유발, 중금속의 축적 등을 야기하며 결국 작물의 생육을 저해시키거나 작물속에 유해물질의 축적현상으로 나타나게 된다.

관개용수의 수질은 일반적으로 무기염류의 양과 종류에 의하여 평가되는데 주로 전기전도도와 SAR(Sodium Adsorption Ratio)에 의해 평가한다. 관개용수에 무기염류농도가 높을 경우 삼투압의 차이로 식물의 성장이 저해를 받는다. 삼투압과 전기전도도 사이에는 다음과 같은 관계가 있다.

- $OP = 0.36(EC \times 10^6)$
- OP : 삼투압
- EC : 전기전도도, micro mhos/cm

관개용수내 많은 양의 염류가 존재할 시 삼투압이 높아져 식물의 생육에 필요한 수분흡수가 장애를 받아 식물이 왜소하고 잎의 가장자리가 타게 되며 식물에 따라서는 녹색 잎이 청색으로 변하기도 한다.

무기염류중 Na^+ 함유량이 증가하면 토양중에 Ca^{2+}, Mg^{2+}와 치환되어 토양의 배수성이 감수되고 통기성이 불량해진다. 또한 토성이 일시적으로 알칼리성이 되나 다시 물속의 H^+와 치환되어 토양의 산성화가 촉진되어 경작이 어려운 토질로 변하게 된다. 미국의 경우 Na^+이 전체 양이온의 60% 이하일 때 “양호”의 수질 등급으로 정하고 있다.

보통 농업용수의 수질 평가시 아래와 같이 SAR(Sodium Adsorption Ratio)로 정의하여 이용하고 있다.

$$SAR = \frac{Na^{+}}{\sqrt{\frac{Ca^{2+} + Mg^{2+}}{2}}}$$

여기서, Ca^{2+}, Mg^{2+}, Na^{+} 농도는 me/L임

SAR값이 0~10 정도이면 Na^{+}가 토양에 미치는 영향이 적은 편이며 10~18은 중간 정도, 18 ~26은 비교적 높은 정도, 26~30 이상이면 매우 큰 영향을 미쳐 경작이 어렵게 된다. 따라서 농업용수로서는 경수(센물)가 연수(단물)보다 토양에 더 좋은 영향을 미친다고 볼 수 있다.

나. 중금속의 오염피해

경작지의 토양오염은 주로 관개용수의 오염 탓으로 볼 수 있다. 다음 그림 6.3과 같이 토양속의 중금속은 유리이온의 상태 및 수용성 킬레이트 이온의 상태로 존재하는데 이들은 고등식물이나 미생물에 흡수될 수 있으며 점토나 부식질 등에 침전, 고정, 흡착되기도 한다. 일부의 수용성 킬레이트 이온은 토양중의 불용성 킬레이트 화합물과 평형상태를 유지하며 토양중의 중금속 이온들과 킬레이트 결합을 함으로써 금속의 양이온을 착염의 음이온으로 변형시켜 토양중에서의 이동성과 용탈성을 강화시켜 준다.

그림 6.3 토양중에 들어있는 중금속의 존재상태

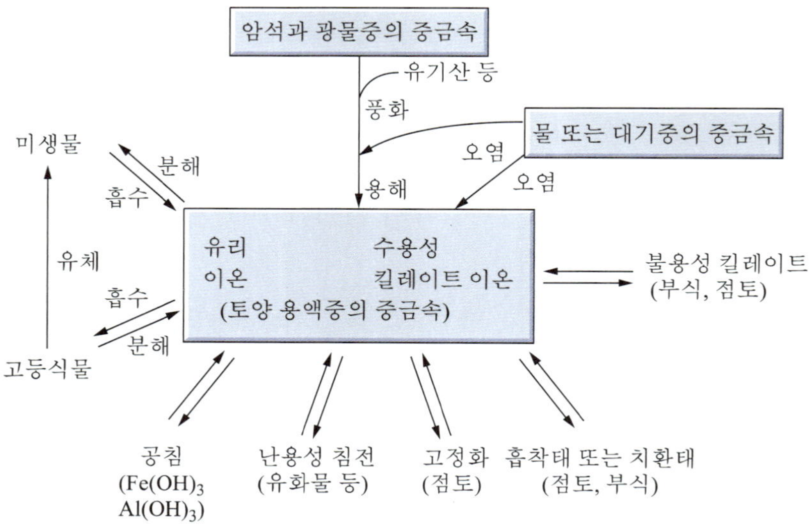

일반적으로 토양오염이 작물의 생육에 미치는 영향은 크게 두 가지로 나타난다. 즉, 다른 요소의 결핍을 주거나, 직접 식물세포를 해치는 경우이다.

다른 요소의 결핍을 주는 형태는 어떤 중금속이 많이 토양속에 존재하면 식물에 필요한 양분의 흡수를 방해하기 때문이다. 예를 들어 망간과 철관계, 아연이나 카드뮴과 인산과의 관계, 몰리브덴과 황, 구리와 철 관계이다. 이들 중금속과 식물에 필요한 필수원소 중 한쪽이 많으면 다른 쪽의 흡수가 억제되는 길항현상(拮抗現象)이 나타나 길항관계가 있는 다른 요소의 결핍이 발생하므로 관심을 가지고 재배해야 한다.

직접 식물세포를 해치는 중금속은 식물체내에 어느 정도 흡수되면 생육장해를 일으키는 경우인데 주로 세포내의 원형질어 작용하여 이를 죽인다. 여기에 해당되는 중금속은 크롬, 니켈, 아연, 몰리브덴, 납, 비소 등 대부분 중금속이다.

토양에 축적된 유해중금속으로 인한 피해는 중금속에 따라 다음 표 6.5와 같이 다양하며 각 중금속별 특성은 다음과 같다.

표 6.5 ➻ 중금속에 의한 작물피해 증상 및 건강장해

피해증상 / 항목	작물피해 증상	건 강 장 해
카드뮴	잎의 황백화, 벼 가지치기 억제, 뿌리신장저해	급성 : 구토, 설사, 위염, 호흡곤란 만성 : 인후염, 비염, 골격변화
수 은	뿌리신장저해	급성 : 단백뇨, 신염, 구내염 만성 : 구내염, 치내염, 기억력 불량
비 소	뿌리썩음, 새뿌리발생억제, 잎의 황화고사	급성 : 구토, 설사, 탈수증 만성 : 시각장애, 간경변
납	잎의 황백화	급성 : 복통, 구토, 설사, 배뇨이상 만성 : 식욕부진, 변비, 빈혈, 시력 장애
동	원뿌리 신장저해, 작은뿌리 발생저해, 철결핍 유발, 잎의 황백화	급성 : 점막자극, 구토, 설사, 간장 장애 만성 : 간장장애, 소화관자극
아 연	새잎의 황백화, 잎의 적갈색 반점	급성 : 피부변질, 탈모, 구토 만성 : 조사자료 없음

① **구리**(Cu)

구리는 식물체에 보통 10~20 ppm이 포함되어 있으며 식물의 뿌리효소에 관계하여 산화 및 환원작용을 일으키는 것으로 추정되고 있다. 또한 Cu가 부족하면 엽록소량이 감소하여 광합성작용을 약화시키기도 한다.

토양중 Cu가 많이 함유되어 있을 경우 Fe의 흡수가 방해되며 Mo이 토양중에 많이 존재할 때 식물내 Cu의 결핍증이 초래될 수 있다.

우리나라 논토양의 Cu자연함유량은 평균 4.68 ppm 정도이며, 100～150 ppm 이상에서 피해가 발생한다. 그러나 벼에 흡수된 Cu가 뿌리근처에 축적되기 때문에 실제 현미중의 함유량은 토양농도에 관계없이 일정한 편이다.

② **납**(Pb)

납의 토양중 함유량은 약 10 ppm 정도이며 우리나라 논토양의 평균 자연함유량은 5.8 ppm 정도이다. 납의 오염경로는 다양하지만 최근에는 휘발유속의 유기납(4메틸납, 4에틸납)이 도로주변의 토양을 오염시키고 있는 실정이다(표 6.6 참조).

식물체에 납이 다량 흡수되면 잎의 황백화(黃白化)현상이 일어난다. 채소류 가운데 상치가 납에 대해 생육장애를 쉽게 나타내는데 토양중 납의 농도가 150～400 ppm이면 독성을 나타낸다.

표 6.6 ➸ 우리나라 도로변 토양의 납함량(ppm)

지역 / 거리	경인고속도로				경부고속도로					평 균
	진입로	부평	인천	평균	진입로	수원	천안	대전	평균	
50(cm)	23.0	18.0	11.8	17.6	15.2	13.0	16.0	15.7	15.0	16.1 (±3.43)
100	15.5	14.6	11.2	13.8	15.0	12.5	14.8	13.2	13.9	13.8 (±1.62)
150	11.8	15.0	9.0	11.9	9.5	11.6	8.8	9.4	9.8	10.7 (±2.07)
평 균	16.7	15.9	10.7	-	13.2	12.4	13.2	12.8	-	13.5

③ **수은**(Hg)

수은에 의한 오염은 1970년 초까지 많이 이용되었던 유기수은계 농약이 대부분이다. 우리나라 논토양의 자연함유량은 0.0009 ppm 정도이며 온산공단 주변은 평균 0.05 ppm의 수은함량을 갖고 있다. 수은화합물은 그 존재형태에 따라 독성의 크기가 다른데, 메틸 및 에틸수은의 형태가 가장 독성이 높은 것으로 분류된다.

④ **카드뮴**(Cd)

토양속의 Cd은 흡착력이 매우 높으며 pH가 중성범위일 때는 Cd^{2+}의 형태로 점토에 흡착되어 토양중 이동성이 낮은 특성을 갖고 있다. 오염되지 않은 토양의 Cd함유량은 보통 1 ppm 이하이며 우리나라 논토양의 자연함유량은 약 0.2 ppm, 채소내에는 1 ppm 이하로 존재한다.

⑤ **아연**(Zn)

토양중 함유량은 평균 30～50 ppm이며 우리나라 논토양의 자연함유량은 평균 5.73 ppm이다. Zn은 동식물의 생육에 필수적인 미량원소지만 과다할 때는 독성을 나타낸다. 식물체내 Zn함유량은 평균 30～100 ppm인데 구리처럼 효소의 활동을 돕고 산화환원반응에 중요한 역할을 한다. 식물체중 Zn의 함량이 20～25 ppm 이하에서 결핍현상이 나타나며 400 ppm 이상에서 독성을 나타낸다. 아연의 독성효과는 식물이 동물보다 매우 민감한 편이어서 먹이 연쇄과정으로 농축되는 현상을 자동적으로 억제시키는 구실이 된다.

6.3.4 토양오염의 관리

토양은 암석의 풍화작용의 산물, 즉 광물질과 동식물의 사체 및 낙엽 등으로부터 생성되는 각종 유기물은 물론 두더지, 지네, 지렁이 등 작은 동물과 곤충, 토양미생물 등 무수히 많은 원소 및 생명체들이 상호작용을 하면서 존재하고, 이러한 토양에 각종 동식물들이 생육함으로써, 인간에게 각종 자원제공과 함께 물과 대기를 정화하고, 홍수예방 및 토양침식 방지역할을 하는 등 다양한 혜택을 준다.

토양 모재는 기후와 각종 생물 등의 작용을 받아 변하면서 환경조건과 평형되기 위하여 항상 변화하고 있는 자연체이다. 따라서 토양은 주로 기후, 식생, 모재, 풍화작용을 받은 기간, 풍력이나 수력 등에 의하여 지역별로 특성을 이루게 된다.

토양오염의 특성은 각종 산업폐수, 분진, 폐기물 등 주로 1차 오염물질이 장기간에 걸쳐 계속해서 토양에 축적되는 축적성오염이며, 오염물질이 인간에게 직접 위해를 주기보다는 오염된 토양에서 자란 식물, 가축 등으로 인하여 인간에게 해를 주는 간접오염이다.

토양은 일단 오염되면 오염물질이 자연적으로 제거되지 않고, 반영구적으로 토양에 존재하면서 각종 동식물을 오염시키고 오염된 동식물을 장기간 계속해서 섭취할 경우 주로 급성보다는 만성적인 각종 장해를 일으킨다. 따라서 토양오염을 방지하기 위해서는 오염토양의 사후처리 대책보다는 예방적 차원에서 근본적인 사전 오염방지 대책에 중점을 두어야 한다.

가. 현행 토양환경보전법의 내용

우리나라 토양환경보전법은 1995년 1월 5일 법률 제906호로 제정되어 몇 차례의 개정을 거쳐 현재 시행령과 시행규칙이 마련되어 다음과 같은 내용으로 정의되고 시행되고 있다.

표 6.7 ➽ 토양우려기준(2010.1.1 시행) (단위 : mg/kg)

물 질	1지역	2지역	3지역	물 질	1지역	2지역	3지역
카드뮴	4	10	60	시안	2	2	120
구리	150	500	2,000	페놀	4	4	20
비소	25	50	200	벤젠	1	1	3
수은	4	10	20	톨루엔	20	20	60
납	200	400	700	에틸벤젠	50	50	340
6가크롬	5	15	40	크실렌	15	15	45
아연	300	600	2,000	석유계총탄화수소(TPH)	500	800	2,000
니켈	100	200	500	트리클로로에틸렌(TCE)	8	8	40
불소	400	400	800	테트라클로로에틸렌(PCE)	4	4	25
유기인화합물	10	10	30	벤조(a)피렌	0.7	2	7
폴리클로리네이티드비페닐	1	4	12				

1. 1지역 : 「지적법」에 따른 지목이 전 · 답 · 과수원 · 목장용지 · 광천지 · 대(「지적법 시행령」 제5조제8호가목 중 주거의 용도로 사용되는 부지만 해당한다) · 학교용지 · 구거(溝渠) · 양어장 · 공원 · 사적지 · 묘지인 지역과 「어린이놀이시설 안전관리법」 제2조제2호에 따른 어린이 놀이시설(실외에 설치된 경우에만 적용한다) 부지
2. 2지역 : 「지적법」에 따른 지목이 임야 · 염전 · 대(1지역에 해당하는 부지 외의 모든 대를 말한다) · 창고용지 · 하천 · 유지 · 수도용지 · 체육용지 · 유원지 · 종교용지 및 잡종지(「지적법 시행령」 제5조제28호가목 또는 다목에 해당하는 부지만 해당한다)인 지역
3. 3지역 : 「지적법」에 따른 지목이 공장용지 · 주차장 · 주유소용지 · 도로 · 철도용지 · 제방 · 잡종지(2지역에 해당하는 부지 외의 모든 잡종지를 말한다)인 지역과 「국방 · 군사시설 사업에 관한 법률」 제2조제1항제1호부터 제5호까지에서 규정한 국방 · 군사시설 부지

① 토양오염물질의 개념

토양중에서 분해되지 않고 오랫동안 잔류하는 물질로 농작물의 생육을 저해하거나, 지하수를 오염시키는 등의 작용으로 사람의 건강에 좋지 않은 영향을 미치는 중금속, 유류, PCB 등 11항목을 토양오염물질로 규정하여 관리한다.

② 토양오염물질의 종류

· 중금속 6종(카드뮴·구리·비소·수은·납·6가크롬 및 그 화합물)

· 석유류(BTEX)

· 유기인화합물(이피엔, 파라티온, 다이아지논, 메틸디메톤, 펜토에이트)

· 독성물질 3종(폴리클로리네이티드 비페닐 ; PCB, 페놀, 시안화합물)

③ 토양오염기준

㉮ 토양오염우려기준 : 토양오염물질인 11항목에 대하여 농경지, 공장·산업지역으로 토양의 용도에 따라 구분하여 기준을 설정하였으며 이 기준을 초과하면 오염물질의 제거, 방지시설의 설치, 오염물질의 사용제한 등 시정명령의 대상이 된다.

㉯ 토양오염대책기준 : 토양오염물질 중에서 유기인화합물을 제외한 10항목을 기준 항목으로 하고, 대상지역은 토양의 용도에 따라 구분하여 기준을 설정하였으며, 이 기준을 초과하면 토양보전대책지역 지정의 요인이 된다.

나. 토양오염 방지대책

토양은 육지가 생성한 이후 매우 오랜 기간 지상으로부터 동식물의 유체가 신선한 유기물로 공급되는 한편, 토양 자체의 본래 구성재인 암석으로부터 속출한 탄산칼슘, 인산칼슘, 칼륨의 화합물, 산화알루미늄 같은 무기질과 더불어 토양권에서 불가결한 구성소재가 우리가 오늘날 이용·보전의 대상이라고 생각하는 표토토양(表土土壤)을 이루었다. 이러한 표토토양에서 동식물이 서식하게 되므로 이는 환경생태적으로 매우 중요하다. 이러한 토양은 때로는 깊이가 2 m나 되는 경우도 있으나 토양동물의 경우 30 m 이하에 서식하는 것은 드물고 미생물도 깊이 50 m가 되면 그 밀도는 표층의 10분의 1정도로 감소된다고 한다. 그러므르 표토토양의 오염관리가 중요하다고 하겠다.

표토는 작물을 육성하고 오물을 정화하는 기능을 가지고 있다. 그러나 토양이 중금속이나 농약 등에 의하여 오염이 되는 경우 그 오염물질은 작물로 전이하여 궁극적으로 인체에까지 축적되게 되며, 농약성분은 토양미생물의 생태계에 영향을 주게 된다. 토양오염방지에 관하여는 별도로 토양환경보전법에서 규정하고 있으며, 토양과 밀접한 상관성이 있는 유해화학물질에 관하여는 유해화학물질관리법 등이 있다.

① 토양측정망 운영을 통한 토양 관리

환경처는 전국의 토양오염 추세를 파악하여 토양오염 방지대책의 기본 자료로 활용하는 한편 시급한 개량사업을 할 필요가 있는 지역에 대한 대책을 강구하기 위하여 전국의 영농오염원, 수질·대기·폐기물 및 생활오염원 주변지역 520개 지역의 2,600개 지점을 토양측정망으로 구성하여 매 2년어 걸쳐 수소이온농도, 카드뮴, 구리, 비소, 수은, 아연 등의 오염도를 측정하고 있다. 2년에 걸쳐 조사·측정하는 이유는 토양의 오염도 변화는 매우 완만하게 이루어진다는 것이 과거 4년간의 경험으로 명백하게 규명되어서 측정주기를 늘리는 것이 합리적이었기 때문이다.

환경처의 측정망 운영결과, 폐광지역과 운영중인 광산·제련소 그리고 중금속 배출업소 주변 등은 이른바 누적오염 등으로 문제가 있는 곳으로 나타났으며, 이에 따라 이들 시설에 대하여는 연 1회 이상 특별점검을 실시하여 폐수, 침출수, 광재 등을 안전하게 관리하도록 하는 한편, 광재댐 관리의 강화, 갱광수 및 광재의 비산을 방지하기 위한 옹벽설치, 갱구차단, 폐석유실 방지시설 설치 등 광산공해 방지사업을 연차적으로 추진하고 있는 실정이다.

② **농약의 적정 사용 유도**

오늘날 농약 없는 영농이 '무공해 영농'이라는 각광을 받고 있지만 대부분의 작물재배에서 농약은 증산에 결정적 기여를 하고 있다. 그러나 농약은 이른바 지력을 감퇴시키고 나아가 생명을 위협하는 지경에까지 이르고 있어 이른바 '경제독약'(economic poison)이라고 불리기도 한다.

우리나라에서 농약의 사용량은 표 6.8에서 보는 바와 같이 증가하는 경향이 있다. 아직 1988년의 이태리(13.8 kg), 일본(31.8 kg)의 헥타당 사용량보다는 적지만 미국(3.1 kg)에 비해서는 높은 편이다. 농약은 그 성분에 따라 유기염소제, 유기인제, 카바메이트제, 유기수은제, 비소제로 구분된다. 유기인제나 카바마이트제는 잔류성이 약해 분해가 용이하나 유기염소제가 중금속계인 유기수은제는 잔류성이 강하고 잘 분해되지 않아 상당기간 토양에 잔류하게 된다. 1981년도에는 곡류·감자류·채소류 등의 농작물에 대한 농약잔류허용기준을 설정하고 1993년도에는 발암성농약으로 밝혀진 톡사펜, 니트로펜의 제조사용을 금지한 바 있다.

한편, 살포된 농약이 토양이나 작물에 오랫동안 잔류하여 위해를 가져오는 토양잔류성 농약과 물에 잔류하여 수서생물에 피해를 초래하거나 수질을 오염시키는 수질오염성 농약 그리고 포유동물에 대하여 급성독성이 강한 맹독성 농약은 제조·사용을 제한하고 있다. 그 결과 1991년에는 Aldicarb(맹독성)의 제조·사용이 금지되었다.

표 6.8 ➻ 농약사용량의 증가추세 (단위 : 천톤)

구 분	1999	2000	2001	2002	2003	2004	2005	2006	2007	2008
농약사용량	25.8	26.1	28.2	25.8	24.6	25.3	24.5	24.0	23.0	23.0
비료사용량	842	801	717	690	678	747	722	477	631	570

③ **유해화학물질 관리대책의 추진**

산업의 발달과 국민소득수준 향상으로 화학물질의 종류와 사용량이 급격히 증가되고 있다. 이러한 화학물질은 유독물과 특정 유독물로 구분하는데, 국민보건과 환경위해를 방지하기 위하여 종전의 <독물 및 극물에 관한 법률>을 발전적으로 재구성하여 종합적인 유해화학물질 관리체계를 구축하기 위한 <유해화학물질관리법> (1990. 8.1. 법률 제4261호)이 제정되었다. 우리나라는 최근 들어 유독물의 수입량이 급증하고 있는 실정인데, 환경처는 1991년부터 유해화학물질 심사단을 운영하여 제조·수입·사용·판매 등을 규제하고 있는 실정이다.

참고문헌

1. 김복영 외, "농업환경화학", 동화기술, 1989
2. 양운진, "환경식물학", 동화기술, 1990
3. 김오식, "환경독성학", 동화기술, 1990
4. 김영길 외, "자연과학", 생능, 1992
5. 환경처, "환경백서"
6. 이두호 외, "인간환경론", 나남, 1993
7. 정문식 외, "환경화학", 신광문화사, 1993
8. 서울대 농업개발연구소, "환경오염과 농업에 관한 국제 심포지엄", 1990

연습문제

01. 토양의 산성화를 토양의 특성과 연관지어 설명하라.

02. 토양속에 존재하는 모든 것을 나열하고 각기 그 역할이 무엇인지 설명하라.

03. 토양오염의 특성을 아는 대로 언급하라.

04. 관개용수의 악화된 수질이 작물 및 토양에 미칠 수 있는 피해는 무엇이 있는지 설명하라.

05. 우리나라에서 토양오염에 관하여 규정된 내용은 무엇인지 상세히 언급하고 그 개선방향에 대하여 고찰하라.

06. 우리나라 농약의 사용현황과 전망에 대하여 문헌조사를 통하여 고찰해 보라(골프장 및 경작지를 대상으로).

Chapter 07

해양오염

7.1 해수의 특성

7.1.1 해양의 수온구조

해양오염과 관계된 해수의 물리적 성질은 해수의 온도와 밀도와 관련된 것들이다. 해수의 수온은 호수와 마찬가지로 표수층(Epilimnion), 수온약층(Thermocline), 심수층(Hypolimnion)으로 구분가능하다.

표층의 수온은 상당한 깊이까지 표면수온과 비슷한 수온을 가지는데 표면으로부터 25～200 m 깊이까지 파도 때문에 혼합이 잘 되어 이른바 혼합층이라고도 한다.

수온약층의 경우 수심에 따른 온도 감소율이 가장 큰 층인데 계절에 따라 그 해당 수심이 변하지 않고 같은 층에 영구히 존재하는 영구 수온약층과 계절적으로 생겼다 없어지는 계절수온약층의 두 가지가 있다. 즉, 저위도 해역에서는 온도약층 수심이 연중 변화가 없어 영구 수온약층에 해당하며 한대나 온대해역에서는 계절적 수온약층이 형성되고 있다(그림 7.1 참조).

7.1.2 해수의 화학적 특성

바닷물은 여러 가지 염류가 녹아 있는 일종의 무기 전해질 용액으로 대략 바닷물 1 kg속에 약 35 g의 염류가 녹아 있다. 이 농도는 해역이나 깊이에 따라 다소 차이는 있으나 그 주요 성분의 조성비는 일정한 특성을 갖고 있다.

해수중의 염류량은 염분(Salinity)이라는 정의를 이용하며 해수 1 kg중에 들어 있는 염류의 총량을 g수로 나타낸 것이다. 이때 모든 탄산염은 산화물로 바뀌고 브롬과 요오드가 염소로 치환되고 모든 유기물은 완전히 산화되었다는 가정 하에 천분율로서 ‰(permille)로 표시한다. 염분 35‰인 해수의 조성은 다음 표 7.1과 같다.

그림 7.1 고, 중 및 저위도에서의 수심별 수온분포 및 변화의 단면도

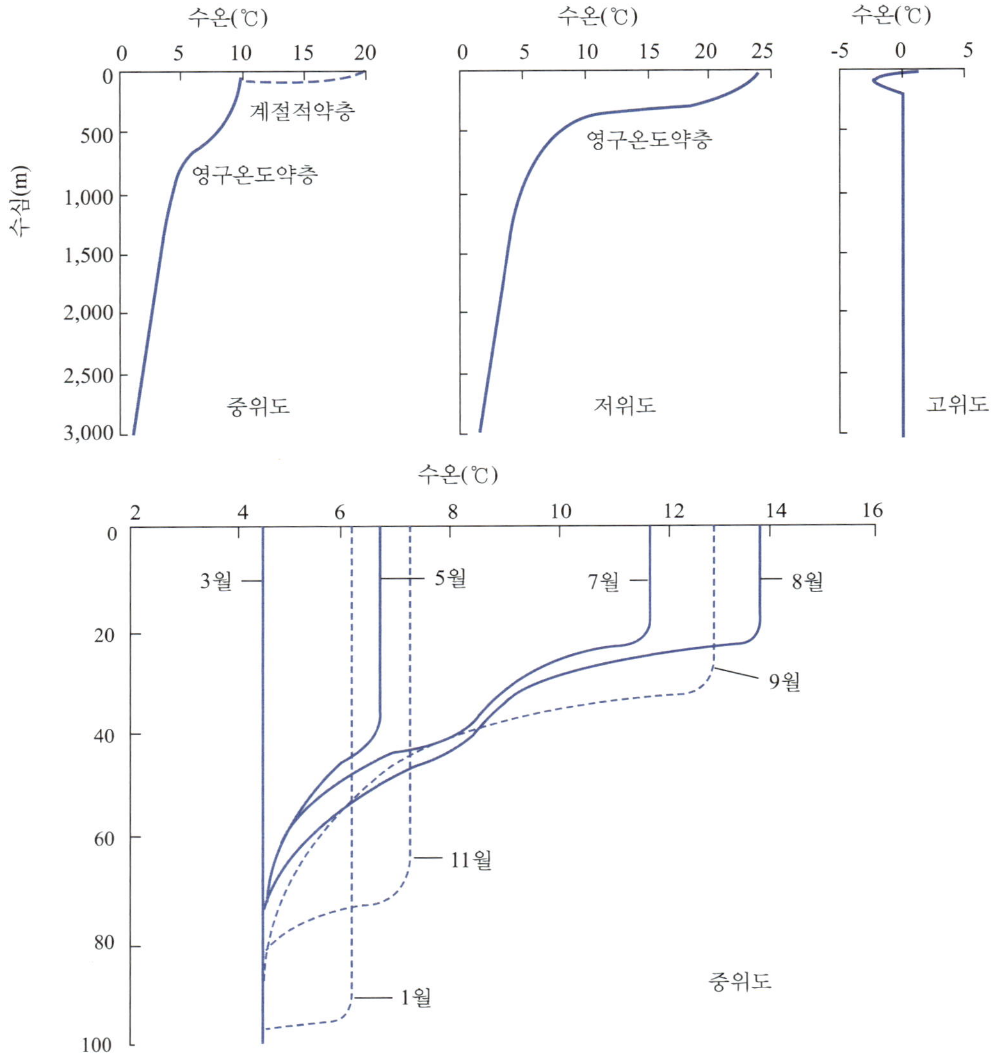

표 7.1 ➸ 염분도가 35‰인 해수 구성의 주성분 농도 및 백분율

성 분	moles · kg^{-1}	총염류중의 %
물 (H_2O)	53.5570	–
나 트 륨(Na^+)	0.4680	30.40
마그네슘(Mg^{2+})	0.0532	3.70
칼 슘(Ca^{2+})	0.0103	1.16
칼 륨(K^+)	0.0099	1.10
스트론튬(Sr^{2+})	0.0001	0.04
염 소(Cl^-)	0.5459	55.20
황 산 염(SO_4^{2-})	0.0282	7.70
탄산염 및 중탄산염(CO_3^{2-}, HCO_3^-)	0.0023	0.35
브 롬(Br^-)	0.0080	0.19
붕 산(H_3BO_3)	0.0004	0.07
기 타	–	0.09

염소는 해수중에 가장 많이 녹아 있는데, 염소와 다른 성분들간의 조성비가 일정하다는 것을 이용해서 염소의 양을 알면 이것으로부터 염분의 양을 계산할 수 있다. 바닷물 1 kg속에 들어있는 염소의 양을 g으로 나타낸 것을 염소량(chlorinity)이라 하는데, 염분(S)과 염소량(Cl) 사이에는 다음과 같은 관계가 성립한다.

$$S\ (‰) = 1.80656 \times Cl\ (‰)$$

해양에서 염분분포는 평균 33‰에서 38‰ 사이에서 변하며 평균 35‰이다. 일반적으로 표층수의 염분은 증발과 강우에 의해 결정되고 대륙연안은 하천수의 유입 때문에, 양극지방에서는 얼음이 녹거나 얼 때 영향을 받는다.

위도에 따른 염분 분포도는 증발량이 강우량보다 많은 북위 25°나 남위 25°의 무역풍대에서 염분이 가장 높고, 강우량이 많은 적도지역과 얼음이 녹는 고위도 지역이 낮은 염분을 나타내고 있다.

해수의 화학적 특성 중 바다의 비료라 할 수 있는 영양염류의 특성은 중요하다. 해양의 표층수에서는 식물의 광합성 작용으로 소비되어 그 농도가 아주 낮고, 심층수에서는 생물의 사체나 유기물의 분해작용 결과로 영양염류의 생성만 이루어질 뿐, 빛이 도달하지 못해서 광합성 작용이 이루어지지 않아 높은 영양염류 농도를 보여준다(그림 7.2 참조).

그림 7.2 해수중의 수심별 NO_3-N농도 분포

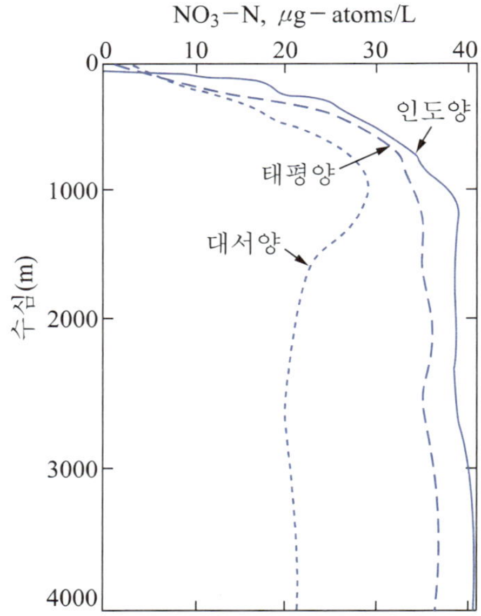

영양염류가 풍부한 심층수가 용승현상이나 해수의 수직혼합작용으로 표층수로 올릴 수만 있다면 그 해역은 식물성 플랑크톤의 생산이 높아지고 이에 따라 좋은 어장이 형성되기도 한다. 수온에 따른 영양염류의 분포특성은 따뜻한 바다가 찬 바다보다 낮은 농도를 가져 플랑크톤의 수도 적고 물도 투명한 편이다.

영양염류가 찬 바다에 많고 바다의 사막이라 불리는 따뜻한 바다에서 적은 이유는 다음과 같다.

첫째, 찬 바다의 표층수는 원래 영양염류가 풍부한 극지방의 심층수로부터 기원하지만, 따뜻한 바다의 표층수는 적도부근의 표층수로부터 기원하므로 처음부터 영양염류가 결핍되어 있다.

둘째, 찬 바다에는 겨울에 표층수가 냉각되어 밀도가 커지므로 침강작용이 일어나 영양염류가 풍부한 심층수에 들어가게 된다. 그러나 따뜻한 바다에서는 언제나 표층수가 고온이고 하층수가 저온이므로 수계의 안정으로 수직혼합이 일어나지 않는다. 따라서 표층수의 영양염류가 식물성 플랑크톤에 의해 소비만 일어날 뿐, 영양염류 농도가 높은 심층수로부터 공급이 이루어지지 못하기 때문이다.

7.2 해양오염

7.2.1 해양오염의 정의와 특성

가. 해양오염의 정의

해양오염에 대한 정의는 유엔의 국지교육과학기구(UNESCO) 산하의 국제해양협회(IOC)의 해양학자들에 의해 "생물자원을 손상시키거나 인간의 건강에 해가 되며, 해양활동과 쾌적한 환경을 저해하는 등 유해한 효과를 유발하는 물질을 인간이 직·간접적으로 해양환경(하구포함)에 유입시키는 행위"로 되어 있다. 이 정의는 인간에 의한 오염물질의 해양유입이 없는 한 오염이 없다고 함축성 있게 정의하고 있어 해양오염이 인간에 의해 이루어진 것이라면 이것을 또한 인간이 치유할 수 있음을 명백히 추리할 수 있다.

그러나 실제로 우리는 인간에 의해 생성된 오염물질과 자연에 의해 이루어진 오염물질 사이의 차이를 구분하기 힘들며, 세계 각처의 각기 다른 사회가 각기 다른 가치관과 목표설정에 따라 그 기준을 달리 하는 것으로 보아 결과적으로 오염의 요체는 해당 사회의 상대적인 목적에 의해서만 정확하게 정의될 수 있다는 사실을 알 수 있다.

나. 해양오염의 특성

해양은 지구 표면적의 약 70%를 차지하며 해수의 부피는 약 1.37×10^{39} L고, 무게로는 1.4×10^{36} 톤에 해당한다. 이는 실로 엄청난 수량이므로 인간이 버리는 폐기물을 처리하는데 이상적인 장소로 인식되어 왔다.

단순히 바다의 용량을 고려한다면 미국의 경우 매년 바다로 흘러 들어가는 하천수의 용량이 2×10^{11}톤으로 이는 해수의 $1/10^{25}$분의 1밖에 되지 못하며 하천수중 용존물질의 양도 바다의 용존량에 비하면 염전에 소금 한 되 수준밖에 되지 못한다. 그러나 해양오염에 있어서 생각하여야 할 중요한 문제 중의 하나는 인간활동에 의하여 유입된 오염물질이 해양 전체에 고르게 분산되지 않는다는 사실이다. 해양오염은 인간이 생활하며 활동하는 모든 지역 특히 해양을 가까이 하고 있는 여러 지역들에서 점차 가속화되고 있다. 결과적으로 연근해역에서 이러한 오염물질들의 축적이 형성되며 상대적으로 그 희석요인은 아주 적다. 연근 해수역은 비교적 좁은 지역이기 때문에 해수의 이동으로 분산되는 것보다 오염물질의 농도축적이 빨리 일어날 뿐만 아니라 일반적으로 외해와의 조류소통이나 혼합이 저지되는 해양환경구조를 가지기 때문에 오염현상은 가속화된다.

해수의 혼합현상을 저해하는 또 하나의 현상은 해양의 수직성층 현상이다. 이 현상은 부분적으로 하천수와 같이 비중이 해수보다 적은 염수의 유입에도 기인한다. 해양의 평균 염분은 약 3.5 ‰인데 비하여 하천의 염분은 1~5‰ 정도이다. 이렇게 가벼운 하천수가 해양에 유입되면 그 밀도는 희석, 난류 또는 분자확산과 같은 현상에 의하여 변하게 되는데 이러한 변화는 결코 빠른 속도로 이루어지는 과정이 아니다. 가벼운 하천수는 무거운 해수의 상층부에 위치하게 됨으로써 높은 안정도를 이루게 되어 해수의 수직혼합이 잘 이루어지지 않게 된다. 더욱이 태양열은 표층수를 계속적으로 가열함으로써 성층효과를 증가시켜 해양의 표층수역에 유입되는 오염물질의 수직이동을 저해한다. 따라서 육지로부터 유입되는 오염물질의 효과적인 혼합은 해양의 평균수심인 4,000 m까지가 아니라 수온약층이 형성되는 100 m 정도의 표층 해수부분에서만 가능한 것으로 이는 해양이 양적으로 대단히 방대할지라도 폐기물의 처분에 사용될 수 있는 영역은 지극히 한정된다는 것을 의미한다.

다. 해양오염물질의 거동

해양에 오염물질이 유입되면 일부는 산화 및 생물학적 작용에 의해 분해되고 해류 및 조류에 의해 이동되며, 해수와의 혼합작용에 의하여 희석, 분산되거나 퇴적물 또는 생물에 의해 농축된다(그림 7.3 참조).

그림 7.3 해양에서의 오염물질 거동

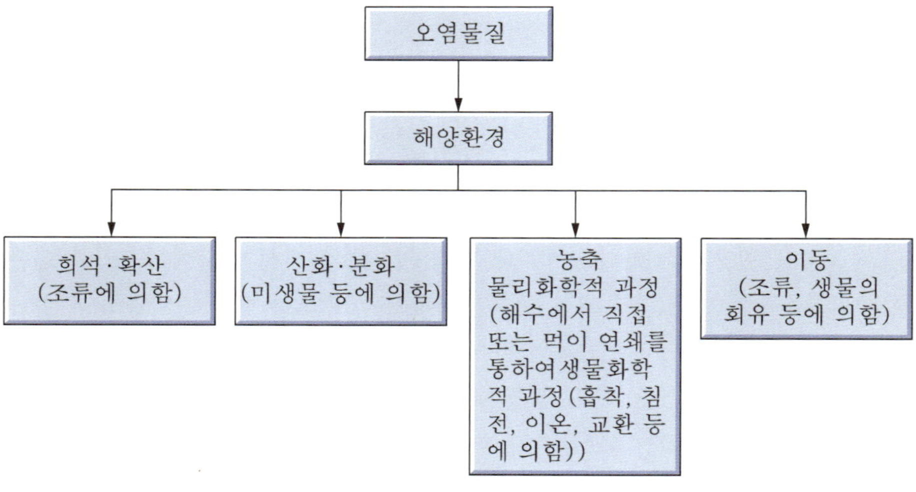

해수이동과 해수와의 혼합작용에 의한 오염물질 분산, 이동은 이류(advection)와 확산(diffusion)에 의하여 이루어진다. 이류란 해류나 조류, 취송류(wind-driven current) 등과 같은 해수의 수평이동으로 오염물질의 분산, 이동에 가장 큰 영향을 미치고 있다. 개방성 해역에서는 이류에 의한 오염물질의 분산이 원활하지만 3면이 육지로 둘러싸인 폐쇄성 해역에 유입된 오염물질은 해수중에 있는 정체시간이 길어짐으로 여러 가지 좋지 못한 영향을 미칠 수 있다. 폐쇄성 해역중에서도 항구와 같은 좁은 내만은 외해수와의 해수 교환율이 낮은 경우가 많아 오염물질의 희석, 분산이 원활하지 못하기 때문에 오염이 심화된다. 우리나라의 경우 진해만, 마산만, 광양만, 영일만, 천수만 등이 이에 해당된다.

확산은 보통 해수입자의 분자운동(Brown movement)에 기인한 분자확산과 난류확산으로 대별되며 대체로 분자확산은 확산규모가 매우 작기 때문에 해양에서는 주로 여러 가지의 크고 작은 난류에 기인한 난류확산에 의해 지배된다고 할 수 있다. 장기적으로 보면 조류도 와동으로 취급되어 난류확산의 원인으로 간주될 수 있다.

한편, 해양에 유입된 유기물중 생물화학적으로 분해가능한 물질들은 자연의 물질순환계를 따라 해수중에 있는 미생물 등의 작용으로 무기물로 분해되며 이때 생성된 질소, 인과 같은 영양염류들은 식물 플랑크톤이나 해조류와 같은 해양식물의 영양소로 재이용된다.

오염물질이 퇴적물 또는 생물에 농축되는 현상은 지속성을 가진 유독성 오염물질의 거동에 있어 매우 중요한 현상으로서 물리, 화학적으로 해수중의 현탁물에 흡착, 침전 및 이온교환작용에 의해 퇴적물에 농축되고, 일단 퇴적물에 농축된 것은 2년 내지 10년 이상까지도 계속 조금씩 해수중으로 용출되어 나올 수 있다. 한편 생물에 의한 농축은 오염물질이 해양생물에 섭취 또는 흡수되어 먹이사슬(Food chain)을 통하여 인간을 포함한 높은 영양단계에 있는 생물로 이동됨에 따라 농축되는 현상으로 생물농축

표 7.2 ➻ DDT, BHC, PCB의 생물농축현상의 예

구 분	농 도(ppm)	농축계수*
해수	0.003	7.3×10^4
동물플랑크톤	0.04	1.4×10^5
작은물고기	0.5	5.7×10^5
큰물고기	2.0	8.6×10^6
새	25.0	1×10^7 이상
인간		

$$* \text{ 농축계수} = \frac{\text{수생 생물내의 농도}}{\text{수중의 농도}}$$

자료 ; 이석모, "해양 환경보전대책", 해양오염방지, 한국해기연수원, 1989, p.114

현상(Bioaccumulation)이라 부른다. 이때 먹이사슬에서 영양단계가 높을수록 농축비율이 높아지는 것이 일반적이다. 즉, 해수중에서 식물플랑크톤 → 동물플랑크톤 → 소형어류 → 대형어류와 같이 오염물질이 농축된다. 농약과 PCB와 같은 염소화합물, 중금속, 방사성 원소 등의 유독성 오염물질들은 모두 생물농축될 수 있는 물질이며 다음 표 7.2는 이 현상의 예를 오염물질 농축정도를 나타내는 농축계수와 함께 나타낸 것이다.

7.2.2 해양오염의 구분

해양환경과 관련되는 상당수의 오염물질이 간헐적으로 또는 지속적으로 해양에 유입되고 있는데 대부분의 경우 인간활동에 의해 필연적으로 발생하는 것이며 상당수는 자연속에서 정상적으로 발생되는 물질도 있다.

해양환경과 관련된 일반적 오염물질은 병원균, 침전물질, 고형폐기물, 흘배수, 유독성 물질, 석유, 영양염류, 방사능물질, 산소요구물질, 산과 염기, 심미적으로 불쾌한 물질 등 대단히 다양하다. 이중에서 기름오염과 연안의 적조현상은 해양오염의 주를 이루고 있으므로 이를 대상으로 고찰해 보고자 한다.

가. 기름오염

(1) 석유의 구성원소

탄소와 수소로 된 탄화수소로서 파라핀계와 나프틴계 그리고 방향족의 3가지이다. 파라핀계 탄화수소는 원유와 천연가스에 많이 포화되어 있으며 방향족 탄화수소는 소량 포함되어 있으나 독성이 큰 편이다. 일반적으로 파라핀계와 나프틴계가 주성분을 이룬다.

Information

❚ 해양생태계에 미치는 영향 ❚

· 유막형성으로 광합성작용의 억제, 가스교환의 방해, 용존산소의 감소, 기름자체의 독성으로 해양생태계의 플랑크톤 성장에 악영향을 미친다.

· 기름의 물리·화학적 특성에 의한 어패류의 성장저해 및 질식사현상 및 어로작업에 지장을 준다.

· 조류는 기름에 약하기 때문에 큰 피해를 당하는데, 수서조류의 깃털에는 밀납이 분비되고 깃털 사이에 공기를 품어 젖지 않고 보온작용을 할 수 있다. 그러나 기름에 젖게 되면 이 보호작용이 무용하게 되어 피해를 입게 된다. Torry Canyon호 유출사고 때 25,000마리의 새가 죽은 예가 있다.

(2) 기름이 미치는 영향

기름이 해양에 살포되면 다음 그림 7.4와 같이 엷은 막을 형성하며 분산되는데 수십일에서 수년에 걸쳐 증발, 용해, 침전, 분해 및 광산화 반응을 거쳐 정화된다. 기름오염의 원인은 유조선을 비롯한 선박에 의한 오염이 약 50% 정도를 차지하고 있다.

그림 7.4 해양에 유출된 기름의 변화과정

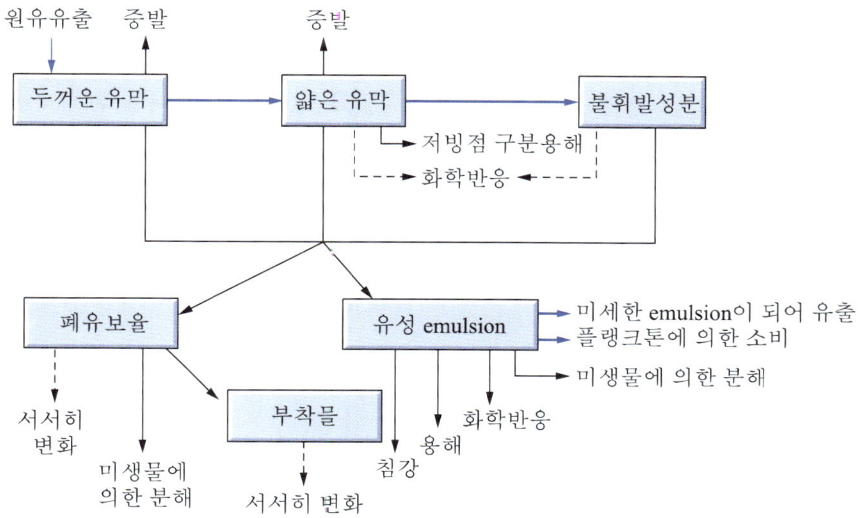

(3) 기름오염의 제거방안

① **기름울**(Oil Fence)

기름을 포위하며 확산을 방지하고 특정지역에 대한 기름유입을 방지할 목적으로 쓰인다. 고형식(固形式)으로 발포성 Styrofoam으로 부체(浮體)를 만들어 쓰는 방식과 고무보트와 같이 공기를 충진시켜 쓰는 공기식(空氣式) 등이 있다.

② **유Gel화제**

이는 기름응축제로서 유출된 기름을 고형화하며 확산을 방지하고 쉽게 회수할 수 있다. 특히 기름이 급히 확산되거나 파도나 조류 때문에 기계적인 회수가 곤란할 경우에 효과가 좋다. Gel화제는 어장 및 양식장에 유출된 기름을 제거할 때 많이 사용되며 모래에 침투하는 기름에 사용함으로써 침투를 억제할 수 있다.

③ **유처리제**

이는 소량의 기름이나 엷게 퍼져 있는 유출유의 처리에 사용되는 약제로서 기름을 분해하고 부화시키는 역할을 한다. 유처리제는 기름에 균일하게 살포한 후 잘 혼합되도록 1~2분 방치 후 충분히 교반하여야 한다.

④ **유흡착제**

이는 기름이 잘 스며드는 물질을 말하며 건초, 톱밥, 유리솜 등이 사용되며 특히 볏짚이 널리 이용되고 있다. 이런 흡착제는 물을 적게 흡수하고 가능한 한 기름은 많이 흡수해야 하며 사용 후에는 반드시 회수처리해야 한다.

나. 적조현상(Red-tide)

(1) 적조발생의 기작(Mechanism)

적조현상은 산업폐수나 도시하수의 유입에 의한 해역의 부영양화(Eutrophication) 현상을 기반으로 하여, 해수중 부유성 식물성플랑크톤이 단시간에 급격하게 대량 번식한 결과로 바다의 색깔이 적색 또는 다갈색 등으로 변하는 현상을 의미한다. 적조발생은 그 반응기작에 대하여 많은 연구 결과가 나와 있지만, 정확한 기작파악은 어려운 실정에 있으며 다음과 같은 기초적 환경요인이 중요한 것으로 파악되고 있다(그림 7.5 참조).

· 바다의 수온구조가 안정화되어 물의 수직적 성층이 이루어질 때
· 플랑크톤의 번식에 충분한 광량과 영양염류(질소, 인)가 공급될 때
· 강우 및 하천수의 유입에 따른 염도의 희석작용이 클 때
· 해저의 빈산소 수괴가 형성되어 포자(胞子)의 발아촉진이 일어나고 퇴적층으로부터 부영양화의 원인물질이 용출될 때

그림 7.5 적조생물과 영양인자간의 관계

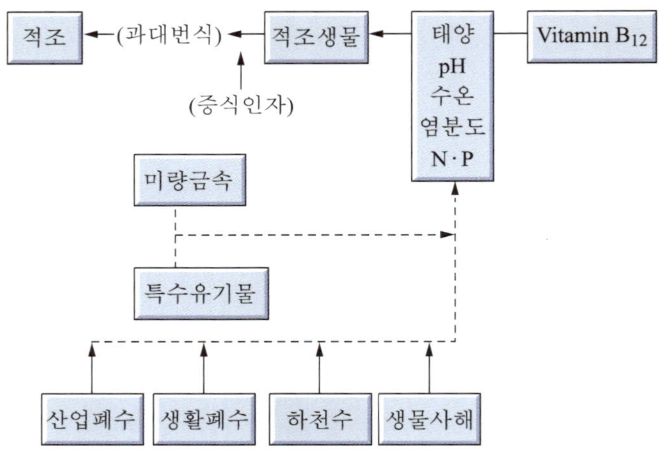

· 비타민류, 철, 코발트, 니켈 등의 미량금속류 및 펄프폐액, 단백질의 분해생성물이 유입될 때

그리고 적조발생에는 편모조류, 규조류, 남조류, 녹조류 및 원생동물 등 수십종의 생물이 알려져 있으나 특히 편모를 가지고 움직이는 편모조류가 우점종일 경우가 많다. 편모조류는 일반적으로 다른 조류(남조루, 녹조류 등)에 비하여 높은 광도에서도 잘 증식하고 낮에는 해수표면에, 밤에는 해저로 이동하는 특성을 갖고 있다. 또한 광범위한 염분농도에서 살아갈 수 있으며 최적의 증식조건은 해수염도의 약 2/3 정도일 때다.

(2) 적조의 피해

적조발생시 일어나는 피해현상중 어패류에 대한 피해는 적조생물이 생산하는 독소에 의한 중독현상과 해수중의 용존산소의 결핍에 의한 질식현상으로 구별할 수 있다. 그러나 어패류의 폐사현상은 적조생물의 종류, 어패류의 종류 및 환경요인 등이 복합적으로 작용하기 때문에 정확한 원인을 규명하기는 어렵다. 일반적으로 와편모조류일 때는 직접적인 피해를, 그리고 규조류일 때는 간접적인 피해를 나타내는 사례가 많은 편이다.

① 질식 현상

어패류 아가미의 가스교환 장애를 일으키는 것으로서 해수중의 용존산소가 저하되거나 또는 어체(漁體)의 가스교환기능이 장애를 받을 때 일어난다. 먼저 해수중의 용존산소 저하원인은 첫째, 무산소 수괴의 출현, 둘째, 엽록소를 갖는 식물성 적조생물의 야간 호흡작용에 의한 산소 소비, 셋째, 적조생물의 사후(死後) 분해시의 산소 소비에 기인하는 것으로 알려져 있다.

한편, 편모조류나 *Chattonella*가 우점종일 경우는 주간에 광합성작용으로 과포화된 용존산소는 야간의 소비로 저하되나 그 정도로는 저서성 생물에 치명적이지는 않다.

어패류의 가스교환기능 장애의 경으 첫째, 어패류의 과대 대사작용에 따른 산소부족과, 둘째, 해수중의 탄산성분의 증가 및 pH상승에 따른 호흡방해작용과, 셋째, 적조생물이 아가미에 부착하여 발생하는 아가미 폐쇄성 호흡장애 등이 있는 것으로 알려져 있다.

② 중독현상

세계적으로 적조의 독성이 인정된 적조생물은 편모조류와 남조류에 한해 있으며 약 20종 이상이 알려져 있다.

첫째, 적조생물이 직접 생산하는 독성에 의한 것으로 유명한 *Gymnodinium ven-*

*ificus*와 *Ptychodiscus brevis*에 의한 어류폐사는 여러 나라에서 보고된 바 있다. 또한 *Prymnesium*라는 담수성 편모조류는 용혈작용(溶血作用)을 가지는 독성을 생산해서 고기를 대량 폐사시키기도 한다. 근래에는 이들 독성물질이 어패류에 축적되어 식중독 현상을 일으키는 것으로 알려지고 있다. 둘째, 중독사의 원인으로서 적조생물의 분해시 발생하는 각종 유독물질이 있으며, 셋째, 적조발생시 2차적으로 생기는 세균이 생산하는 유독성 물질에 의하여 폐사가 일어날 수도 있다.

적조생물중 패류독성을 구분한다면 마비성 패독(PSP : Paralytic Shellfish Poison)을 일으키는 *Alexandrium*속과 설사성 패독(Diarrhectic Shellfish Poison)을 일으키는 *Dinophysis*속 등으로 구분할 수 있다.

우리나라의 경우 다음 그림 7.6과 같이 계절과 관계없이 진해만, 광양만, 온산만 등에서 발생되고 있으며 적조생물은 규조류에서 편모조류로 바뀌어가고 적조농도는 고밀화 되어가는 경향을 보이고 있다(표 7.3 참조).

그림 7.6 우리나라 연안의 적조발행 해역

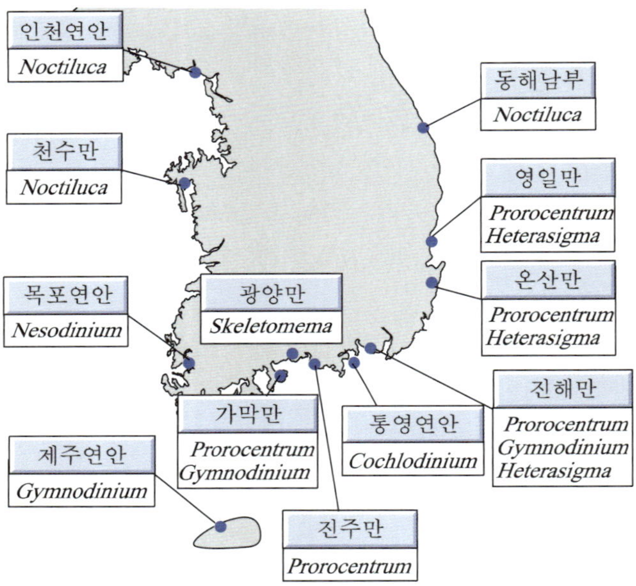

표 7.3 ➸ 연도별 적조현상 발생건수

구분	2000	2001	2002	2003	2004	2005	2006	2007
발생건수	69	56	59	45	65	39	31	38
피해액(억원)	2.6	84	49	215	1.2	10.6	0.7	–

※ 자료 : 환경백서(2008)

적조가 주는 피해는 위에서 언급한 피해 외에도 바다 생태계 자체가 파괴되는 현상으로 어패류 피해에 따른 경제적 손실보다도 사실상 바다의 생태계에 큰 타격을 주는 문제이다. 즉, 대량 번식한 적조생물들은 보통 그 종조성이 단순하며, 먹이사슬의 다음 영양단계로 전이가 이루어지지 못하여 플랑크톤에서 고래까지 연결되는 물질순환과 에너지전달의 고리가 단절되어 버리는 현상이다.

(3) 적조의 관리대책

① 근본적인 대책

연안의 적조현상은 주로 내륙의 하천수의 오염으로부터 야기되므로 하·폐수의 철저한 처리가 가장 근본적인 방안이 될 수 있다. 따라서 적조생물의 성장과 번식에 필요한 영양염류, 비타민류 등의 해양유입을 차단 또는 감소시켜야 연안의 부영양화 현상을 방지할 수 있다. 아울러 어장의 생산능력을 감안한 적정 양식을 시행함으로써 과도한 양식에 따른 오염행위를 막아야 한다. 또한 적조발생 예보와 적조정보체계를 구축하여 신속히 대처하여 적조피해의 방지뿐만 아니라 어장환경도 보전해야 할 것이다.

② 적조발생시 대책

- 양식물의 대피 및 이동 : 적조가 발생된 해역에서 양식물을 이동시키거나 fence를 설치하여 적조와 양식물을 격리시키는 방법이다. 이 방법은 가두리, 뗏목식 양식장 등에서 적조가 국지적으로 발생했을 때 가능하며, 특히 이동시에는 해조류(海潮流)의 방향을 고려해야 한다.
- 화학약품에 의한 구제법(驅除法) : 황산동 등의 화학약품을 이용하는 방법이나 살포시 타 수생생물에 악영향을 미치고 경제성이 없어 근래는 거의 사용되고 있지 않다.
- 점토 살포법 : 점토성 광물의 colloid 입자가 해수중의 현탁물질을 응집, 흡착하는 성질과 점토성분중 알루미늄 이온의 적조생물 구제효과를 이용하는 방법으로서 폐쇄수역에서는 침강 후 2차적 오염이 다소 염려되나 다른 수산생물에 대한 독성이 매우 약하여 가장 바람직한 방법이다. 최근에는 황토살포가 널리 행해지고 있다.
- 초음파 이용법 : 초음파를 이용하여 적조생물의 세포를 파괴시키는 방법으로서 *Rhodomonas*, *Prorocentrum*, *Heterosigma* 속 등에는 효과가 있는 것으로 알려졌으나, 이용가능한 수심이 얕고 저밀도 적조시에는 비효율적이므로 실용화하기에는 어려운 점이 많다.
- 회수선으로 처리 : 선상에 원심분리기, 응집조, 펌프 등을 설치한 회수선으로 해면의 적조생물을 회수하는 방법이다.

기타 무기물, 계면활성제, 고분자응집제를 사용하여 적조생물을 응집시켜 침강시키거나 회수하는 방법이 있으나 대부분 소규모 실험적 차원에서 얻어진 연구결과일 뿐이다.

참고문헌

1. 이규성 외, "수질오염개론", 형설출판사, 1973
2. 국립수산진흥원, "해양오염 및 적조조사지침", 1985
3. 한국해기연수원, "해양오염방지", 1989
4. 이두호 외, "인간환경론", 나남, 1993
5. 최청일, "해양오염제어론", 동화기술, 1987
6. 오영민 외, "수질관리", 녹원출판사, 1986
7. 이용화, "해양생물학", 동화기술, 1993
8. 환경처, "환경백서"
9. 고찬수, "해저석유개발에서 유류누출사고시 오염범위 평가에 관한 연구", 서울대 환경대학원 석사학위논문, 1989

연습문제

01. 해양의 수심별 수온특성을 호수의 수온구조와 비교하여 설명하라,

02. 해양의 영양염류농도가 적도와 극지방에서 큰 차이가 난다. 그 이유를 설명하라.

03. 해양은 지구표면적의 70%를 차지하여 대단히 넓고 해수의 용량도 대단히 크다. 따라서 해양오염은 심각하지 않을 것 같은 생각이나 실제 해양의 오염피해는 날이 갈수록 심각한 실정에 있다. 그 이유를 상세히 설명하라.

04. 기름오염이 해양생태계에 미칠 수 있는 영향은 무엇인가?

05. 진해만의 물색깔이 벌겋게 변했다. 이 현상의 원인은 무엇이라 판단되며 그 피해현상과 대책방안을 모색하라.

06. 영산강, 금강, 낙동강의 각 하구에서는 방조제나 하구언이 조성되어 담수와 해수를 갈라놓고 있다. 이런 특성들이 해양수질에 미칠 수 있는 영향은 무엇이 있는지 상세히 고찰하라.

07. 해양에서 오염물질의 자정작용이 어떻게 일어나는지를 설명하라.

Chapter 08

수질오염방지기술

수질오염은 제일 먼저 수인성 전염병을 일으키는 병원균 문제였다. 중세에 이르러 pest로 인한 인구의 대단위 사망이 일어난 후 전염병과 하수도와의 관계가 인식되었다. 1596년 궁중에서 John Harington경에 의해 계속 물이 흐르면서 분뇨가 처리되는 변기를 개발하게 되었다. 그 후 19세기 Thomas Crapper에 의해 용변 후에만 물이 흘러가도록 점차 개량되었으며 이런 변기에서 하천에 바로 유입된 분뇨들이 하천에서 부패하기 시작하여 문제가 발생하기 시작했다. 따라서 SS를 처리하기 위해 침전과 혐기성소화가 한 통에서 이루어지는 소위 정화조(Septic tank)가 설치되기 시작하였으며 제일 유명한 정화조는 독일인 Karl Imhoff가 1906년 만든 Imhoff부패조가 있다.

그러나 정화조 설치에 의해 부유고형물을 제거하더라도 하천내 유기오염 물질의 분해로 인해 하천이 계속 썩기 시작하였으며, 이에 물에 용해된 유기물을 처리하기 위한 방법으로 살수여상이나 활성슬러지 공법 등이 도입되기 시작하였다. 이에 따라 부유고형물을 제거하는 처리시설을 1차 처리시설이라 불렀고 생물학적 폐수처리시설을 2차 처리시설 이라고 부르게 되었는데, 2차 처리시설은 살수여상법 → 화학적 응집침전 → 활성슬러지 공법 → RBC공법 → 산화지공법의 순으로 개발되기 시작하였다.

그러나 유기물질을 완벽하게 처리한다 하더라도 물속의 질소나 인과 같은 영양염류들이 다량으로 호수에 존재할 때는 소위 부영양화현상이 발생하는 수질오염현상이 문제되기 시작하였으며 최근에는 인과 질소 등을 제거하기 위한 3차 처리시설 등이 도입되기 시작하였다.

8.1 폐수처리시스템

폐수처리공법의 분류는 다양한 방법으로 구분할 수 있으나 여기에서는 **전처리**(pretreatment), **1차 처리**(primary treatment), **2차 처리**(secondary treatment), **고도처리**(advanced treatment), 슬러지처리(sludge treatment)로 구분하였다.

그림 8.1 폐수처리시설의 구분

전처리 Pretreatment	1차 처리 Primary treat		2차 처리 Secondary treat		고도처리 Advanced treat tertiary treat	슬러지처리 Sludge treat
	화학적	물리적	용존유기물	고형물		

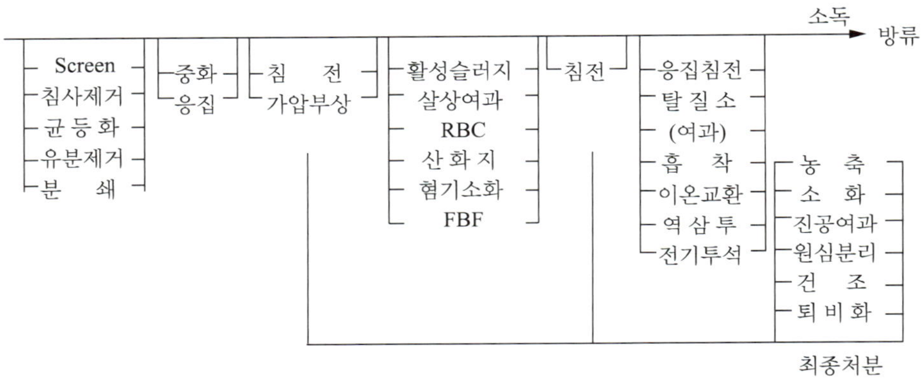

위의 폐수처리 시스템은 해당 폐수의 수질특성에 따라 다양하게 조합이 가능하며 상수처리, 가정하수처리, 공장폐수처리에 다음과 같이 적용 가능하다.

· **상수처리**

1급 상수원수 ; → 여 과 → 소독 → 급수

2급 상수원수 ; → 침사지 → 응집 → 침전 → 여과 → 소독 → 급수

3급 상수원수 ; → 침사지 → 응집 → 침전 → 여과 → {흡착, 이온교환} → 소독 → 급수

· **가정하수처리**

→ 스크린 → 침사지 → 침전지 → 포기조 → 2차침전지 → 소독 → 방류

(침전지, 2차침전지) → 슬러지처리

→ 스크린 → 침사지 → 침전 → 소독 → 심해방류

· 공장폐수처리

→ 스크린 → 침사지 → 균등지 → 유수분리지 → 응집 → 침전 → 포기조

방류 ← 소독 ← 2차 침전 ←

8.2 공정(Process) 분석

8.2.1 반응속도론(Rates of reaction)

화학반응의 형태는 반응 후 생성물을 형성하기 위한 각 반응물의 분자수나 반응차수에 의한 반응속도가 제대로 파악되어야 한다. 모든 반응이 반응속도에 기초하면 다음과 같은 식을 이용하여야 한다.

$$\text{반응속도} \propto (\text{농도})^n$$

$$\log(\text{속도}) \propto n\log(\text{농도})$$

$$(n = \text{반응차수})$$

$n = 0$이면 반응속도는 농도에 독립적이며 $n = 1$이면 반응속도가 반응물의 농도에 비례하며, $n = 2$이면 반응속도는 농도의 제곱에 비례한다.

그림 8.2 반응차수의 결정

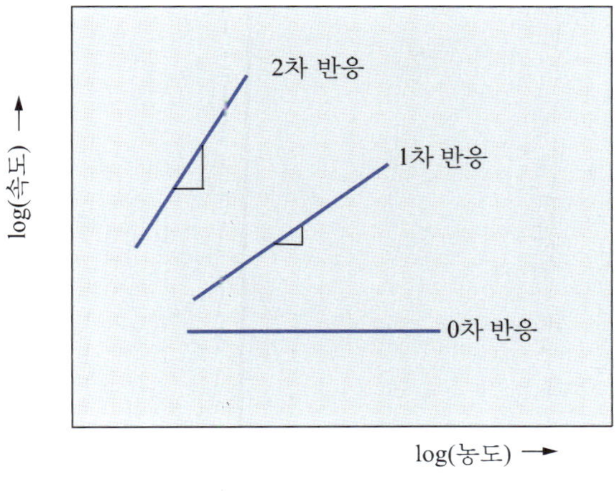

가. 0차 반응(Zero-order Reaction)

영차 반응은 반응물의 농도에 독립적인 속도로 진행되는 반응이다. 예로써 하나의 반응물이 하나의 생성물로 전환된다고 생각해 보자.

$$\text{A (반응물)} \rightarrow P\text{(생성물)}$$

이러한 전환과정이 영차 반응이라면, A의 소실율은 다음 속도식과 같다.

$$-\frac{d[\mathrm{A}]}{dt} = k'[\mathrm{A}]_0 = k$$

여기서, $-\frac{d[\mathrm{A}]}{dt}$: 소실율

k : 상수

C가 시간 t에서의 A의 농도라면, 반응 속도식은 다음과 같다.

$$-\frac{dC}{dt} = k \tag{8.1}$$

여기서, 식 (8.1)의 좌변은 시간에 대한 C의 농도 변화율로서 [질량][부피]$^{-1}$[시간]$^{-1}$의 차원이고, 음의 부호는 C의 농도가 시간에 따라 감소한다는 의미이며, 양의 부호이면 시간과 함께 농도가 증가한다는 의미이다.

k = 반응속도상수, [질량][부피]$^{-1}$[시간]$^{-1}$

그림 8.3 영차반응경로

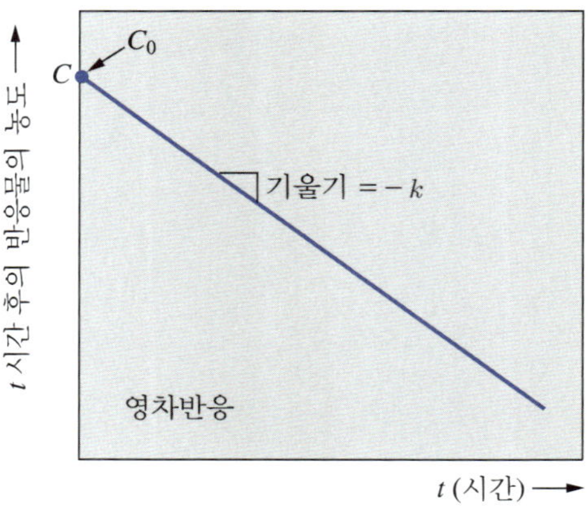

식 (8.1)을 적분하면

$$C = -k + \text{적분상수} \tag{8.2}$$

$t = 0$에서 $C = C_0$로 두면 적분 상수가 구해지고 적분된 속도법칙은 다음의 형태를 가진다.

$$C - C_0 = -kt \tag{8.3}$$

영차 반응에 있어서 시간에 대하여 농도를 플롯하면 그림 8.3과 같으며 방안지상에 그리면 직선을 나타낸다.

나. 일차반응(First-order reactions)

1차 반응은 반응속도가 반응물의 농도에 비례하여 진행되는 반응이다. 반응 속도가 반응물의 농도에 의존하고 반응물의 농도는 시간에 따라 변하므로, 시간에 대하여 반응물의 농도를 방안지에 그리면 영차반응에서처럼 직선이 되지 않는다. 이를 그래프로 나타내면 그림 8.4와 같다.

그림 8.4 일차반응경로

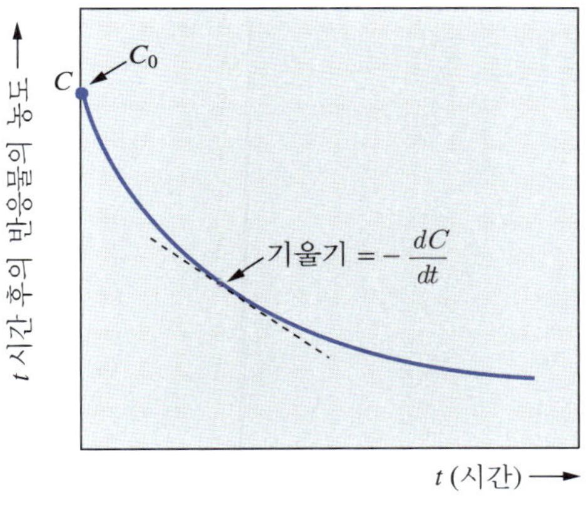

하나의 반응물이 하나의 생성물이 된다고 다시 생각해 보자.

$$\text{A (반응물)} \rightarrow \text{P (생성물)}$$

1차 반응으로 진행된다면, A의 소실율은 다음의 속도식으로 나타낸다.

$$-\frac{dC}{dt} = k(C)^1 = kC \qquad (8.4)$$

여기서, $\frac{dC}{dt}$: 시간에 대한 A의 농도 변화율, [질량][체적]$^{-1}$[시간]$^{-1}$

C : 시간 t에서의 A의 농도, [질량][체적]$^{-1}$

k : 반응속도상수, [시간]$^{-1}$

식 (8.4)를 적분하고, $t=0$에서 $C=C_0$로 두면, 반응 속도식은 다음과 같다.

$$\ln\left(\frac{C_0}{C}\right) = -kt \qquad (8.5)$$

혹은 상용 대수를 써서

$$\log\left(\frac{C_0}{C}\right) = -\frac{kt}{2.3} \qquad (8.6)$$

식 (8.6)을 1차 반응에 있어서 시간에 대한 log C의 플롯으로 나타내면 그림 8.5에서와 같이 직선을 나타낸다.

그림 8.5 반응경로의 반대수

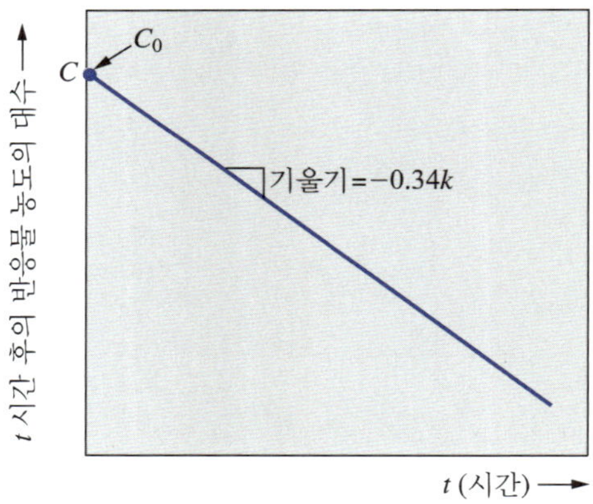

다. 이차 반응(Second-order reactions)

2차 반응은 반응속도가 한 가지 반응물농도의 제곱에 비례하여 진행하는 반응이다. 하나의 반응물이 하나의 생성물이 된다고 하면, 2A (반응물) → P (생성물) 2차 반응에 있어서 A의 소실율은 다음의 식으로 나타낸다.

$$-\frac{dC}{dt} = k(C)^2 \tag{8.7}$$

여기서, k : 반응속도상수, [질량][체적]$^{-1}$[시간]$^{-1}$

2차 반응에 대한 적분 속도식은

$$\frac{1}{C} - \frac{1}{C_0} = kt \tag{8.8}$$

그림 8.6은 시간에 대한 $1/C$의 그림으로서, 직선이고 기울기가 k임을 나타낸다.

그림 8.6 2차 반응경로

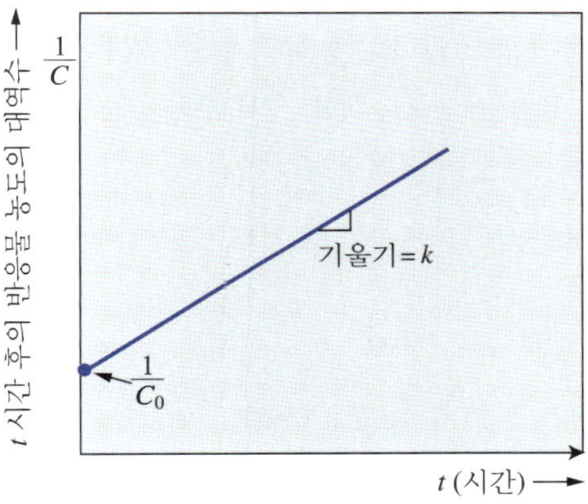

8.2.2 반응조의 종류와 특성

가. Batch Reactor(회분식 반응조)

회분식 반응조는 폐쇄된 System으로 반응물을 반응조 내에 첨가하고 반응이 목적하는 정도까지 진행된 후에 내용물은 제거하게 되며, 주어진 반응시간 동안에는 유입, 유출량이 없는 반응조이다. 이 반응조는 처리시간의 조절에 따른 융통성이 있으나 반응조를 비우고 다시 채울 때 시간이 지체되며 실제적으로는 대단히 제한적으로 이용되고 있다. 따라서 최근에는 회분식 반응조를 계속 연구하여 좁은 공간에서도 설치가 능하고 CSTR보다도 높은 효율을 갖는 SBR(Sequenced Batch Reactor)가 많이 연구되고 있다.

그림 8.7 회분식 반응조

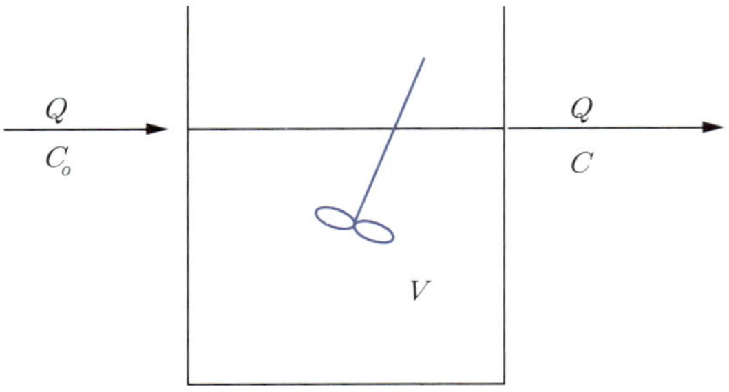

$$V\frac{dC}{dt} = QC_0 - QC - kCV$$

$$QC_0 = QC = 0$$

$$V\frac{dC}{dt} = -kCV$$

$$\frac{dC}{C} = -k\,C$$

$$\therefore\ C = C_0 e^{-kt}$$

나. Plug-Flow Reator(압출유형 반응기, PF)

이 반응조는 인접한 유체 사이에서 혼합이 발생하지 않는다고 가정한 흐름으로 이동되는 위치만큼이 회분반응조 내의 변동시간에 상당하는 특성이 있다. 즉, 이 반응조의 처리시간은 Batch Reactor과 같으며 충격부하에는 약하다는 문제점이 있으나 CSTR을 연속으로 연결하여 처리효율을 증대시킬 수 있다.

$V\frac{dC}{dt} = QC_0 - QC - kCV$에서 미소거리 Δx 내에서는 $QC_0 = QC = 0$이다.

$$V\frac{dC}{dt} = -kCV$$

$$C = C_0 e^{-kt}\ \left(t = \frac{V}{Q}\right)$$

그림 8.8 PF의 반응조

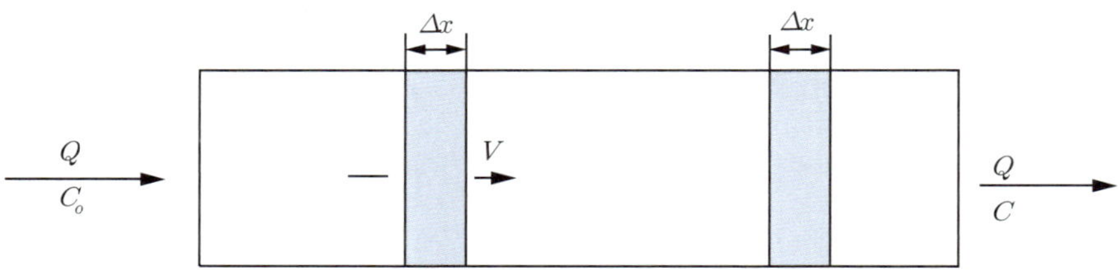

다. Continuous-Stirred-Tank-Reactor (연속흐름혼반반응기, CSTR)

이 반응조는 전 시스템을 통한 특성치들이 시간에 따라 변하지 않는 정상상태의 조

그림 8.9 CSTR의 반응조

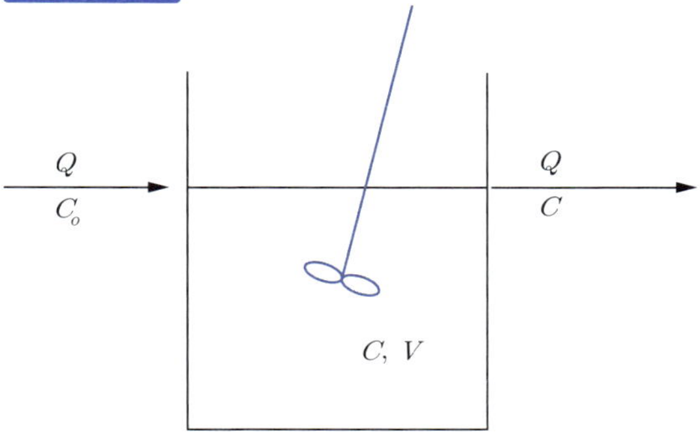

건에서 운전되며, 연속적으로 유입, 유출되므로 반응조 내 농도는 일정하게 유지된다. 유입량과 유출량이 같으며 반응조내 농도와 유출수의 농도가 같다. 특징은 충격부하에 강하며 반응속도가 느려 반응조의 용량이 커야 하고 비교적 운영이 쉽다는 점이다.

$$V\frac{dC}{dt} = QC_0 - QC - kCV$$

(1) Impulse Input, 보전성 물질일 때 $(C_i = 0,\ k = 0)$

$$V\frac{dC}{dt} = -QC$$

$$C = C_0 e^{-\frac{Q}{V}t} = C_0 e^{-\frac{1}{\tau}t} \left(\tau = \frac{V}{Q}\right)$$

(2) 비보전성 물질, 정상상태일 때 $\left(\frac{dC}{dt} = 0\right)$

$$0 = QC_0 - QC - kCV$$

$$C = \frac{Q}{Q + kV} \cdot C_0 = \frac{C_0}{1 + k\tau}$$

그림 8.10 CSTR 반응특성

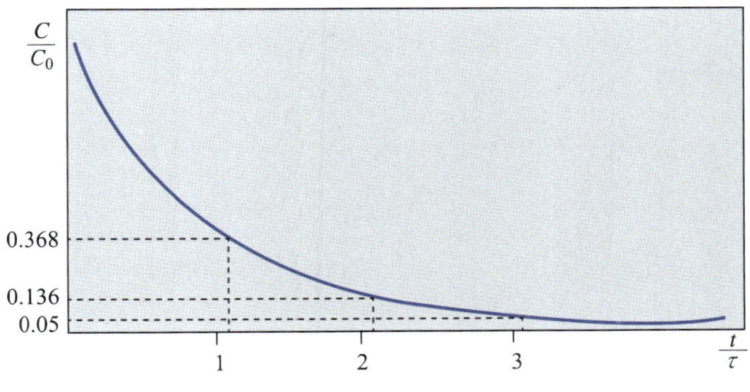

(3) CSTR을 직렬로 연결할 때

Total Tank Volume $= V$

$$C_1 = \frac{C_0}{1+k\tau}\ ,\quad C_2 = \frac{C_0}{\left(1+\frac{1}{2}k\tau\right)^2}$$

n개 series일 때, $C_n = \dfrac{C_0}{\left(1+\frac{1}{n}k\tau\right)^n}$

$$\therefore \lim_{n\to\infty}\left(1+\frac{k\tau}{n}\right)^n = \lim_{n\to\infty}\left\{\left(1+\frac{k\tau}{n}\right)^{\frac{n}{k\tau}}\right\}^{k\tau}$$

$$\therefore \lim_{n\to\infty} C_n = \lim\frac{C_0}{\left(1+\frac{1}{n}k\tau\right)^n} = C_0 e^{-k\tau}$$

그림 8.11 직렬로 연결된 CSTR 반응조

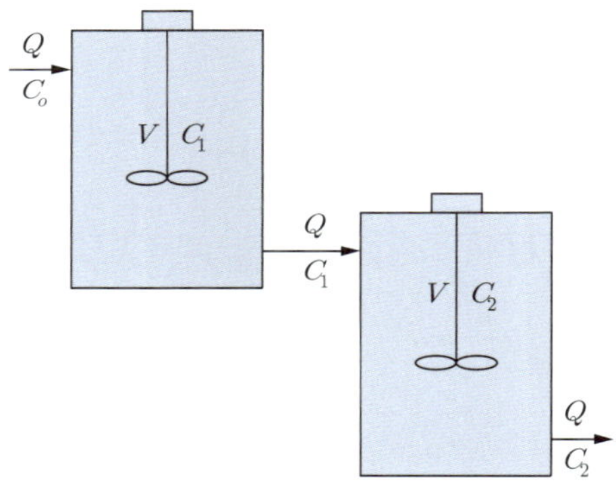

Information

$$\lim_{n\to\infty}\left(1+\frac{1}{n}\right)^n = 1+n\frac{1}{n}+\frac{n(n-1)}{2!}\frac{1}{n^2}+\cdots$$
$$= 1+1+\frac{1}{2!}+\frac{1}{3!}+\frac{1}{4!}+\frac{1}{5!}+\cdots$$
$$= e$$

8.3 생물학적 폐수처리

8.3.1 활성 슬러지공법(Activated Sludge Process)

활성 슬러지공법은 1914년 영국에서 개발되었으며 그 후 계속적인 시설의 개량으로 현재 가장 많이 활용되고 있는 생물학적 처리공법이다.

이 공법은 그림 8.12와 같이 포기조 내 충분한 산소를 공급시켜 높은 농도의 유기물을 호기성 및 임의성 박테리아에 의해 산화시키는 방법이다. 높은 농도의 유기물이 포기내로 유입되면 이를 분해시키는데 DO가 많이 소모되므로 산소공급은 필수적으로 일정한 DO수준을 유지시켜 주어야 하며, 유기물을 에너지원으로 섭취한 박테리아들은 대단히 높은 밀도를 지니게 된다. 따라서 이들 활성화된 박테리아를 **활성 슬러지**(Activated Sludge)라 부르며, 완전 혼합조인 포기조 내에서 충분히 자란 미생물 덩어리들이 포기조의 다음 공정인 2차 침전지에서 침강 조직에 의해 분리되어 가라앉게 된다.

그림 8.12 활성슬러지 공법의 공정

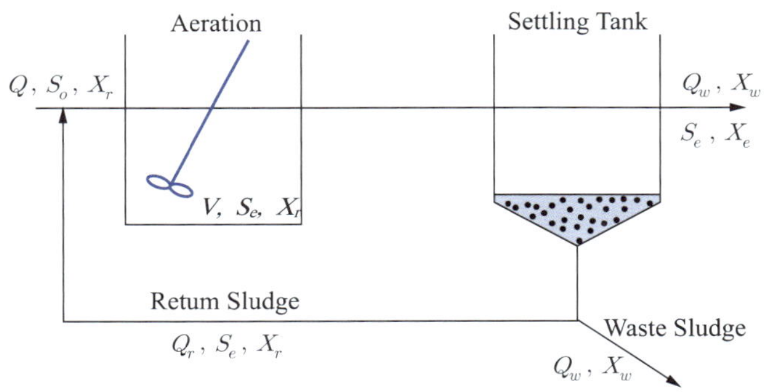

이 침강된 미생물군은 대부분 폐기되거나 일부는 다시 포기조 내로 되돌려져 포기조 내 유입수의 유기물 농도에 알맞은 적절한 미생물 농도를 유지시키는데 기여하게 된다(return sludge). 다음 식들은 완전 혼합을 가정한 활성 슬러지공법의 설계공법이다.

가. 반응조내 유기물질(기질, Substrate)

$$V\frac{dS}{dt} = QS_0 + Q_rS_e - [(Q - Q_w)S_e + (Q + Q_w)S_e] - \left(\frac{k \cdot X \cdot S_e}{K_s + S_e}\right)V$$

여기서, Q : 유입유출유량(M^3/T)

S_0 : 유입수의 유기물농도(M/L)

Q_r : 반송 슬러지 유량(M^3/T)

S_e : 유출수의 유기물농도(M^3/T)

Q_w : 폐슬러지 유량(M^3/T)

R : 유기물 제거 계수(T^{-1})

X : 미생물 농도(M/L)

K_s : Michaelis-Menten 계수(반포화 상수)(M/L)

V : 포기조 부피(M^3)

$$V\frac{dS}{dt} = QS_0 - QS_e - \left(\frac{k \cdot X \cdot S_e}{K_s + S_e}\right)V \tag{8.9}$$

정상상태에서 $\left(\frac{dS}{dt} = 0\right)$

$$V = \frac{(QS_0 - QS_e)(K_s + S_e)}{k \cdot X \cdot S_e} \tag{8.10}$$

나. 반응조내 미생물의 물질 수지식

$$V\frac{dX}{dt} = QX_0 - (Q - Q_w)X_e - Q_wX_w + \left(-y\frac{dS}{dt} - K_d \cdot X\right)V$$

$$= QX_0 - (Q - Q_0)X_e - Q_wX_w + \left(y\frac{k \cdot X \cdot S_e}{K_s + S_e} - K_d \cdot X)\right)V$$

여기서, K_d : 내생 호흡계수(endogeneous decay coefficient ; T^{-1})

y : 세포 생산계수(cell yield coefficient) $= \frac{\text{세포 합성량}}{\text{이용된 유기물량}}$

미생물의 유기물 섭취는 위에서처럼 다음 식으로 표현 가능하다.

$$\frac{dX}{dt} = -y\frac{dS}{dt} = y\frac{k \cdot X \cdot S}{K_s + S}$$

그러므로 정상상태 $\left(\frac{dX}{dt} = 0\right)$, $QX_0 = 0$, $(Q - Q_w)X_e = 0$이라면

$$Q_w X_w = y(QS_0 - QS_e) + K_d \cdot X \cdot V$$

여기서, $Q_w X_w$: 폐슬러지량으로 활성 슬러지공법의 운영을 위해 생산되어야 할 슬러지량

다. 반응조내 산소요구량(Oxygen Requirement)

$$R_r = -y'\frac{dS}{dt} + b'X = -y'\frac{dS}{dt} + 1.42\,K_d \cdot X \tag{8.11}$$

$$\frac{R_r}{X} = -y'\frac{dS/dt}{X} + b'$$

$$\therefore R_r V = y'(QS_0 - QS_e) + b'XV \tag{8.12}$$

$$= \text{이용된 유기물질의 양} - 1.42\,Q_w X_w$$

그림 8.13 유기물질의 산화와 섭취에 관한 모형

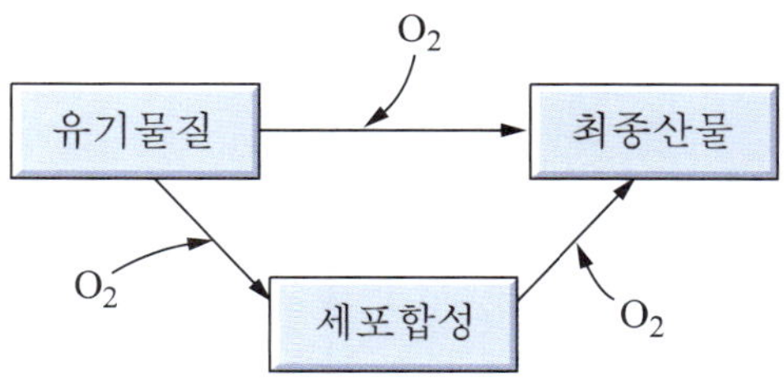

Information

▮ b' 값 ▮

$$\frac{C_5H_7O_2N}{113} + \frac{5O_2}{160} \rightarrow 5CO_2 + 2H_2O + NH_3$$

$$\therefore \frac{gO_2}{gCells} = \frac{160}{113} = 1.42$$

라. 포기의 이론과 실제

물속의 산소가 전달되는 식에 관하여는 앞에서 살펴본 바 있다. 즉, 산소전달에 관한 이론은 two-film theory로서 다음과 같은 식이 얻어진다.

$$\frac{dC}{dt} = K_{La}(C_s - C) \tag{8.13}$$

여기서, K_{La} : 총괄 산소 전달 계수(overall mass transfer coefficient, T^{-1})

: f (난류 크기, 기포 크기, 수온, 대상 액체의 특성)

$$C_s \text{ : 포화 DO} = \frac{475 - 2.65 \cdot S}{33.5 + T(℃)}, \ (S = \text{Salinity ‰})$$

$$(K_{La})_T = (K_{La})_{20}\,\theta^{T-20} \tag{8.14}$$

여기서, θ : 1.024(mechanical aerator)

: 1.02～1.028(bubble diffuser)

위 식 (8.14)를 실제 폐수에 산소전달율을 고려한다면 다음 식 (8.15)와 같이 변형되며 포기조내 C_L값은 최소한 0.5～1.5 mg/L, 질산화를 고려한 경우 2 mg/L 이상의 DO가 유지되어야 한다.

$$\frac{dC}{dt} = \alpha \cdot K_{La}(C_{sw} - C_L) \tag{8.15}$$

여기서, α : $\dfrac{\text{폐수 내 } K_{La}}{\text{수돗물 내 } K_{L=0.8\sim0.85a}}$

C_{sw} : 폐수내 DO 포화농도 $= \beta \cdot C_s$ ($\beta = 0.99 \sim 1$)

C_L : 포기조내 DO농도

Information

▮ 포기장치의 종류와 특성 ▮

표 8.1 포기장치의 효율과 특성

종 류	E_0(%)	N_0	N
Diffused Fine(2mm)	10～30	1～2	0.7～1.4
Aerator medium	6～15	1～1.6	0.6～1.0
Coarse(5～6mm)	4～8	0.6～1.2	0.3～0.9
Turbin Aerator		1.2～1.4	0.7～1.0
Surface Aerator		1.2～1.4	0.7～1.4
Brush Aerator		1.2～1.4	0.7～1.3

포기조에 설치되는 포기장치의 종류로는 산기관(diffuser), 터빈포기장치(Turbine Aerator), 표면 포기장치(Surface Aerator, mechanical aerator) 등이 있으며 앞의 표 8.1과 같은 설계사항을 가지며 그림 8.14～8.17과 같다.

(좌) 그림 8.14 산기기가 설치된 활성슬러지 포기조 (우) 그림 8.15 기계식 표면포기기

(좌) 그림 8.16 살포기링이 부착된 저속수직 수중터빈 포기기
(우) 그림 8.17 회전식 브러쉬 포기

▌ 포기장치의 효율 ▌

표준조건(Standard Condition)의 기준은 수돗물이며 수온은 20℃, DO는 0 mg/L, Salinity 0‰를 가정하여 사용한다.

$$\frac{N}{N_0}=\frac{E}{E_0}=\frac{(C_{sw}-C_L)\cdot\theta^{T-20}\cdot\alpha}{C_{s20}}$$

여기서, N : 현장조건에서 $\mathrm{kgO_2/kW\ hr}$

N_0 : 표준조건에서 $\mathrm{kgO_2/kW\ hr}$

E : 현장조건에서 $\dfrac{\text{흡수된 } \mathrm{kgO_2/hr}}{\text{공급된 } \mathrm{kgO_2/hr}}$

E_0 : 표준조건에서 $\dfrac{\text{흡수된 } \mathrm{kgO_2/hr}}{\text{공급된 } \mathrm{kgO_2/hr}}$

C_L : 포기조내 DO 기준농도 ≥ 1 mg/L

C_{s20} : 20℃에서 포화농도 = 9.17 mg/L

포기조내 미생물군이 가라앉지 않게 하고 완전혼합을 위한 실제 포기장치의 동력 요구량은 일반적으로 다음과 같다.

- Diffuse Aerator : 20∼30 m³/min/1000 m³ tank volume
- Mechanical Aerator : 15∼30 kW/1000 m³ tank volume

그림 8.18 활성 슬러지 공법의 반송시스템

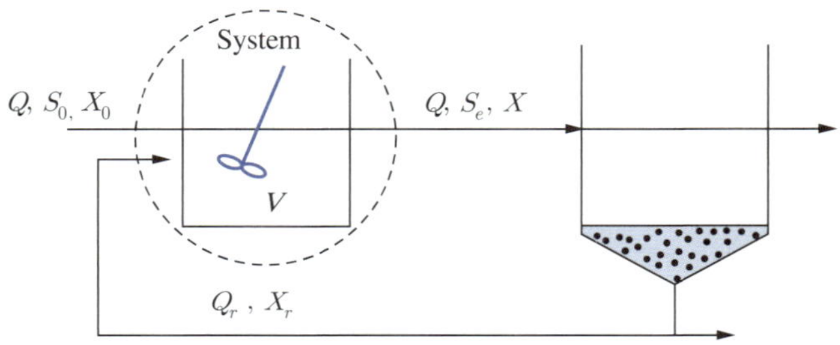

표 8.2 ➸ 활성슬러지 공정의 설계 매개 변수

공 정	θ_c(d)	F/M (kg BOD_5/kg MLVSS·d)	부피 부하 (kg BOD_5/m^3·d)	MLSS, (mg/L)	R/Q(h)	Q_r/Q
재래식(표준법)	5~15	0.2~0.4	0.3~0.6	1,500~3,000	4~8	0.25~0.5
점감 포기법	5~15	0.2~0.4	0.3~0.6	1,500~3,000	4~8	0.25~0.5
연속흐름교반탱크형	5~15	0.2~0.4	0.8~2.0	3,000~6,000	3~5	0.25~1.0
단계 포기법	5~15	0.2~0.4	0.6~1.0	2,000~3,500	3~5	0.25~0.75
개량 포기법	0.2~0.5	1.5~5.0	1.2~2.4	200~500	1.5~3	0.05~0.15
접촉 안정화법	5~15	0.2~0.6	1.0~1.2	(1,000~3,000)[a] (4,000~10,000)[b]	(0.5~1.0)[a] (3~6)[b]	0.25~1.0
장기 포기법	20~30	0.05~0.15	0.1~0.4	3,000~6,000	18~36	0.75~1.50
Kraus법	5~15	0.3~0.8	0.6~1.6	2,000~3,000	4~8	0.5~1.0
고속 포기법	5~10	0.4~1.5	1.6~1.6	4,000~10,000	0.5~2	1.0~5.0
순수 산소법	8~20	0.25~1.0	1.6~3.3	6,000~8,000	1~3	0.25~0.5

자료 ; 조영일 외 7명, "폐수처리공학", 동화기술, 1988, p.506

마. 활성 슬러지 공법의 설계

폐수처리장의 설계는 최악의 조건에도 운영이 가능하도록 모든 시설조건이 구비되어야 한다. 그래서 포기조의 유입 유량은 1일 최대 유량을 기준으로 삼으며, 슬러지 생산량은 계절 최대유량을, 수온은 겨울철의 수온을 기준으로 한다. 또한 **포기장치**(aerator)는 산소전달율이 낮은 여름철을 기준 삼으며 다음과 같은 일련의 순서에 따라 설계한다.

(1) 먼저 포기조내 미생물의 농도(X)를 결정한다.

- MLSS : 혼합액 부유물질로서 포기조내 미생물군(Mixed Liquor Suspended Solids)
- MLVSS : 혼합액 휘발성 부유물질(Mixed Liquor Volatile Suspended Solids)

미생물 농도는 보통 MLVSS를 많이 사용하나 포기조내 다른 불순물이나 죽은 미생물의 양이 많을 경우에는 MLSS의 60%까지 값이 떨어진다. 일반적으로 MLVSS는 MLSS의 80%이다. 완전 혼합을 가정한 포기조일 경우 X=2000~4000 mg/L를 보통 선택한다.

(2) 반송 슬러지량을 결정한다.

포기내만을 하나의 system으로 가정하여 물질수지식을 세우면

$$Q_r X_r = (Q + Q_r)X$$

양변을 Q로 나누고 반송율 $r = \frac{Q_r}{Q}$일 때

$$X_r \cdot r = (1+r)X$$

$$r = \frac{X}{X_r - X} \tag{8.16}$$

위 식의 X_r은 대개 10,000 mg/L을 가정하여 Q_r을 구한다. 여기서 반송율(Q_r/Q) 값을 구하고 표 8.2를 참조하여 적절한가를 판별하며, 주어진 값의 범위를 벗어나면 처음부터 다시 미생물 농도(X)를 조정하여 Q_r을 구한다.

(3) 포기조 용량(V)을 구한다.

$$V = \frac{Q(S_0 - S_e)(R_s + S_e)}{R \cdot X \cdot S_e} \tag{8.17}$$

포기조의 용량이 구해지면 체류시간$\left(t = \frac{V}{Q}\right)$을 앞의 표 8.2를 참조하여 확인하여야 하며 F/M비를 확인해야 한다.

$$\mathrm{F/M} = \frac{Q \cdot S_0}{V \cdot X} = \frac{\mathrm{kg_{BOD}}}{\mathrm{kg_{MLSS}} \cdot \mathrm{day}} = \mathrm{Food/Microorganism}$$

이 F/M비는 포기조로 유입되는 유기물질(미생물의 먹이)양과 포기조내 미생물양의 상대적인 비를 나타낸 것으로 표준활성슬러지 공법에서는 보통 0.2~0.6의 값을 갖는다. 이 F/M비 값이 너무 높은 경우 미생물량에 비해 많은 유기물이 존재하여 미생물이 급격히 성장하는 대수성장단계에 있게 되어 유기물질의 제거효율은 높다고 할 수 있으나 잘 침전되지 못하는 특성을 갖게 된다. 또한 F/M비 값이 적정범위보다 낮을 경우는 미생물량에 비해 먹이(유기물질)의 양의 적어 미생물 스스로 그 덩어리가 부서지는 자산화(Auto-oxidation)하게 됨으로써 분산상태가 유발되는, 즉 낮은 침전효율을 갖게 되는 문제점 등이 있다.

만일 표 8.2와 비교하여 F/M비가 적절하지 못하다면 제일 처음부터 다시 설계를 시작하든지 포기조를 직렬로 연결하여 n개의 포기조 용량을 다시 연결하여 체류시간과 F/M비를 구한다.

Information

▮ 슬러지 용량지수(SVI : Sludge Volume Index) ▮

SVI는 포기조에서 성장한 미생물이 2차 침전지에서의 침강성을 나타내는 지표로서 포기조 혼합액 1 L를 30분 침강시킨 후 1 g의 MLSS가 슬러지로 차지하는 부피(mL)를 말한다.

(4) 슬러지 생산량($X_w Q_w$)을 구한다.

$$X_w Q_w = y(QS_0 - QS_e) - K_d \cdot X \cdot V$$

평균 세포 체류시간(Mean Cell Residence Time)을 위의 표 8.2를 참조하여 check한다.

$$\theta_c = \frac{V \cdot X}{Q_w \cdot X_w}$$

(5) 포기조내 산소 요구량을 계산한다(여름철 기준).

(6) 영양염류(Nutrient)요구량을 계산한다.

미생물이 성장하기 위해서는 유기물질뿐만 아니라 소량의 적절한 농도로 존재하나 산업폐수에서는 부족되기 쉬워 공급할 필요가 있다.

① 질소 요구량 = $Q_w X_w \times 0.124$

② 인 요구량 = $N \times \frac{1}{5}$

그림 8.19 F/M비 SVI와의 관계

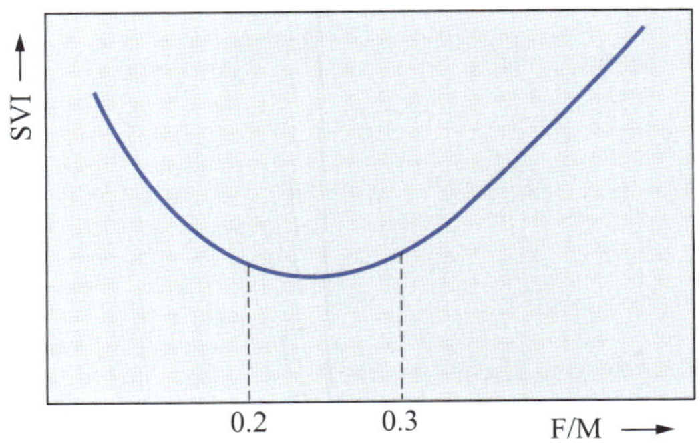

예제

8.1 다음의 수질 특성을 가진 제지공장의 폐수가 있다. 활성슬러지공법에 따른 포기조와 aerator를 설계하라. 또한 이에 따른 포기조 내의 질소 및 인 요구량을 결정하라.

$Q = 13{,}000\ m^3/day$

$S_o = 500\ mg/L(COD\ K_2Cr_2O_7) = 500\times(1/2.2) = 227.3\ mg/L(BOD_5)$

$S_e = 30\ mg/L(as\ BOD_5)$

$COD/BOD_5 = 2.2$

겨울수온 = 8℃ 여름수온 = 27℃

$k = 3.288(day^{-1}),\ y' = 0.429,\ K_s = 712.3(mg/L)$

$b' = 2.7\times10^{-3}(hr^{-1}),\ y = 0.652,\ K_d = 0.0744(day^{-1})$

풀이

(1) 포기조 설계

겨울수온을 기준으로 해야 하므로 온도보정을 하면

$k = 3.288\times1.048^{-20} = 2.054\ (day^{-1})$

$K_d = 0.0744\times1.04^{8-20} = 0.0465(day^{-1})$

$b = 0.0027\times24\times1.04^{8-20} = 0.041(day^{-1})$

① set design X(MLVSS)

X : 3000 mg/L

② Determine Q_r

$Q_r X_r = (Q+Q_r)X \qquad (X_r = 10{,}000 mg/L)$

$$Q_r = \frac{Q}{X_r - X} = \frac{13{,}000\,m^3/day\times3{,}000\,mg/L}{10{,}000\,mg/L - 3{,}000\,mg/L}$$

$= 5{,}574.1(m^3/day)$

※ Check Recycle ratio

$$\frac{Q_r}{Q} = \frac{5{,}571.4}{13{,}000} = 0.429(0.25\sim1.0\ 사이)$$

③ Determine V

$$V = \frac{Q(S_0 - S_e)(K_s + S_e)}{kXS_e} = \frac{13{,}000(227.3-30)(712.3+30)}{2.054\times3{,}000\times30}$$

$= 10{,}299.3(m^3)$

※ Check hydraulic retention time

$$\theta = \frac{V}{Q} = \frac{10{,}299\,m^3}{13{,}000\,m^3/day} = 0.792(day) = 19(hr) \leftarrow \theta > 10hr$$

위 과정의 반복

① set design $X = 4{,}000$ mg/L

② determine Q_r

$$Q_r = \frac{Q \cdot X}{X_r - X} = \frac{13{,}000 \times 4{,}000}{10{,}000 - 4{,}000} = 8{,}666.7(\mathrm{m^3/day})$$

※ Check recycle ratio

$$\frac{Q_r}{Q} = \frac{8{,}666.7}{13{,}000} = 0.667 \ (0.25 - 1 \ \text{사이})$$

③ determine V

$$V = \frac{Q(S_0 - S_e)(K_s + S_e)}{kXS_e} = \frac{13{,}000(227.3 - 30)(712.3 + 30)}{2.054 \times 4{,}000 \times 30}$$

$$= 7{,}724.5\,\mathrm{m^3}$$

※ Check hydraulic retention time

$$\theta = \frac{V}{A} = \frac{7{,}724.5\,\mathrm{m^3}}{13{,}000\,\mathrm{m^3/day}} = 0.594(\mathrm{day}) = 14.3(\mathrm{hrs}) > \theta = 10\,\mathrm{hrs}$$

그러므로 직렬로 연결해야 한다.

$$V = \frac{Q(S_0 - S_i)(K_s + S_i)}{kXS_i} = \frac{Q(S_i - S_e)(K_s + S_i)}{kXS_e}$$

$$= \frac{13{,}000(227.3 - \mathrm{S_i})(712.3 + \mathrm{S_i})}{2.054 \times 3{,}000 \times \mathrm{S_i}}$$

$$= \frac{13{,}000(227.3 - 30)(712.3 + 30)}{2.054 \times 3{,}000 \times 30}$$

$$712.3\,S_i^2 - 7{,}7710\,S_i - 4{,}857{,}173 = 0$$

$$S_i = \frac{7{,}719 \pm 7{,}719^2 + 4 \times 712.3 \times 4{,}857{,}173}{2 \times 772.3} = 84.5(\mathrm{mg/L})$$

$$V' = \frac{Q(S_0 - S_i)(K_s + S_i)}{kXS_i}$$

2개의 직렬 반응조의 총부피는 $2 \times 2{,}840.8 = 5{,}681.1\,\mathrm{m^3}$

※ Check hydraulic retention time

$$\theta = \frac{V}{Q} = \frac{5{,}681.6\,\mathrm{m^3}}{13{,}000\,\mathrm{m^3/day}} \ (\theta < 10\mathrm{hr}\text{에 근접})$$

※ Check F/M ratio

$$F/M = \frac{QS_0}{XV} = \frac{13{,}000\,m^3/day \times 227.3\,mg/L}{3{,}000\,mg/L \times 4{,}261.2\,m^3} = 0.231\,day^{-1}$$

F/M ratio = 0.2~0.6 사이에 둠

④ Determine sludge production$(X_w Q_w)$

$$X_w Q_w = y(QS_0 - QS_e) - K_d XV$$

$$= 0.652 \times 13{,}000\,m^3/day \times (227.3 - 30)\,mg/L \times \frac{1{,}000\,L}{1\,m^3} \times \frac{1\,kg}{10^6\,mg}$$

$$- 0.0744 day^{-1} \times 3{,}000\,mg/L \times 4{,}261.2\,m^3 \times \frac{1{,}000\,L}{1\,m^3} \times \frac{1\,kg}{10^6\,mg}$$

$$= 721.2\,kg/day$$

※ Check mean all residence time

$$\theta_c = \frac{VX}{Q_w X_w} = \frac{4{,}261.2\,m^3 \times 4{,}000\,mg/L \times \frac{1{,}000L}{1\,m^3} \times \frac{1\,kg}{10^6 mg}}{721.2\,kg/day} = 23.6\,day$$

θ_c가 5~15 사이는 아니나 2개의 직렬상태로 간주하고 설계한다.

⑤ Q_2 requirement

㉮ 반응조 #1의 경우

$R_r V = y'(QS_0 - QS_e) + b' \times V$에서 b'는 여름기준

$$b' = 0.0027 \times 24 \times 1.04^{27-20} = 0.0853$$

$$\therefore R_r V = 0.429 \times 13{,}000\,m^3/day(227.3 - 84.5)\,mg/L \times \frac{1{,}000L}{1\,m^3} \times \frac{1\,kg}{10^6 mg}$$

$$+ (0.0853\,day^{-1} \times 3{,}000 mg/L) \times 2{,}840.8\,m^3 \times \frac{1{,}000L}{1\,m^3} \times \frac{1\,kg}{10^6 mg}$$

$$= 1{,}523.4\,kg/day$$

㉯ 반응조 #2의 경우

$$\therefore R_r V = 0.429 \times 13{,}000\,m^3/day(84.5 - 30)\,mg/L \times \frac{1{,}000L}{1\,m^3} \times \frac{1\,kg}{10^6 mg}$$

$$+ (0.0853\,day^{-1} \times 3{,}000 mg/L) \times 2{,}840.8\,m^3 \times \frac{1{,}000L}{1\,m^3} \times \frac{1\,kg}{10^6 mg}$$

$$= 1{,}030.9\,kg/day$$

※ Aerator의 설계

Mechanical aerator의 complete mixing을 위한 power level을

$30\text{HP}/1{,}000\,\text{m}^3 \times 5{,}681.6\,\text{m}^3 = 170.45\,\text{HP}$

$$N_0 = 1.8\,\text{kgO}_2/\text{kW}\cdot\text{hr} \times \frac{0.75\,\text{kW}}{1\,\text{HP}} \times \frac{24\,\text{hr}}{1\,\text{day}} = 32.4\,\text{kgO}_2/\text{HP}\cdot\text{day}$$

$$N = \frac{N_0(C_w - C_L)\theta^{T-20}\ \alpha}{C_{s20}}$$

$$N = \frac{32.4\,\text{kgO}_2/\text{HP}\cdot\text{day} \times (0.99\times 8.07 - 1)\,\text{mg/L} \times 1.024^{27-20} \times 0.85}{9.17\,\text{mg/L}}$$

$$= 24.87\,\text{kgO}_2/\text{HP}\cdot\text{day}$$

반응조 #1의 산소요구량이 1,523.4 kg/day이므로

$\dfrac{1{,}523.4\,\text{kg/day}}{24.79\,\text{kgO}_2/\text{HP}\cdot\text{day}} = 61.47\,\text{HP}$ 이상이어야 한다.

반응조 #2의 산소요구량이 1,030.9 kg/day이므로

$\dfrac{1{,}030.9\,\text{kg/day}}{24.78\,\text{kgO}_2/\text{HP}\cdot\text{day}} = 41.6\,\text{HP}$ 이상이어야 한다.

∴ 반응조 #1에서는 10 HP의 surface aerator가 7대 이상 필요하고 반응조 #2에서는 10 HP의 surface aerator가 5대 이상 필요하므로 여유를 두기 위해 반응조 #1은 8대, 반응조 #2에는 6대를 둔다. 깊이를 4m로 하면

$\dfrac{5{,}681.6\,\text{m}^3}{2} = 4\,\text{m} \times A\ ,\ \ A = 710\,\text{m}^2$

반응조 #1은 한 변의 길이 9.42 m로 두며, 반응조 #2는 12.56×9.42 m로 두어 각각 710 m^2가 되도록 하며 깊이는 여유고 0.5 m를 두어 4.5 m로 한다.

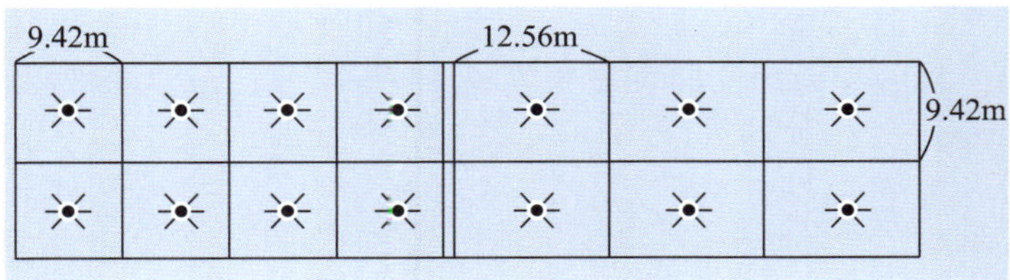

그림 8.20 포기조의 설계

바. 활성 슬러지 공법의 문제점과 대책

(1) 거품발생(Foaming)

거품은 대부분 계면활성제 때문에 발생하며 MLVSS가 낮더라도 발생할 수 있다. 흑갈색 거품은 긴 체류시간 탓으로 미생물의 지나친 산화작용에 의한 것이다.

대책 · 물을 뿌려준다(Spray).
· MLVSS를 증가시킨다.
· 소포제 첨가
· 용적보다 여유높이를 둔다(free board).

(2) 슬러지 팽화(Sludge Bulking)

포기조 내에 사상균의 지나친 번식 탓으로 슬러지가 무게에 비해 크게 부풀어져 발생하는 것으로 pH, 수온, 영양염류 등의 심한 변화, DO의 부족, 슬러지의 오랜 침전시간 등의 다양한 조건에 의해 발생되어진다. 그 외 미생물군내에 갇힌 결합수(bound water)탓으로 생길 수 있다.

대책 · pH, 영양염류, DO, 유기물 부하량의 변동 등의 수질을 조사한다.
· DO를 2 mg/L 이상 유지한다.
· F/M비를 조사한다.
· Cl_2, H_2O_2 살포로서 **사상균**(주로 fungi)을 죽인다.

(3) Rising Sludge

이는 2차 침전지에서 가라앉은 슬러지가 재부유되는 현상으로 2차 침전지 내의 DO 부족으로 혐기성 상태가 유발, **탈질소 작용**(Denitrification)에 의해 발생하는 질소가스 때문이다. 따라서 대책으로는 혐기성 분해가 이루어지고 있는 슬러지를 빨리 빼내는 방법뿐이다.

8.3.2 RBC (Rotating Biological Contactor)

가. RBC공정의 원리와 특성

RBC공법은 회전 생물 접촉판 혹은 회전 생물원판 공법이라고 부른다.

이 방법은 후에 기술될 살수여상 방법과 비슷한데, RBC공정 앞에는 SS를 제거하는 1차 침전지가 설치되며 뒤에는 RBC공정의 회전 생물접촉판에서 떨어져 나간 미생물을 침전시키는 2차 침전지가 필요하다. 그러나 활성 슬러지 공법처럼 재순환시키는 장치는 없고 RBC드럼통은 통상 4단계 이상으로 설계한다. RBC공정은 원래 활성 슬러지 공법보다 먼저 연구되었으나 사용재질의 문제로 중단되었다가 플라스틱 제품의 출현으로 새롭게 등장한 생물학적 처리공법이다.

RBC공정에서 유기물이 미생물에 의해 제거되는 원리는 다음과 같다. 드럼통은 대단히 넓은 표면적을 가진 Polyethylene이나 Polystyrene 재질로 부피에 비해 넓은 표면적을 갖도록 하며, 이 곳에 미생물이 부착하여 성장하게 된다. 한번 부착된 미생물은 드럼통이 회전하면서 원판면적의 약 40%가 폐수에 잠기고 이때 접촉된 유기물을 미생물이 활용하고 다시 위로 올라오면서 대기층의 산소를 공급받게 되어 폐수속의 유기물질을 제거하는 공정이다. RBC 원판에 두껍게 성장한 미생물 덩어리는 MLSS가 약 50,000～100,000 mg/L 정도이며 약 0.2～0.3 mm만 호기성이 유지되고 그 안쪽의 미생물은 혐기성 상태로 존재하게 된다. 이와 같이 두껍게 자란 미생물은 탈리되어 2차 침전지에서 침강되어진다. 이와 같은 RBC공정의 장·단점을 살펴보면 다음과 같다.

장점
- 비교적 운전하기 쉽다.
- 동력 요구량이 적어 운전유지비가 저렴하다.
- 유량이나 수질변동에 내성이 크며, 드럼통 수의 조정에 따라 수질변화에 대응할 수 있다.
- 1시간 이하의 짧은 체류시간간 소요되어 부지면적이 적게 소요된다.
- 다단계 처리로 인하여 고도의 질산화반응이 가능하다.
- 비교적 활성 슬러지 공법에 비해 슬러지 생산량이 적고 침전성도 양호하다.

단점
- 회전원판의 60%가 노출되므로 겨울에 결빙으로 인한 악영향이 있어 덮개와 보온 장치가 필요하다.
- 시설 설치비가 비교적 비싸며 전체 system의 제어가 쉽지 않다.

그림 8.21 RBC 공정

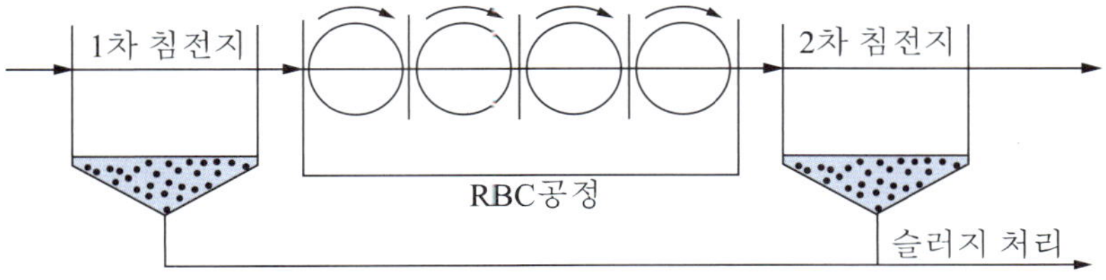

나. RBC 공정운영의 문제점과 대책

① Loss of Biomass(Sloughing)

RBC재질이 부적합하거나 폐수내 유독물질이 존재시, 혹은 유입수 수질의 급격한 변화 등에 의한 미생물의 탈리현상을 말한다. 이때는 수질을 점검하고 대책을 세워야 한다.

② White Biomass

미생물막이 혐기성 상태가 될 때 주로 발생하거나 사상균에 의해 발생할 수도 있다. 이때는 RBC공정 전에 예비포기를 시키거나 유기물 부하량을 줄여야 한다.

③ RBC에 SS가 많이 가라앉을 경우는 1차 처리시설의 효율을 점검하고 설계사항을 검토해야 한다.

8.3.3 살수 여과상(Trickling Filter)

가. 살수 여상의 원리와 특성

살수 여상법은 미생물에 의하여 유기물질을 제거하는 2차 처리공법이다. 그림 8.22에서 보는 바와 같이 폐수를 여과상 위로 뿌려줌으로써 폐수내 유기물질이 여과상의 재질인 자갈이나 쇄석에 붙어사는 미생물에 의해 분해되는데 최근에는 합성플라스틱이나 다른 충전물이 되기도 한다.

이 방법은 그림 8.22, 8.23, 8.24에서 보는 바와 같이 여상 상부에는 미생물의 먹이가 충분하여 대수성장 단계가 유지되나 하부의 미생물은 충분한 유기물을 얻지 못하여 여상전체로 보면 내생성장단계에서 운영된다고 할 수 있으며 여상바닥 부근에는 질산화 박테리아가 서식하여 질산화가 진행되는 경우가 많다. 그리고 폐수는 순식간에 여상을 통과하지만 흡수된 유기물은 자산화하면 서 몇 시간 동안 체류하게 된다.

그림 8.22 회전식 살수기가 설치된 살수여과

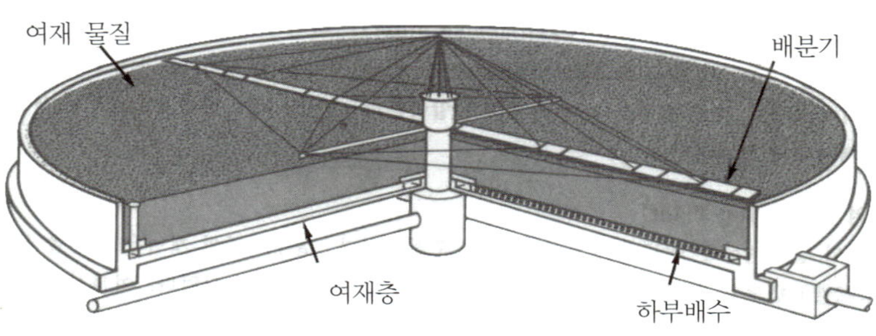

그림 8.23 살수여상의 작용원리

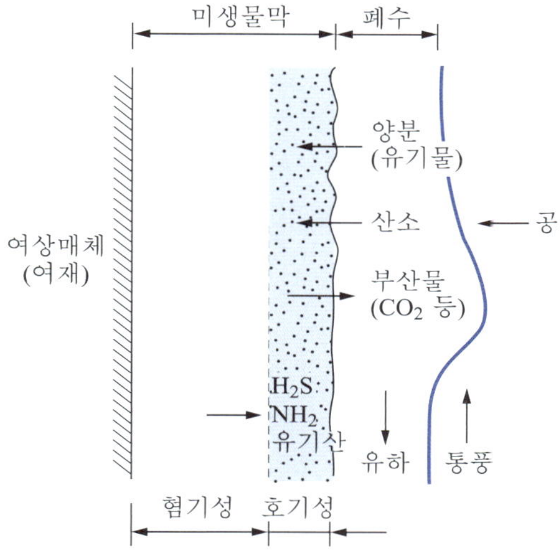

그림 8.24 살수여상 여재 및 혐기성층의 도해

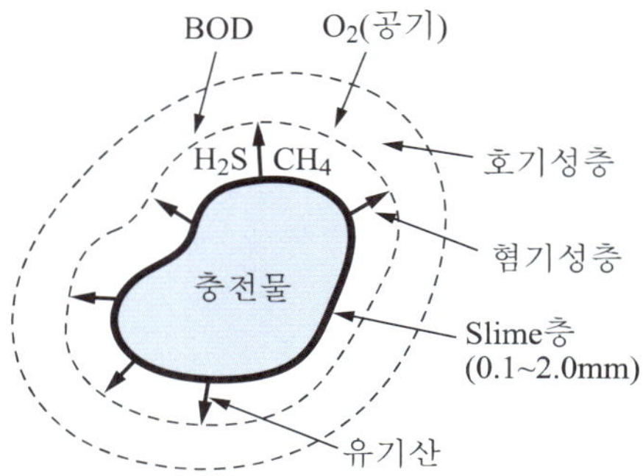

이때 대부분의 미생물은 호기성이지만 여상표면 아래에는 보통 혐기성 상태이다. 시간이 경과함에 따라 미생물의 두께는 합성된 새로운 세포에 의하여 증가되고 결국 여상에서 탈리된다.

여상은 호기성 상태를 유지하기 위하여 폐수의 흐름과 반대방향으로 공기가 공급되며 이때 여재사이를 통과하는 공기의 속도와 양은 대기의 기온과 여상내부온도와의 차이에 따라 크게 달라진다.

나. 살수여상의 구조와 종류

(1) 살수여상의 구조

① **깊이** : 0.9~2.5m (1.8m)

자갈이나 쇄석이 깨지거나 큰 압력을 받으므로 깊은 층을 갖지 못한다. 그러나 플라스틱류는 깊이의 제한이 없는 편이다(최대 12m 깊이).

② **폐수 분배기**(Distributor)

· 회전식 (rotary)
· 왕복식 (traveling)
· 고정식 (fixed nozzle)

③ 배수구조

하부배수시설은 폐수가 빠지는 역할뿐만 아니라 공기를 공급하고 여재를 지지하는 기능을 가진다.

(2) 살수여상의 종류

① **표준 살수여상법**(Low rate trickling bed)

폐수를 배수조로부터 자동 siphon이나 펌프에 의하여 간헐적(5~10분 휴식)으로 유입하므로 단위면적당 처리량은 적으나 BOD제거율은 고율살수여상보다 높고 질산화가 일어난다.

구조가 간단하고 운전이 쉬우며 에너지 비용이 적게 소요되지만 넓은 부지가 수요되며 과부하에 민감하고 파리(Psychoda종)가 번식하기 쉽다. 폐수는 단지 한 번만 여과상을 거치며 종말침전지에서 슬러지는 하루 한두 번씩 습정으로 보내진다. 이 방법은 보다 소규모 처리장에 적합하다.

② **고율(고속) 살수여상법**(High-rate trickling bed)

폐수를 여상에 연속적으로 유입시키고 여상을 통과한 순환수를 return시켜 유입수와 합류하므로 여과속도가 높다. BOD제거율이 표준살수여상보다 낮으며 점막에서 탈리된 미생물의 안정도가 낮으며 또한 침전성도 약하다. 이 여상은 질산화 진행이 거의 없으며 보다 대규모 처리에 이용된다. 재순환하므로 폐수는 여상을 2회 이상 통과하는 셈이 되며 유량 $Q+Q_r$은 회전 살수기를 돌릴 수 있는 만큼 충분해야 하고 따라서 주입 Siphon이 불필요하다.

고율 살수여상 2단 살수여상법에서는 RBC와는 달리 재순환시킨다. **재순환**(recirculation)의 목적은 높은 유입수의 BOD농도를 희석시키거나, 여상의 미생물막이 너무 두꺼워 막힐 경우, 혹은 파리발생을 억제하거나 유입폐수와 활성화된 미생물의 사전접촉으로 처리효율을 증대시킬 목적으로 이용된다.

그림 8.25 저율 살수여상의 처리계통도

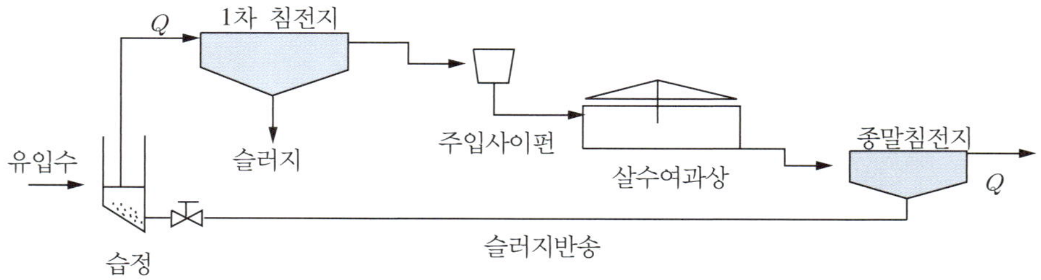

그림 8.26 고율 살수여상의 공정

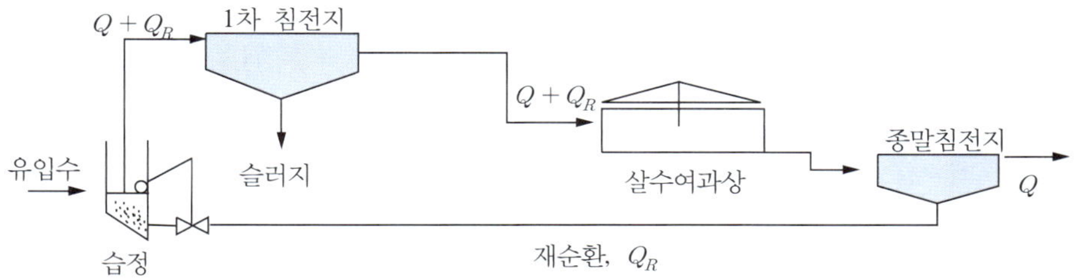

표 8.3 ➻ 살수여상과 비교

항 목	표준살수여상	고율살수여상	2단 살수여상
BOD부하(kgBOD/m^3·day)	0.1~0.4	0.5~1.5	0.7~1.2
수리학적 부하(m^3/m^2·day)	1~4	10~30	10~30
여상깊이(m)	1.5~2.4	1.2~1.4m	1.5~2.1m
여재크기(mm)	30~50	50~60	50~60
BOD제거율(%)	75~85	65~75	70~80
SS제거율(%)	70~80	65~75	70~80
살수형태	간헐적	계속적(순환)	계속적(순환)
재순환비	0	0.5~3.0	0.5~4.0

Information

처리효율(Efficiency)

$$E=\frac{100}{1+0.0085\sqrt{\dfrac{W}{V\cdot F}}}$$

여기서, W : BOD부하량 (lb/day)

V : 여상의 부피 (acre-ft)

F : 반송 계수 또는 여과상을 통과한 유효수 (effective number) $=\dfrac{1+N}{(1+0.1N)^2}$

N : Q_r/Q (Q_r : 반송유량, Q : 유입유량)

다. 살수여상의 운영상 문제점

(1) Filter ponding(연못화) : 여상 표면에 폐수가 고이는 현상

원인 · 여재가 너무 작거나 균일하지 않을 경우

· 1차 침전의 효율이 낮을 때

· 미생물이 과도하게 성장한 경우
· 탈리현상(sloughing)이 많이 일어날 때
· 여재가 견고하지 못하여 심한 온도차에 의해 부서질 때

대책 · 잔류염소가 5 mg/L 되도록 염소를 주입시킨다.
· 폐수를 빼고 건조시킨다.

(2) Filter flies(파리 번식)

날씨가 따뜻할 때 크기가 작은 Psychoda종이 번식하여 작업에 불편을 주거나 인근 주택가에 피해를 준다.

원인 · 미생물이 과도하게 성장할 때
· 저율 살수여상에서 간헐적인 살수를 행할 때

대책 · 연속적으로 가동한다.
· 미생물막이 과도하게 성장하지 않도록 한다.
· 1주 간격으로 여상을 ponding한다(하루 정도).
· 살충제나 유입수에 Cl_2를 주입시킨다.

그 외 운영상의 문제점으로는 겨울철의 결빙현상과 냄새발생 등이 있으며 결빙방지를 위해 집(덮개)을 만들며 주며 냄새 발생 억제를 위해 순환수를 늘리거나 환기가 잘 되도록 조치하는 방법 등이 있다.

8.4 화학적 폐수처리

8.4.1 응집(Coagulation)

응집(Coagulation)이란 침전 불가능한 콜로이드성 미립자를 화학약품의 첨가로 전기적 중화시켜 콜로이드성 입자끼리의 상호 부착을 일으키는 조작이며, 응결(Flocculation)은 불안정화된 이런 입자들은 서로 엉키게 하기 위하여 천천히 뒤섞거나 저어주어 빨리 침전시켜 floc을 형성하도록 하는 물리적 단위조작을 말한다. 그러나 최근에 들어서는 굳이 구분하여 쓰지 않는 경향이 있다. 상수처리 공정에서는 모래여과 이전에 침사지 이후 공정에 이용되며 산업폐수처리에서는 중금속이나 SS성분을 제

거하기 위하여 사용된다.

가. Colloid 입자의 특성

Colloid 입자의 크기는 $10^{-3} \sim 1\mu m$ 크기가 작아 침전이 불가능하고 여과에 의해 제거도 되지 않는다. 콜로이드 입자는 입자의 단위체적당 아주 큰 표면적, 즉 큰 비표면적을 가지며 이런 특성 탓으로 주위의 이온을 흡착하여 보통 정전기를 띠게 된다. 대부분의 콜로이드 입자는 수중에서 음전하를 띠며 그 자체의 정전기력 때문에 안정된 부유상태를 갖게 된다.

다음 그림 8.27과 같이 음전하를 띄고 있는 콜로이드는 수중의 **반대전하**(counter ion)를 이끌게 되며 반대전하가 밀집된 층을 이루게 된다. 이 층 바깥쪽은 다시 양전하를 띤 물질이 붙게 되는데 약한 정전기력 탓으로 양이온도 더불어 존재하게 된다. 이 두 층은 각각 **고정층**(fixed layer), **분산층**(diffuse layer)이라고 칭한다.

그림 8.27 음전하를 띄고 있는 콜로이드 입자의 특성

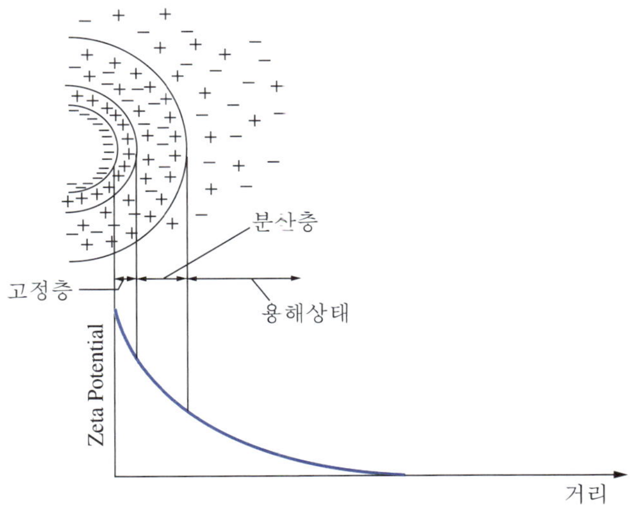

Colloid 입자가 가진 정전기력은 colloid입자끼리의 반발력을 형성시키며 이 반발력의 크기는 **제타전위**(Zeta Potential)로 측정된다.

$$\zeta = \frac{4\pi \cdot q \cdot d}{D}$$

여기서, ζ : 제타전위(Zeta potential)

q : 단위 면적당 전하량

d : 전하가 영향을 미치는 거리

D : 폐수의 도전상수(dielectric constant)

그림 8.28 콜로이드 입자에 미치는 힘의 특징

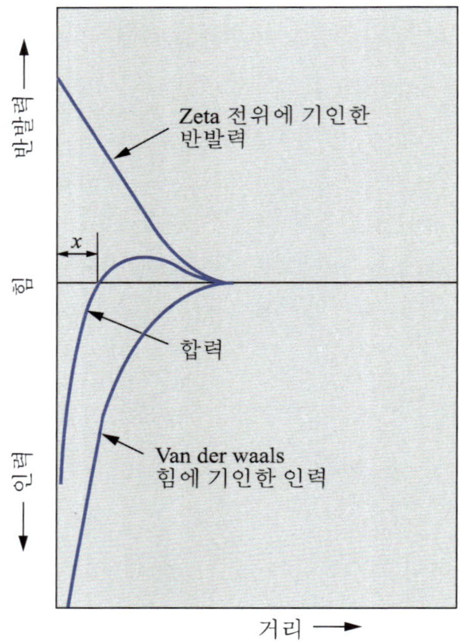

그러나 colloid 입자에 미치는 힘은 제타전위 외에도 자체 무게에 따른 **중력**과 **전기적 인력**(Van der Waals force)이 존재하며, 이들이 전기 역학적으로 평형상태로 존재하여 물속에서 부유상태로 안정되어 있다. 그림 8.28에서 보는 바와 같이 colloid 입자끼리의 힘의 크기를 나타내는데, 제타전위에 의한 전기적 반발력이 커 입자끼리의 충돌을 막아주는 하나의 **에너지 장벽**(Energy barrier)으로 존재하게 되고 이로 인하여 입자의 독립된 부유상태가 보장되는 것이다.

나. 응집의 형성

응집제가 물에 투입되면 **착염**(Hydroxometalic ion complex)을 만들게 되는데 높은 양전하를 띤 다원자의 금속이온이 형성한 콜로이드 입자는 복잡한 반응을 겪으면서 응집이 이루어진다.

실제 응집이 이루어지는 화학적 반응기작은 복잡한데 각기 구분하자면 다음과 같으

며 이 4가지 반응이 조합을 이루어 침전하게 된다.

(1) Charge Neutralization(전기적 중화)

응집제들이 물속에서 $M_{eq}(OH)^{2+}P$의 중합체로서 높은 양전하를 띠게 되며 음전하를 띠고 있는 대부분의 콜로이드 입자와의 전기적 인력에 의해 뭉쳐지면서 전기적 중화가 일어나게 되어 응집이 이루어진다.

(2) Double layer compression(이중층의 압축)

양전하를 띤 금속수산화물이온 복합체가 음전하를 띠는 콜로이드의 표면에 흡착함으로써 제타전위가 감소되는 현상으로, 응집의 이온화가 크면 클수록 응집의 효과는 크며(Schulzehardy rule), 투여량이 많으면 많을수록 응집효과는 커지게 된다. 비슷한 예로 바다의 파도에도 불구하고 뻘이 움직이지 않고 계속 가라앉는 이유는 바닷물의 이온농도가 높은 탓 때문인 것이다.

·Schulze-Hardy Rule : $Al^{3+} > Ca^{2+} > K^{+}$

(3) Interparticle bridging(가교 작용)

응집제의 투여로 불안정화된 콜로이드 입자표면의 활성기(reactive group)들간의 가교작용 및 고분자 응집제의 가교작용에 의한 응집현상을 말한다.

(4) Enmeshment(체거름)

보통 응집제 주입량은 양이온 금속수산화물의 착염을 형성하는 데 필요한 양보다도 조금 많이 주입하게 된다. 따라서 이 잉여 착염은 불용성의 금속수산화물인 $Al(OH)_3$나 $Fe(OH)_3$를 형성하게 되며 이들이 침전하면서 음전하를 띤 콜로이드 입자를 체거름하여 제거되는 현상이다.

다. 응집제의 종류와 특성

(1) 황산알루미늄[$Al_2(SO_4)_3$]

폐수처리의 응집공정에서 가장 많이 쓰이는 약품으로 비교적 가격이 저렴하다. 수산화물 floc을 만들기 위하여 충분한 알칼리도가 존재하여야 한다. 대부분의 용수에서는 알칼리도가 충분히 존재하므로 다른 약품을 첨가할 필요는 없다.

$$Al_2(SO_4)_3 \cdot 14H_2O + 3Ca(HCO_3)_2 \rightarrow 2Al(OH)_3 + 3CaSO_4 + 14H_2O + 6CO_2$$

다음의 그림 8.29에서 보는 바와 같이 적정 pH는 대략 4.5~8 범위이며 이 범위 내에서 불용성이다.

그림 8.29 수산화알루미늄의 용해도

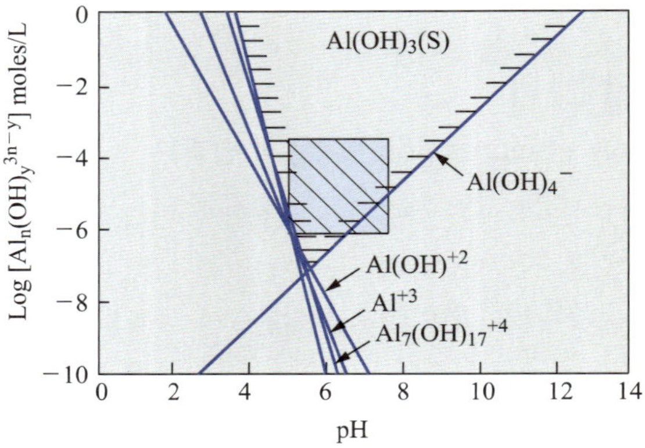

(2) 황산 제1철 [$FeSO_4 \cdot 7H_2O$]과 황산 제2철 [$Fe_2(SO_4)_3$]

철염은 황산알루미늄에 비해 비싼 편이나 넓은 pH범위 내에서 적용할 수 있다는 장점이 있다.

$$2FeSO_4 \cdot 7H_2O + 2Ca(OH)_2 + 1/2O_2 \rightarrow 2Fe(OH)_3 + 2CaSO_4 + 13H_2O$$

$$2Fe_2(SO_4)_3 + 3Ca(HCO_3)_2 \rightarrow 2Fe(OH)_3 + 3CaSO_4 + 6CO_2$$

(3) 염화 제2철[$FeCl_3$]

최적 pH는 4~12 정도이며 floc이 밀집되어 비교적 빨리 침전된다.

$$2FeCl_3 + 3Ca(HCO_3)_2 \rightarrow 2Fe(OH)_3 + 3CaSO_4 + 6CO_2$$

(4) 석회

석회는 주로 소석회($Ca(OH))_2$, 생석회(CaO) 형태를 많이 쓴다.

$$Ca(OH)_2 + Ca(HCO_3)_2 \rightarrow 2CaCO_3 + 2H_2O$$

(5) 응집 보조제

응집 보조제는 floc을 빠르게 형성하고 최적의 응집상태를 유지하기 위하여 사용된다. 만일 알칼리도가 부족할 경우 주로 소석회나 생석회를 주입하여 응집을 돕게 된다. 그외 고분자 전해질이나 bentonite 등이 응집 보조제로 활용되고 있다. 또한 최적 pH 범위 내에서 금속수산화물의 용해도를 최소로 하기 위하여 pH 조정약품을 투입하는데, pH를 증가시키기 위해서는 석회를 첨가하고 pH 감소 때는 황산과 같은 무기산을 사용할 수 있다. 해당 폐수내 응집제, 응집 보조제를 결정하기 위하여 실험실에서 약품교반실험을 시행하는데 이를 흔히 Jar-test라 부른다.

그림 8.30 수산화 제2철의 용해도

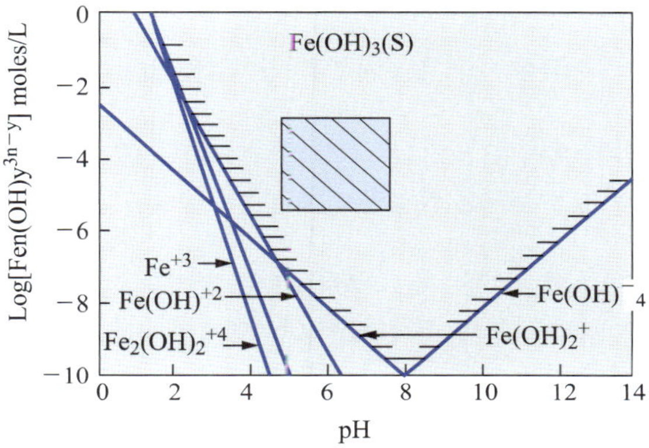

Information

Jar test procedure

① 폐수를 (500~1 L)를 4~6개 비커에 담는다.
② 응집제 및 응집 보조제의 양을 각각 달리하여 주입한다.
③ 3~5분간 100 rpm으로 급속혼합시킨다.
④ 10~15분간 40~50 rpm으로 완속혼합시킨다.
⑤ Floc형성 시간, floc크기, floc의 침전특성, 상등수의 수질분석 등으로 최적 주입량을 결정한다.

참고문헌

1. 조영일 외 7명, "폐수처리공학", 동화기술, 1988
2. 양병수, "용수 및 폐수처리", 동화기술, 1989
3. 김동민, "폐수처리", 청문각, 1990
4. 장준영, "수질환경기사(실기)", 성안당, 1993
5. 박태규, 선경호, "수질오염", 동화기술, 1991
6. 신성의, 박주석, "수처리공학", 동화기술, 1990
7. 양상현, "상하수도공학", 동화기술, 1990
8. Nelson L. Nemerow, "Industrial Water Pollution", Addison-Wesley Publishing Company, 1978.
9. Walter J. Weber, "Phisicochemical Processes for Water Quality Control", Wiley-Interscience, 1972

연습문제

01. 가장 일반적인 하수처리공정도를 그리고 각 단위공정별 설치목적을 설명하라.

02. 낙동강의 연평균 BOD가 5 ppm이라고 할 때, 상수원수로 이용될 시의 처리공정 예상도를 그리고 각 단위공정별 설치이유를 밝혀라.

03. 회분식 반응조와 압출유형 반응조의 특성에 대하여 설명하라.

04. 활성 슬러지공법의 운영시 문제시되는 3가지 문제를 언급하고 그 대책을 논하라.

05. RBC공정과 살수여과상 공정의 공통점과 차이점을 언급하라.

06. 화학응집으로 폐수처리시 일어나는 현상을 나열하고 그중 황산알루미늄과 고분자응집제가 일으킬 수 있는 반응은 무엇인지 설명하라.

07. 유입수 농도 200 mg/L, 유출수 농도 20 mg/L로 할 때 각기 반응조를 PFR과 CFSTR로 할 때 반응조의 용량을 각기 구하라(단 $Q = 2\ m^3/day$, $k = 0.1/day$).

답 VPFR = 46 m^3, VCFSTR = 180 m^3

08. Cd^{2+}을 함유한 산성용액의 pH를 증가시켜 수산화물 침전물을 형성시키고자 한다. 25 ℃에서 pH 12이면 Cd 농도는 얼마인가? (단, $K_{sp} = 4\times10^{-4}$, 공존이온효과나 착염에 의한 재용해는 없는 것으로 가정한다)

답 4.48×10^{-5} mg/L

09. BOD 400 mg/L, 유량 2,400 m^3/day인 폐수를 MLSS 2,000 mg/L로 유지하고 체류시간을 6시간으로 운전하고자 한다. 이때 F/M비는?

답 0.8 kgBOD/kgMLSS·day

10. MLSS 농도가 2,150 mg/L이고 SS농도가 225 mg/L인 2,650CMD 유량의 폐수 1차처리에서 SS농도 58%를 제거시키고 슬러지일령이 5일일 때 포기조 부피는?

답 582.4 m^3

11. BOD 500 mg/L, 폐수 2,000 m^3/day의 공장폐수를 활성슬러지법으로 처리하고자 한다. 부하율이 0.2 kgBOD/kgMLSS·day이고 MLSS 2,500mg/L로 운전한다면 포기조의 크기는 얼마로 해야 하나?

답 2,000 m^3

찾아보기

김 좌 관(金坐官)

1984년 국립부산수산대학교 환경공학과 졸업(공학사)

1988년 서울대학교 대학원 환경계획과(석사)

1994년 서울대학교 대학원 환경계획과(박사)

1997년 덴마크 왕립약학대학교(Royal Danish School Pharmacy) 환경화학과 박사후과정(Post Doc.) 수료

현재 부산가톨릭대학교 환경공학과 교수

수질오염개론 정가 18,000원

발 행 2023년 9월 10일 5판 2쇄

저 자 김좌관

발행인 정우용

발행처 도서출판 동화기술

경기도 파주시 광인사길 201(문발동, 파주출판도시)

Tel (031)955-4211~6 donghwapub@nate.com

Fax (031)955-4217 www.donghwapub.co.kr

(등록) 1977년 12월 19일/9-16호

Copyright ⓒ 2021 by 김좌관

Printed in Korea

ISBN 978-89-425-9323-1

불법복사는 지적재산을 훔치는 범죄행위입니다.

저작권자와 출판사의 허락 없이 내용의 일부를 발췌하거나 복사하는 것을 금합니다.